科学之光
LIGHT OF SCIENCE

THE LOGOS
OF
INDUSTRY

创新与演化

工业的逻辑

叶桐 著

中国科学技术出版社
·北 京·

图书在版编目（CIP）数据

工业的逻辑：创新与演化 / 叶桐著 . -- 北京 : 中
国科学技术出版社 , 2025.5
ISBN 978-7-5236-0602-5

Ⅰ . ①工… Ⅱ . ①叶… Ⅲ . ①工业技术—普及读物
Ⅳ . ① T-49

中国国家版本馆 CIP 数据核字（2024）第 069316 号

策划编辑	李惠兴 郭秋霞	
责任编辑	张晶晶 李惠兴	
装帧设计	中文天地	
责任校对	吕传新	
责任印制	马宇晨	

出　　版	中国科学技术出版社	
发　　行	中国科学技术出版社有限公司	
地　　址	北京市海淀区中关村南大街 16 号	
邮　　编	100081	
发行电话	010-62173865	
传　　真	010-62173081	
网　　址	http://www.cspbooks.com.cn	

开　　本	880mm×1230mm　1/32	
字　　数	276 千字	
印　　张	11.875	
插　　页	4 页	
版　　次	2025 年 5 月第 1 版	
印　　次	2025 年 5 月第 1 次印刷	
印　　刷	北京长宁印刷有限公司	
书　　号	ISBN 978-7-5236-0602-5 / T·1	
定　　价	98.00 元	

序 言

现代工业的发展有很长的历史，尤其是最近一两百年，技术不断革新，技术成果持续涌现，并快速应用于生产实践中。我国在 21 世纪所面临的，不只是经济总量的增长和产品数量的增加，更是要进行深刻的、广泛的经济社会系统性变革。可持续发展是关键方向，无论是科学研究、技术开发、投资、生产、消费，还是物流及循环利用，都会以这个方向为依据来考虑、决策和行动。以能源问题为例，改变能源结构、研究可再生能源、提高循环效率、在使用端减少能耗、将化石燃料转向化石材料、对石油、天然气和煤的利用模式重新认识，这些都需要从应用的社会系统角度来考虑。工业的发展是物质的发展，是机器的发展，面向未来，人也要同步发展，这就需要通过更广泛的科学普及来提升人的技能，从而达到人与产业的和谐共处。

因此，我们对工业问题和工业未来的思考，都需要一个宏大的、系统的、历史的、动态的框架。

本书提出的工业演化论非常有意义。从宏观来看，我们的工业系统、经济系统要适应基本的供需关系，是通过动力学机制来推进的。宏观上并没有什么事情可以一夜之间改变世界，因此做事情不能急于求成。微观上也同样如此，积跬步以至千里。工程问题要深入细节，严格分析，小心推证，好的工程项目、技术都要以大量高质量的"小时数""公里数"的有序积累为基础。工程问题的发展尤其要面向社会基本供需关系，而不是仅凭臆想的"探索"。正如当前我国要在可持续发展的道路上，群策群力稳步前行。

作者将"工业的逻辑"用一条主线、多个分支来讲述，旁征博引，将古今中外的各种材料和观点融汇一处而成一家之言。本书既选取了工业浪费、工业实现能力这样不多见的主题，又讨论了数字化、人工智能、数据资产、企业创新等时新话题，可以说是异彩纷呈、引人入胜，可读性很强。作者根据自身跨学科的大量知识积累和多领域的产业实践，经系统总结思考而得出的成果，值得读者认真阅读、分享和讨论。

作者是我多年前在清华最早开设的《资源、能源与社会》课程班的学生，虽然他并非化学工程专业的学生，但其成绩在班级里一直名列前茅。经历二十年的学习与工作，如今看到作者仍然愿意从系统的角度，不断反思和总结资源与社会的问题，并卓有见地地提出了"工业的逻辑"这一见解，我倍感欣慰，所见江山无限、人才辈出。近些年来，除了工程专业方面的研究，我也参与了大量的科普工作，深感科研与产业领域的专业人士应该为社会、公众、青年人多做一些沟通和分享。《工业的逻辑》一书也是作者在此道路上的佳作，本书深入浅出，适合各类读者参阅。我衷心希望本书能带给更多读者有益的启发，祝愿作者能将自己的实践和思考多多总结，与日新月异的新时代不断融合，讲出更好的"工业故事"。

中国工程院院士

2023 年 8 月 18 日于北京

引　言

在本书中，我会谈到很多大大小小的事情，会触及人们较为关心的"创新""数据""专利"等热门话题，也会讲述"演化""工人""伦理""垃圾"等不再热门的"老"概念。既提到"隐私计算"，也说到"土地使用权"，不仅谈及当下蓬勃发展的公司，还引述了反思工业革命的经济历史学家乔尔·莫基尔的观点。这与常见的同类书大不相同，但也许会因此妙趣横生。

编辑老师要求开宗明义，我也正有此意，下面大致交代下本书的要点，让读者一览全貌。

- 工业的逻辑一：供需关系驱动社会变迁。因为社会生活需求被满足的方式不同，环境条件、人口数量和结构等有所变化，使得供给的产品、服务也相应变化，复杂的供求关系形成了产业链，分工、协作由此演化而来。

- 工业的逻辑二：技术就是为了降低成本。所谓经济活动，不过是供需的改善，收入与成本的平衡、优化。商业的出现、贸易全球化、市场国际化等都是为了追求扩大销路、增加收入总量，以及用规模效应来降低成本。而技术则是考虑解决生产、运输、交付、维修、检测、销毁、拆解等一系列问题，是为了降低成本。没有现代科学，一样会有技术进步；科学为技术的改进提供一种高效率的逻辑性思考方法论，而不是替代技术体系本身。

- 演化论的理解：宏观上的工业发展和微观上的工程推进一样，都是渐变的，即便是里程碑式的成就也更要具有深远影响，而非带来短期的社会巨变。
- 演化论的应用：社会的创新活动需要依赖大量小企业的存在。创新本身是区别于传统的方式，是"非正常的"，正如同基因的变异，只有以大量变异作为基础才能保证自然选择的可能。因而，小企业在不同的方向尝试突破，参与市场竞争，这样虽然有对有错，但百花齐放。失败者被淘汰，成功者通过积累、改进，逐步变大变强。小企业失败的代价远低于大企业，也更适合成为试错的创新主力。

工业的逻辑和演化论的应用，是我所提倡的理解经济社会问题的根本"原理"。凡事都回到两个要点上来：一是供需关系拉动技术变迁，技术用于成本降低；二是个体大量变异积累群体缓慢变迁。从这两点出发，可以理解工业的进步需要以大量个体（工人）为基础，从而实现能力的积累。例如，垃圾是供需关系中被舍弃的消费剩余，数字化是提升效率的成本降低，创新来自个体（小企业）的大量试错。因此，要保护适当竞争和反垄断，企业作为组织的存在，也是更多低成本活动的选择。这就构成了本书大部分章节的内容，其实就是我在不断应用这两个"原理"来解释一系列现象和问题。

- 工业实现能力：操作和产品实现的实践能力是企业对技术完全理解所必备的。企业对一项技术的理解，要以使用为目的，使用过程中"工程师的认知"是非常关键的，但"工人的认知"也必不可少。
- 工业浪费，是指生产操作中预留的冗余过大，通过计划和管控，这种浪费可以大大降低；垃圾也许不存在，是消费主义"制造"了垃圾。在循环经济中，无论是产业层面还是个人层面，节约不意味着故意过更差的生活，而是去体验耐久的价值。节约，长期而言也是一种降低成本的行为，也可以说是工业逻辑应用于社会习惯。

- 数字化是信息处理成本不断下降的过程，也是技术解决实际需求的过程。

- 机械不会取代人，因为就业岗位是经济社会供需平衡的产物。大量失业往往是经济需求不足，而不是技术进步造成的。如果是因为技术进步造成的，那么可以很快通过密集化劳动模式来消解。

- 在谈论数据资产如何交易、定价之前，先要从权利结构、应用方式中探求、确认价值的来源和作用的形式。

- 创新是一种个体活动，但对于整个社会而言，创新就如同生物演化过程中变异（基因突变）的涌现。创新被认可的方式及被保留在社会运行体系中的条件，也因不同国家和社会的差异而不尽相同。在社会中，创新的驱动力主要是市场（企业）、基础科研、资本这三个要素。

- 企业存在的意义在于，与市场相比，需要一个组织来提高生产经营效率，但又需要超越个人家庭的协作劳动，进而形成一种交易和亲缘之外的合作关系（即劳资关系）。企业的出现本身就是效率的选择。

- 我国现阶段的产业创新，各个参与主体之间的关系仍在寻求更合适的均衡，沟通是主体间最主要的问题。解决不同主体之间"听得懂""管得住"的问题，需要物理的见面环境或长期陪伴的专业信息中介，以及探索合作协同的承诺机制。

除去这些，恐怕还有些令您感兴趣的内容，比如，数据和土地在何种意义上比较接近？科技转化的难点可能在于科技"不能"转化？

感兴趣的读者，欢迎开启本书的阅读。我为全书要点大意归纳了一个思维导图，如下图所示。

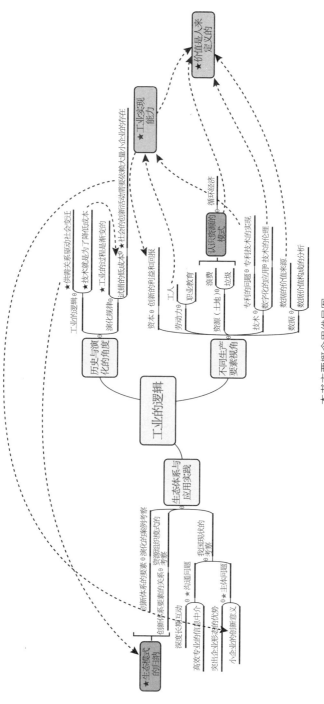

本书主要概念思维导图

目　录

第1章

创造技术还是创造需求?

1.1 工业的演化逻辑

工业，是近几百年来逐步形成的一种经济生产方式，从贸易需求、社会交流方式和强度变化等方面不断耦合产生。在经历了相当长的历史时期后，在不同的社会中也经过了各不相同的融入历程。

面对历史，我认识到的是，采用人类学的文化相对主义是很有意义的（或者说格尔茨所讨论的"反文化相对主义"①）。时间，是我们难以复制的一种条件，无论我们的时空观如何，对于历史的认知往往是基于"今天"的社会背景，而不是"当时"的。因此，对于历史概念的使用，一方面，我们会不断赋予其新的含义，融入当下世界；另

---

① 格尔茨. 烛幽之光：哲学问题的人类学省思［M］. 甘会斌，译. 上海：上海人民出版社，2013：36-59.

一方面，观念是潜藏在我们自己文化意识中的一层"底色"，我们要非常小心其在不同情境中演变的含义。

观念的惯性，让我们"默认"今天的认知和意识是"一直如此"的，这与感受不到环境条件变化不完全相同，但结果非常接近，都是认为历史中人的活动背景与今天没有什么不同。这样的例子有很多，比如"世纪"是以一百年为一个周期的纪年单位，这个概念虽然创制于 1582 年的格里高利历，但即便在欧洲也是 19 世纪才开始通行，并且仅在对"世纪末"的种种担忧或判断中使用。20 世纪不是其前史的结果，而是其前史的创制者①。

工业革命的概念也是如此，在《工业讲义：工业文明与工程文化》（以下简称《工业讲义》）一书中我用了一些篇幅谈过这个概念。在"工业"和"工业文明"的讨论中，我提到演化论的视角、新阶段论等相关学说，也归纳了两个观点："一是，工业革命不是短期的现象，而是长期工业化进程的一个阶段；二是，工业革命带来了社会的改变，即工业文明时代的到来。"② 在本书中，我需要再次强调，我们需要从历史的角度来理解这些概念，并从此开始，去说工业的其他更"现实"的问题，也就是从较为宏大的历史叙述开始，谈到更多的"今天"的工业相关问题。本书的重点不是区分历史与当下，而是侧重概念的推演。

---

① 汪晖. 世纪的诞生：中国革命与政治的逻辑 [M]. 北京：生活·读书·新知三联书店，2020：9-16.
② 叶桐，汤彬，卢达溶. 工业讲义：工业文明与工程文化 [M]. 北京：清华大学出版社，2019：29.

● 没有"革命"的工业

"工业革命 / 产业革命"的概念始于 19 世纪末历史学家阿诺德·汤因比（Arnold Toynbee，1852—1883），并开始广为流行。这一概念是对当时欧洲（尤其是西欧国家）工业经济体系所引发的社会、文化变迁的总结，并试图将一系列欧洲社会变迁的驱动力归因于基于工业经济的分析逻辑。在这个概念提出之前，恩格斯也曾反复使用"工业革命"的概念，更早的英国、法国学者也开始使用。18 世纪的亚当·斯密等学者也观察到了社会经济体系的变化，正是这些观察促进了古典经济学、政治经济学的形成。这种社会观察的传承与思考，是在试图用逻辑来解释社会历史的变化：技术进步（蒸汽机的发明和改进）促进了经济变革（工业的形成），经济变革（产品增加、价格下降）促进了社会变革（近代城市的形成）。

这样的"工业革命"的观念，会被归结为是"技术决定论"和"社会突变论"的思考方式，很多理论或社会政策正是基于这样的逻辑而形成的。在本书中，我将尝试换一种方式来看待社会发展和工业（工业经济）。

关于技术和社会的关系，我持有这样的观点（图 1-1）：技术进步并不是社会发展的起点，而是需求拉动的结果。商贸需求及军事防卫需求都能拉动技术的进步。其中，商贸需求是社会经济活动不断演化的内生诉求。虽然技术的进步会伴随着诸多重要发明产生，新技术相较于旧技术有了飞跃甚至是颠覆，但在社会经济中，新技术需要通过大量生产者、经营者、企业或其他机构在不同的产品服务中应用和传播，这需要一定的时间。而一种"优良"的新技术也需要在更多的

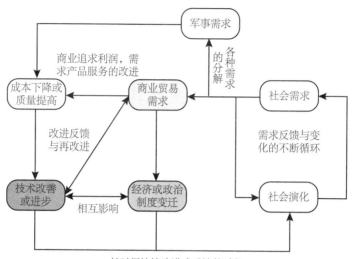

图 1-1　技术与社会的演化影响

实践场景中运用，从而获得反馈，新技术经常需要更多改进或配套技术跟进。这表明没有哪个技术改进是"一次"完成的，技术改进永远处于一个流变的过程。工业/工业经济并不一定是人类社会经济体系的终极形态。如果我们不认为存在"绝对"的历史发展方向，或者至少社会是在足够多的偶然因素影响下演化的，那么，工业经济本身也只是最近几百年来出现的"一种"经济模式，就如同城市和陶器都曾在世界不同地区被"发明"出来。未来普遍存在的经济形式未必是一种改进了的工业经济，也许是完全不同的形式。

　　所以，我们不必把工业当成经济和社会变迁的唯一驱动力，更不一定要找出"革命"爆发的节点和条件。因此，我也不会讨论怎样才能引发助力经济发展的技术革命。

知识窗　　　　　　**革命的由来**

　　英文的 revolution 在拉丁语系中的本意是轮转，在天文学和数学中是按照轨道周而复始行进一周的意思。文艺复兴之后人们开始将其引用到政治学领域，形容政权变更。直到 19 世纪末的法国大革命才开始有破旧立新、更加优化的意思。在中文中，革，是《易经》中的一卦，下离上兑，与鼎卦成对，革为破旧，鼎为立新。《象辞》中解读该卦说："天地革而四时成，汤武革命，顺乎天而应乎人。""革命"本来是指王朝更替，新力量取代旧力量。19 世纪末至 20 世纪初，日本在翻译西方语汇时，就根据《易经》把 revolution 译成了"革命"。可以看出，革命有突然变化、剧烈变化的意思，已经受到近代西文翻译的影响，有了一些褒义，即向着更先进、更优良的方向突然剧烈的变革。因此，在 19 世纪，革命结合技术具有，不断涌现并大量应用于工商业生产的成果，从而快速推广到全世界的特征。"工业革命"的用语，暗示了"一种颠覆性技术的出现，可以在很短的时间内引发经济、社会的强烈变革"。尤其在中文语境里，基于对西方经济兴起的逐步认知，人们以希望探寻"成功经验"的心态去看待工业革命。直到今天，我们对工业革命的理解都是蕴含了一百多年来丰富的历史观念。

● **渐变与突变**

　　这里我还要面对一种挑战，就是"渐变"和"突变"是否对立存在？如果突变、颠覆、革命等剧烈的变化取决于观测的时间段，那么，渐变和突变的差异就不存在。或者说，渐变和突变的差异是时间尺度上的渐变。就像统计指标的图线，一条小幅波动的曲线，如果把纵轴的数量单位调整为极小，那么相应地，曲线的波动就会显得幅度很大。所以，我所谓的挑战就是：前面讨论的不认同社会突变论的观点，是否会陷入主观认知差异而无效呢？因为，人们普遍认为，一项技术的变革，或者各种类型的创新（科学的、文学的、制度的、技术的）都有一个"突变"的瞬间，都存在从无到有、从塞到通，被称为"灵感"或其他名称的现象。

前面的讨论，并不否定创新内容的意义和引领作用，重在强调技术变革来自商业产业的需求拉动。而拉动重大技术变革的需求和利益驱动也是巨大和复杂的，一项重要科学发现或技术发明从提出到在产业中实现，需要更长的时间。可以想见，从法拉第、安培等科学家对于电、磁现象的研究，到麦克斯韦提出电磁学方程组，再到在欧美国家形成电力产业，用了至少几十年时间。从这个意义上来看，科学技术的社会影响并不是突变的。我画了一个示意图（图1-2），来更形象地说明这个渐变与突变的"统一"。如果我们把一个通常的技术改进的变异强度记作1，伟大的发明也许就是10，但并不是在时间1的范围内就能够完成对产业和社会的影响，也需要时间5或更多时间来消化，那么在5的时间范围平均化之后，强度就从10下降到了2。影响强度高的"突变"的发明，因为与现状差异很大，所以需要更久的时间来被社会消化吸收，而小幅的改进则需要很短的时间被社会接纳及应用。我们将强度和时间综合考虑之后，各种变异、变化、改进对经济社会的影响都是趋于平均的。

上面的论述，虽然基本基于社会影响的概念来消除渐变、突变的

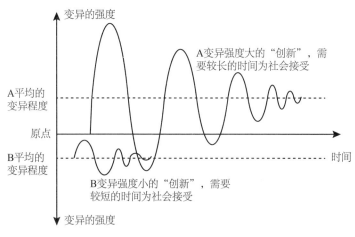

图 1-2 变异强度与接受时间示意图

矛盾问题，但隐含了社会平均、社会普遍接受的概念作为潜在标准，这有可能陷入循环论证。如果有更精细的哲学化思考，可以做更精细的分析。但对本书而言，现在已经基本确认渐变论概念的意义。毕竟我的主要观点是基于工程实践的不断改进，不是要否定伟大的技术改进或科学发现的历史意义。

清华大学科学博物馆在 2021 年组办了《光电之迹——信息科技先驱手迹展》，展览的序言中写道："我们已身处一个信息时代，互联网让世界变成地球村，视频会议消弭了物理的空间距离。而无时不在的电子邮件和信息提醒，则兑现了 60 年前加拿大媒介理论家马歇尔·麦克卢汉的预言，即作为食物采集者的人类重新以信息采集者的身份不协调地出现。"展览的第一个展板展示了一幅信息技术发展史上重要的人物关系图（图 1-3），将法拉第、贝尔、爱迪生、香农、马可尼等人的工作、师承、影响关系勾画在了一起。然而这还不是全部人物和全部技术，信息技术的发展从结果来看是一个多线并进的洪

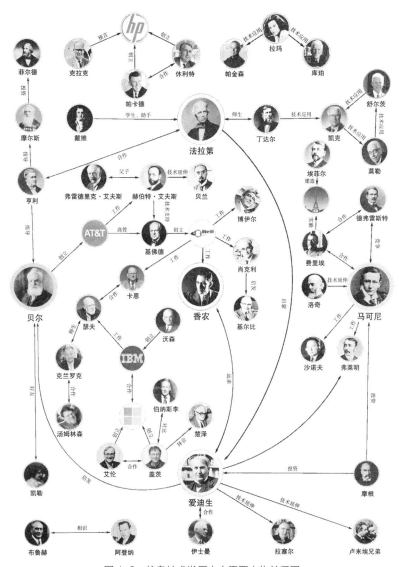

图 1-3　信息技术发展史中重要人物关系图

流，前赴后继、相承相传。我们今天看到的是发生过的、相对成功的历史事件的组合。那些在我们看来"走错"方向的很多工作都没有被记录，或者被认为"不值得"被记录。如果我们把这些都"还原"到历史的"当时"情境，真正"原貌"的历史和我们今天看到的一条不断取得进展的胜利之路相比，要辽阔得多。所以，立足当时当世，这些重要发明或技术改进是极为重要的，正如前文举例所说，重要程度为 10。但放在历史长度来看，因为记录下来的都是各类递进的成功和有效的内容，各项技术、理论的相对重要性也不同程度地衰减，下降到 5、2、1，甚至更低。

无论从哪种角度，我们都很难说历史是断续的、跳跃的，只是因为偶发了那些至今来看强度为 10 的重大技术突破，从而突发地、革命性地推动了科技的进步，使得社会阶梯式快速发展。工业是在需求的拉动下逐步改善和多方向探索后演化出现的。所谓重大的技术革命，一方面是逐步累积的成果，今天我们回望历史时并不看完整的、纷繁的历史全貌，而是看最高的里程碑；另一方面是重大技术革命的影响深远不易被社会接受，甚至可能出现抵制性的负面发展。经过较长时间之后得到一个平均化结果（如图 1-2 中的 A），从历史的角度来看，在短时间内"重大技术革命"未必对社会有极其广泛的影响，但的确持续时间久，将其描述为影响深远可能比变革或颠覆更为合适。

● 关于演化论

在这里，我想还需要简述下所谓"演化论"。英国博物学巨擘查尔斯·达尔文的"进化论"（Evolution）①，这一著名学说在《物种起源》和《动物和植物在家养下的变异》等巨著中都有详细阐述，通过《人类的由来及其性选择》《植物运动的力量》《同种植物的不同花型》《腐殖土的产生与蚯蚓的作用》等作品，"进化论"形成了更为完整的概念和理论体系。进化论的核心是：①物种（species）。这个基本单元是生物界的一个抽象单元，不是单独的个体而是对生物进行分类的最小单元，是可以交配繁衍的个体总和。黑猫和白猫是一个物种，而白猫和白马不是一个物种。②自然界普遍存在变异和遗传。以物种为单位，同样的特征不断遗传给该物种的后代，但遗传中不完全相同部分的出现就是变异，变异出现后同样可以遗传。表现型上的变异，在基因型中就是突变。③自然选择。自然环境中的选择，不断淘汰无法适应环境的物种，保留可以适应的物种。这种对环境的适应过程可看作一种经济行为，生物对环境的适应可以是身体结构（如马蹄）、功能（蝙蝠声呐）等的适应。适应者在捕食／反捕食中获得更有利或者说更合适的生态位，获得食物、安全、生殖抚养的机会，从而保持物种存续。④性选择。一些进化特征并不是对环境的适应，也与捕食等经济利益无关，如雄性孔雀多彩的大尾巴、雄鹿复杂巨大的鹿角及猴子发情期的"红屁股"等，是在不断建立本物种异性"审美"中做出的选择。

这个基本框架在解释生物进化时发挥了巨大的作用。物竞天

---

① 笔者认为"演化"的翻译更合适，因为"进化"有明确的方向感，这其实和基于变异的自然选择并不一致，甚至相悖。但中文世界较多采用了"进化"的提法，本书在涉及达尔文的生物进化理论时采用"进化"，其他类比使用时采用"演化"。查尔斯·达尔文的祖父（Erasmus Darwin，1731—1802）也是一位重要的博物学家，本书中所提到达尔文仅指查尔斯，不再一一注出。

择，一切生物都并非上天或神钦定的、一成不变的样子，"存在巨链"（the Great Chain of Being）从此被打破。虽然达尔文一生观察、收集、养殖和培育了大量的生物样本，采集化石、标本无数，但其在理论方面的思考更多的是一种对世界认知的思想体系，而不是像林奈、班克斯等生物学家那样。

进化论对这个世界的重要影响，并不只是在于人们接受了"从猿到人的进化"，更在于促使我们认为，世界是在一个平衡的状态中孕育各种"反常"现象，在应对环境的变化调整后，形成了新的平衡。世界、社会、自然似乎连续不断，但时时刻刻都由万千暗藏的变化所构成。对这样一个世界图景的认知是划时代的，有着强大的解释力，但进化论只是理论并不是事实或"真理"，毕竟没有人能看着猿一天天进化成人。演化论是一种思想，让我们认识到"正常"是适应环境的结果，即便平凡也非常重要；还让我们认识到"不正常"是宝贵的，必须有少量的试错去适应不同的情况，这样做既灵活又不必整体都去冒险。从宏观层面来看，"正常"与"不正常"在一个物种层面的平衡，体现为自然与生物的演化平衡。从微观层面来看，反映了个体"生活"的规律。

我所谓工业的演化逻辑，是将工业发展的过程用演化论的框架来解释，存在大量创新的变异元素不断涌现和尝试，最终有优势的那些创新技术和模式逐步占据"遗传"优势，在市场中占有更大份额，替代过往的模式或技术类型。因而，从演化论的角度来看，社会需要容许大量的创新者、叛逆者来尝试，这是对主体成熟者的挑战，但对于社会的适应力则是一种长期的保护机制，否则一旦环境发生剧变，如果拿不出更多解决办法，损失也将是惨痛的。所以，用演化论来理解数亿年尺度的自然变迁，是一种认知框架，也同样可以来理解社会进程。技术就像是企业或某种商业模式适应社会需求的机能，为了适应市场和社会，就如同生物需要面对自然界的沧海桑田、冬去春来、星辰大海。生物不仅为了捕食便利、节省体力，还需要繁衍后代，为此生物尝试了各式各样的策略（很多物种我们今天都见不到了）。例如，海鸥采取了飞翔模式，空心骨骼、超强的胸肌、沾满油脂的羽毛、坚硬的喙、坚定的视角、变焦的眼睛、驾驭气流的翱翔姿势……一切巧夺天工，它不仅为了飞行而生，还可以入水捕鱼。海鸥就是生物进化的"终极形态"吗？那么，东北虎拥有千斤掌力的虎爪、一跃五米的虎扑、可以击穿动物最坚硬头骨的尖牙与咬合力、可以制服猎物的体重与风驰电掣的奔跑速度的完美平衡。爬树、跳跃、游泳、保护色、夜视能力……上天制造的人间"魔鬼"，为猎杀而生的王者。那么，东北虎是生物进化的"正确答案"吗？而超强繁殖力的老鼠呢？群居协同的蚂蚁呢？可以三维度自由飞行、扑杀率近乎 100% 的蜻蜓呢？大自然的多元化，同时并行各种策略的生物，共同组成生态系统。海鸥不是第一天就知道怎样飞翔最完美，是经历过大量的性状选择而得来的。或者说，我们今天能看到最完美的海鸥，是因为不完美的都已经不存在了。

人类社会的分工演化也是如此，工人与医生并不能简单互换，"手艺"各不相同，我们难以断言工人就是社会的新方向。有几千年历史的医生就该被淘汰吗？这显然是荒谬的。医生在不断适应对疾病、药物、治疗、康复的需求，应用新的知识和经验来完成救死扶伤的使命，也在不断演化；工人通过技能改进、组织变化、精细分工，几百年来也有了很大的变迁。一些行业消失了，并不是用处不大，而是制度基础变化了。例如,粮票的换算技能和传呼机服务出现不到四十年,就已经消失了。再如,剃头匠,中国在清代以前几乎没有这个职业,成年人都不剪发,只梳头,只有小孩子及和尚才剃头。而在今天理发店、美容美发店都是有房间的坐商,与担着挑子行商的剃头匠大不一样;古代欧洲的理发师又和中国很不同,再加上欧洲贵族曾经流行假发,在头发问题上的差别就更大了。我们今天可能修建不出来胡夫金字塔、烧制不出来秦砖汉瓦,但这不能说技术退步,只是不同了,甚至是不用了。环境在调整,人们为了适应,产生了新的生活方式、生产方式、经营模式。

仅从生物进化学说角度来理解,拉马克主义就是以"用进废退"为典型观点的理论,在微观上,可以是工程问题的解释理论。工程问题的实践导向,讲究"熟能生巧""拳不离手、曲不离口",在个体的感知和技术常识化认识方面,的确是拉马克主义的。顺便提及,至少在 18 世纪到 19 世纪,拉马克主义和达尔文主义是交互对话的、承继发展的关系,也不是今天某些简单介绍中势不两立的状态,这也是后人按照自己理解的"六经注我"的构想了。所以,演化论及其前后的思想流变,本身也是一个连续的演化过程,是一种思想方式。

● 关于工业和工业文明

工业的范畴常见的三个层次是:①狭义的范畴就是制造业,这个范畴更贴近人们的直观生活;②如果按照产业分类而言,工业指第二产业,今天国民经济行业分类中的第二产业包括制造业、采矿业、市政行业(电力、燃气及水的生产和供应业)和建筑业;③按照常识而言,人们会认为工业是第二产业除掉建筑业,因为建造过程不那么标准化，似乎不够"工业"。从产业来说，汽车工业、电子工业、能源工业、纺织工业等都是典型的工业类型。

工业的概念，也存在"古今之变"的问题。在现代工厂制逐步确立为主流生产方式以来，工业就被定义为有流水线、工人分段分工、机械化、标准产品等特征的样子。而之前的几千年间，工业是技术匠人所从事之事的总称，涉及百工百业，诸如建筑、打铁、鞣皮制鞋、锁匠、厨师、理发师（剃头匠）等，如今其中不少都被划归到服务业（第三产业）的范畴内了。

从概念来说，在国民经济行业分类中，如今大部分手工业被归入居民服务、修理和其他服务业。而以古老的纺织业为代表的手工业，则是在标准化生产方式的作用下改变了生产活动的形态，演化为纺织工业。建筑业的问题则是恰恰相反，由于其现场浇筑混凝土、垒砌砖等大量操作仍然需要人工完成，没有足够的标准化使其成为"大工业"。在建筑材料方面，中国传统的以木结构为主、欧洲古代的以大型石料为主的建筑，已被工业化的钢筋混凝土、钢化玻璃等材料所替代。所以，建筑业处于一个"半工业"的状态。但21世纪以来，随着建筑业的设计参数化、建筑模组化、组件预制化、组装机械化的程度越来越高，建筑业实际也越来越工业化了。

工业具有两个重要特征：标准化生产方式的介入才有了工业，机械化是工业化的重要标志。技术是服务于经济活动目的的手段，所以，机械化这个标志还是服务于标准化大生产的模式。那么，标准化大生产就是工业。说到底，工业，是一种经济行为模式，其之所以出现，就在于生产的效率高了、成本低了。

工业文明的讨论，人们总是期望了解被工业影响了的生活的方方面面,但这些又往往没有那么强的规律性。这是为什么呢? 因为根本没有一种通用的、普世的"工业文明"。以工业为经济特征的社会,有着各自的宗教、文化、历史因素,有自己的政治、法律等制度框架。这一横一纵的框架之内,再与工业经济耦合,得到的"工业文明"自然千差万别。或者说,如果把工业只当作一种经济生产方式来看,其实还是很一致的(埃塞俄比亚、墨西哥、匈牙利、马来西亚的工厂流水线能有多大差别呢?)。而宏大的工业文明概念,总是希望在经济系统混入制度系统和文化系统的差异后再寻求共同规律,似乎是庸人自扰。这好比黄瓜,不过有的大一些,有的嫩些、水分多些,但一概言之都是黄瓜。再以黄瓜为例,有的切了块,有的切了丝,有的加了鸡蛋、放了盐和味精拿去煮汤,有的加了蒜末、糖、醋、酱油拿去凉拌,还有的和虾仁一起包成饺子。然后,若问鸡蛋黄瓜汤、凉拌黄瓜、黄瓜虾仁水饺这三道菜有什么共同规律? 我只能说这些菜都有黄瓜。于是,所谓的"工业文明"只是工业经济而已,无法附带其他特定的社会文化含义,以免落入循环论证,不利于说明道理。

在这样一种历史观下,本书将继续《工业讲义》中对于技术、经济与社会的关系进行探讨,以工业作为一种经济子系统,讨论更为具体的经济社会现象。

1.2　商业需求拉动技术创新

由个体的生存、安全、繁殖演化积累形成的复杂的社会需求,可以通过很多种方式得以满足,包括自给自足的生产、协作、交换、赠予,甚至还包括偷窃、抢夺。商业是通过交换的方式来扩大对需求的满足，可以加入长距离的运输、专门从业者的获利、不同社会支付手段间的差异与交流换算等多种贸易因素。商业活动的存在和扩大，使得人类社会的消费得以多元化。

商业的生产销售需要持续的大范围活动，需要差异的产销关系，把一地盛产的产品运输到缺乏该产品的地方销售，这样价格才能卖得更高。这是最朴素的商业逻辑。商业活动及贸易中的三个要素（生产、运输、销售）在社会需求的推动下，实现了商业利益的增加，从而推动商业活动在人类历史上不断出现和发展，以及商业形式的多种变化、规模的不断扩大。成功获利的商业活动，需要专业从业人员来进行专门的活动，也就是形成了产业。产业化的过程需要不断改善商业相关的生产、运输和销售问题，以及扩大销售渠道、抓住需求方向、保障安全的运输、实现足值的货币支付、确保良好的商品质量和低廉的生产成本。

产业兴起的引导要素，随着其成长周期不同而变化：提高收入是第一阶段，货币化交换是第二阶段，降低成本是第三阶段。成本怎样降低呢？对于同类需求，创造新的、更容易产出的产品，从而以更低成本来应对需求，这是最基本的逻辑。操作上，面对同一种产品（商品），最主要的方式是通过生产方式的更新和生产技术的改进来降低成本。具体而言，基本就是管理要素和技术要素两类要素的改进，包括生产安排的改进（例如，单人生产转为小组轮班，从而提高总工时；或者，全部资产转为供应链协同，降低了内部人员的数量和费用，也降低了固定成本总量，转为部分可变成本）和技术工艺的改进（例如，增强生产工艺的机械化、从手工织布转为使用织布机、从人力刈麦转为使用联合收割机、采用化工合成塑料材料从而大大降低成本)。在这个通用产业化的进程中,近代的几百年间,工业化是一种工厂生产组织和各类机械、电气、化学等技术不断加入的产业方式,也是我在《工业讲义》中解说的"工业文明"作为一种经济子系统的特征。

根据上面的概述,我画了一个简要的示意图(图1-4):需求的满足,从部族细化到家庭,再从家庭拓展为社会生产,需求在交换的扩大中随着交流、贸易而得以满足。这是一个从部族群居协作,到出现以小家庭为单位的分工组织的过程,家庭这样更小的社会单位落实了分工,以提高生产效率。当分工交换的品种、类型、数量越来越多后,跨家庭分工开始以各种形式出现。这种组织结构的变迁,根本目的还是通过规模化效应来降低成本,提高经济效益。跨家庭的分工和早期部族协作相比较而言,是更为固定化的"职业"的出现,以及出现了觅食、守卫、育婴等基础生活活动之外的更多工种。家庭间、聚落部族间的交换与分工互相促进,不断复杂化,使交换本身成为一种职业,这就是商业。在社会经济不断商业化的过程中,产业化涌现为一种利润驱动的方向;而产业化的过程中,工业化凸显为一种成本控制效率颇为有效的方向。这是我们从历史中看到的,需求决定供给的整体社会经济运行逻辑。组织演化的问题,我在后面再结合组织与市场的对比另外展开讨论,但组织演化仍然是成本更低的选择方向。

这里,我们可以简单回顾一下17—19世纪的英国及西欧的历史。"第一次工业革命"时期,同时在文艺复兴、启蒙时代之后发生了科学革命,但二者的关系一直是历史学家关注的焦点。经济史学家和科技史学家都认为,历史上的事实证明了工艺精巧的技能的确促进了工业革命的技术发展。但这些知识几乎没有多少可以归入科学知识的范

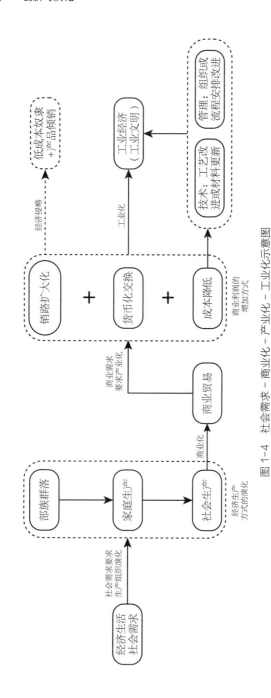

图1-4 社会需求－商业化－产业化－工业化示意图

畴，那么科学革命的意义何在？乔尔·莫基尔在夏平等人研究的基础上提出了"工业启蒙"的概念。工业启蒙从科学革命中接受了科学方法、科学精神和科学文化，并将这些应用知识扩展、改变。同时，也是培根所提倡的实用主义的需要。研究科学的自然哲学家们持有工具理性主义的观点，期望"探究上帝的杰作、发现其中的因果奥秘、使技艺和自然有利于人类生活的需要"。富兰克林观察自然现象并进行分类、整理、研究的同时，又时刻考虑"哪些是还没有得到实际应用的哲学"。从 1662 年英国皇家学会成立开始，越来越多的哲学家、数学家、工程师就科学和技术的话题进行公共演讲，吸引了大批听众；之后，越来越多的技艺协会、专业学会纷纷成立，如伦敦地质学会、皇家工程师学会等。英国之外，法国、德国则是设立了大量的专业学校，培养工程技术人员、传播科技知识。而这些科技成果得以被积极传播的另一个关键是商人、实业家们愿意投资，将科技运用到生产中。一些科学家具有"双重职业者"的身份，他们自己投资转化自己的科学技术发明。经历了大约一百年的各种经济生产实践，随着更多的企业开始认可利用科学知识改善技术、发明产品，科学知识在降低生产成本或满足社会需求方面有着良好的作用，科学知识系统建立了与生产互动的桥梁。

这段工业革命的简史中，有两个要点值得注意：其一是科技知识转化的推动力，根本上来自市场的认可和商业价值的强烈诉求，这和国家主导的前沿科学、基础科学研究不同；其二是在科技知识的传播中，主动的信息交互十分重要，无论是之前的公众演讲、专业协会、培训学校，还是今天的信息平台、咨询服务，都是如此。

归根到底是社会经济的需求在引导经济体系的发展，利益促使人们去考虑更为有效的方式来进行生产、交换等经济活动。需求在细分领域中也能够拉动社会资源的配置，也就是通过产业链来实现。生活消费等终端需求通过产业链条中互为供需的关系（类似国民经济统计中的投入产出表体系）不断传导和累积，将需求的"引力"传导到整个社会。

需求在传导中会降低强度，因为新的要素往往会加入进来，"稀释"前面一个环节的需求对现有直接需求的影响。从人们面向自然界寻找自身生活所需品的角度，需求拉动了人对自然的观察和认识，但随着改造行为的复杂，更多需求"被加入"到人们的活动中来，一种行为受一种"最初"需求的拉动属性，随着中间环节的增加（或需求实现复杂度的提高）是在递减的。我来给这种供需关系取个名字，叫需求递减律和需求穿透律，示意图参见图1-5。

例如，人们为了出行更加便捷，需要更优的交通方式；更优的交通需求，可以拆解到道路的开辟和运载工具的发明改进。道路的开辟，在中短途方面包括道路、桥梁的修建，山河荒野的开拓、开发；长途的包括江河水运、海运航路的探索、飞行器出现后的航空线路。道路开辟的需求，又进一步需要，开辟道路的工具、设备，劳动力集中组织的能力，起重机械、挖掘机械甚至工程炸药等都在其内。各类设备的发明或改进，要考虑对实际环境的适应，如履带或轮胎的行进方式，柴油动力或电动力自身重量的大小等因素。这一系列性质的需求，又需要机械知识、安全知识、各种特殊情况的处理常识共同作用。这些需求中，越野工程机械的轮胎设计知识，制造需求的知识、加工能力和材料，都已经是极为具体的需求了。相较于满足"出行便捷的需求"这个"出发点"而言，当下情况已经发生了很大变

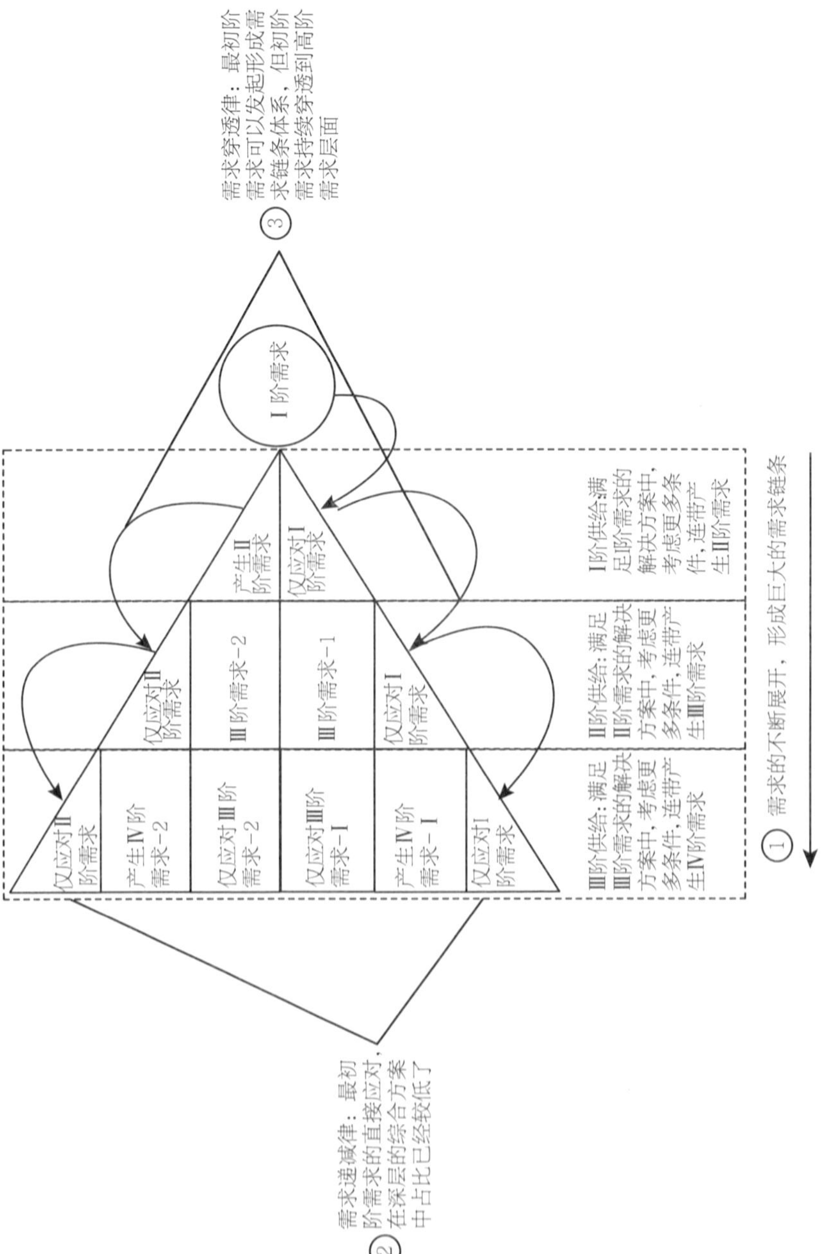

图 1-5 需求递减律和需求穿透律示意图

③ 需求穿透律:最初阶段需求可以发起形成需求链条体系,但初阶需求持续穿透到高阶需求层面

② 需求递减律:最初阶段需求的直接应对,在深层的综合应对中占比已经较低了

① 需求的不断展开,形成巨大的需求链条

I 阶需求

产生 II 阶需求
仅应对 I 阶需求

仅应对 II 阶需求
III 阶需求-2
III 阶需求-1
仅应对 I 阶需求

仅应对 II 阶需求
产生 IV 阶需求-2
仅应对 III 阶需求-2
仅应对 III 阶需求-1
产生 IV 阶需求-1
仅应对 I 阶需求

I 阶供给:满足 I 阶需求的解决方案中,考虑更多条件,连带产生 II 阶需求

II 阶供给:满足 II 阶需求的解决方案中,考虑更多条件,连带产生 III 阶需求

III 阶供给:满足 III 阶需求的解决方案中,考虑更多条件,连带产生 IV 阶需求

化，只延续了少数需求，又不断加入了其他满足中间各层需求所需的条件。同样，如果我们继续分解其他分支来延伸到可实现层面，也会遇到类似的情况。诸如，飞行器、轮船作为交通工具的制造，在制造时各种部件的生产工艺对特定低温、潮湿、高盐等特殊环境的适应要求。

在这样一个长长的需求链条中，出行便捷的原始需求，对于正在需要出行的商队，或者要发动战争夺取更多资源的部队而言，都是较为急迫的。如果立刻有沿河小路，或是披荆斩棘去穿越荒山密林等选择的话，人们可能会优先选择一条不太需要开发的小路来满足需求，而不会选择系统性的更新出行方式，更不会延伸去做开发工程机械、道路勘察和设计等方面的决定。这相当于图1-5停在了对Ⅰ阶需求的直接回应而没有扩展。当出行的强烈需求顺着可分解的需求链条展开时，会依次减弱。因而，对于单次的出行，从递延到促进深层技术发明的需求动力大大削弱到让人选择放弃。只有当众人有普遍需求时，才能支撑一个需求链向分解延伸。几千居民的小镇都不愿意走一条危险的小路（这里已经不再是出行这一个需求，还加入了安全的需求，甚至便利的需求，已经出现了Ⅱ阶需求），于是居民一起分工开山修路，在过程中改进了石块搬运的方式，道路本身的修建也加强了工程运载的能力，农用畜力加入施工、滑轮、杠杆、坡面等知识都可以用来省力增效。需求对技术、管理、投入的拉动发挥了作用，技术改进在协作中被需求拉动了。

本章所谓的需求递减律和需求穿透律，旨在强调社会生活不断演变中人们不断产生的需求，并试图通过个体、群体、社会网络、社会系统的各种层级和方式达成对需求的满足。在复杂化的需求满足过程中，需求与行为的间接关系构成了穿透律。"需求"需要经过一系列的拆解、传递和再组织，这就产生了递减律。减弱后的需求在数量上的普及性产生了聚合效应、扩大倍数、强度提升。一种行为能较直接地满足与之最近一环的多种直接需求。也就是说，从需求原点看是递减的，从行为端看是多元的。

因此，人们不可忽视需求拉动对社会进步或更确切说是社会演化的作用，而这种引导性的作用是人们自己在激发社会的变化。技术，是人们的发现、发明，是为了满足需求、改善行动目的的一类行为和有关知识。技术的行为模式从古至今有很多变化，到了当今与整个工业社会系统相结合，有了愈发复杂的分工和行为规则。技术的创新，是复杂社会需求链条中偏于行为端的一系列活动，是技术针对需求变化的反应。技术创新的实质规律：一是要放在特定的历史社会环境中来看，二是要顺着庞大的需求链条来剖析理解技术为何被需要。这也许还够不上一种"目的论"技术哲学，但的确有些这样的味道。如果忽视了环境条件和需求来寻求普适的技术发展规律，就可能会落入诸如"唯科学主义"或者"为了技术革新而革新，革新是压倒一切的正确方向"等颇有问题的观念中。

21 世纪初，苹果手机（iPhone）、特斯拉电动汽车先后成了美国及全球最具创新的产品，被认为是技术的重大创新与思维的突破。从结果上来看，二者都取得了很巨大的商业成功，至少在 20 世纪的前 20 年看来还是如此。苹果公司获得了巨大的销售额和利润，曾经一度取得压倒性的市场影响力，击败了诺基亚、三星等移动电话供应商。特斯拉公司则是以创新的市场形象支撑起了巨大的企业估值，在 2021 年 12 月底已超过 1 万亿美元，数倍于丰田、大众等汽车巨头。

如果要去分析和理解苹果公司、特斯拉公司及其重要产品和技术，并不能得出"电动车技术非常先进、触屏手机是一种革命"这样简单的结论。2022年特斯拉公司的股价不断下跌，12月14日，市值降至4913亿美元，资本市场对特斯拉公司的评价从科技公司回归为"普通的汽车公司"。我也很难说本书出版之后，特斯拉公司会如何，但我一直认为对汽车制造商而言，精细的生产过程和管理能力是非常关键的，创新固然了不起，但工业上的创新是为了降低成本这个目的，而不是为了显示创新能力而去创新的。

电动车的技术优势是否成为完全满足社会需求的产品，这个问题需要深入展开、层层发问。电动车技术早在一百多年前就出现了，并且先于汽油车；触屏技术也不是突然被发明出来的，在很多地方都有不同的应用，产品技术的出现并不是导致商业成功的充分条件。如果只是对取得一定时间市场认可的现象归纳其技术特征，尤其是只看表面技术类型就得出"规律"，这是很难成立的。2020年1月7日，特斯拉公司在美国之外的首个工厂在中国上海落成，公司CEO马斯克在发布会上兴奋起舞。2020年尽管受到全球新型冠状病毒肺炎①的疫情影响，很多企业停工，消费需求低迷，但特斯拉公司仍然实现了大约45万辆的年销售额，同比增长50%。其中，美国的销量20万辆，增长了14%；欧洲的销量下降了11%，为9.8万辆；中国

---

① 2020年1月以来，我国对这一疾病采用"新型冠状病毒肺炎"名称，2022年12月26日国务院应对新型冠状病毒感染疫情联防联控机制综合组发布《关于印发对新型冠状病毒感染实施"乙类乙管"总体方案的通知》，宣布自2023年1月8日起，对新型冠状病毒感染实施"乙类乙管"，疾病名称也改为"新型冠状病毒感染"。但本文写作过程中，涉及的主要是2020年至2022年该传染病的社会影响，故仍采用"新型冠状病毒肺炎"的表述。

随着新工厂的产能提升和国产化产品的售价下调，销量同比增长了200%，为 13.7 万辆[①]。但特斯拉公司的销售和估值双双增长的势头持续了不久，在 2021 年上半年，中国市场接连出现用户索赔、刹车失灵、车辆故障致人死亡或受伤等严重事故的新闻报道，导致特斯拉电动汽车在中国市场的声誉严重受损，市场认可大幅下跌，连本来计划扩大产能的中国工厂二期都暂告停工（至 2022 年 12 月 31 日）。这样的情况是因为技术革命导致的性能不稳定呢，还是本身生产工艺还不够精细就大幅扩产导致的故障呢？扩产的过程中技术的成熟度是提升了还是更粗糙了呢？问题频出是因为美国工厂的产能技术和工艺能力不足，所以才寻求在中国扩产，还是仅仅为了获得消费潜力更大的中国市场呢？根据市场需求来安排生产，尤其是可以减少复杂的进出口贸易手续及关税等问题。这本来是一个优化安排，但产品质量不能达到用户需求，极端案例中甚至威胁到了用户安全，这就对生产中的产品技术稳定性提出了急迫要求，也是必须尽快妥善解决的致命问题。事实上，这只是一些个案，如果我们把特斯拉电动汽车遇到产品质量问题和设计不完善只当作是一个创办了十几年的"年轻"公司的缺陷，相较于经历了百年和多次并购重组的其他车企巨头，这是一种"可以理解的"经验和能力不足的表现。特斯拉公司是非常有影响力的电动车企业，但它存在的问题并不意味着电动车这一产品都有问题，更不能就此否认整个电动车行业。（对特斯拉汽车的上述分析同样也有一个容易被忽略的前提，就是我们从公开信息所得知的情况都完整无偏差。假如只有特斯拉汽车的质量问题被发布，而其他车的问

---

① 数据来自特斯拉公司和汽车产业平台网站。

题信息却不被发布，那么有些结论将会不同。) 电动车市场，最终也要 "穿透" 到出行这一根本需求及对燃油动力带来的二氧化碳排放的不满——我先不讨论关于二氧化碳排放是否一定危害人类环境这个问题，暂按照 "减碳" 这个环境要求成立来讨论。但这不能直接得出电动车就是完全绿色和低碳的结论，电力的来源、电池的循环利用和工业清洁程度，以及采取锂离子电池为主的话，锂矿的可开发资源储量和回收利用率是否足够可持续，这些都有待进一步验证。从需求的原点来看，在传导的链条上仍有很多可以 "分叉" 的节点和 "不一定" 的节点。例如，满足 "绿色出行" 可以通过大量减少家庭汽车保有量，而不是只替换车辆动力类型，用电动车替代燃油车来实现。数字化的进步、通信速率的提升，是否可能大幅减少人们对通行和见面的需求，从而不需要那么多车了呢 (无论是燃油还是电力)? 从减少污染和低碳的需求来看 (这里先不质疑这两个前提，如果要质疑，逻辑上也可以继续展开)，燃油车是否可以通过提高燃烧效率和继续提升资源回收循环的工艺，达到较好的效果? 即便不是燃油车，除了靠储能电池来携带动力，是否还有其他方式? 高速铁路的有轨电力，磁悬浮列车，也都可以达到动力供应。太阳能的光伏收集和利用技术已经在不断提升，如果能出现供电或者送电的高效技术，也未必不能替代储能电池。当然，大量的能源需求是基本，全球人口还在持续增加，水源、食物、取暖、照明、交通都需要能源，这可能超出了评价电动车的范围，但这是需求链分析所必要的框架。

因为从一开始，电动车备受关注的原因就没有被充分讨论，只看一两年时间的销量和公司估值的快速增长是无法确证的。从实践的角度，我们不能否认特斯拉电动汽车，以及其他电动车的销量增长是有市场认可度的。前述的一长串逻辑链上的质疑，也不是公众意义上需要讨论的。但作为产业分析和研究思考还是需要严肃对待的。不轻言一类技术的先进性，并不等同于否认其先进性的可能性。

需求和供给的平衡就像物理学中的光锥，这也是演化论的应用。需求可以延展出很多内容，向各个方向延伸，但随着应用场景的实际情况聚焦于一个供需平衡的点上。这个光锥所表达的，是事件逻辑的因果链条，也是条件具体增加后的收敛。相应地，如果我们从一个供需平衡点向未来可能的应用方向去看，又可以形成一个"反方向"的光锥，构成了层层推进的可能性事件（需求场景）的集合边界。历史实际的发展只能是时间过程中一个又一个确定点的连线。我们站在此刻回看历史，如果不清楚全部限制条件，也就无法看清那条唯一的连线，而是众多可能的光锥。而此刻的我们都是在不断消除了不确定性后，对当下环境条件的适应，这构成了确定的、唯一的事件连线，或者说，历史学的"路径依赖"就是对每一瞬间回望过去的前一瞬间，总是近乎只有"一个"可能的未来路线。无论向前还是向后，越大的光锥展开截面越大，面对的事件越多、情况越复杂，与此刻特定时空的我们的关系也越复杂。

要追寻更长的需求链，就要看是什么在拉动这些得到社会、市场高度认可的产品。例如，有人会分析特斯拉电动汽车强在续航能力，进而发现电池组技术很出色。再如，会有人分析，特斯拉公司抓住了世界环保势力要求汽油车被替代的需求浪潮，无论结论是否准确，这样的分析都更进了一步。最后，还可以从反面关注这些成功的技术产品，尤其是商业模式驱动的重要性。苹果手机，在 2019 年至 2020 年，除了不断更新其手机型号和操作系统之外，面对来自华为、小米等中国厂商的一波市场竞争，苹果手机提升了无线耳机、充电适配器等手机配件的研发和推广，作为自己新的利润来源。苹果公司取消了手机的有线耳机线接口，推出无线耳机产品，并计划取消充电器插口，推广已经较为成熟的无线充电器和防磁化手机护套等。截至 2022 年年末，这些策略已经实施，只是并没有完全排他，单一的接口可以通过转换器适配其他有线耳机设备，无线充电器和有线充电仍然可以并行使用。这样的策略，是苹果公司在相当长的一段时间不断研发改进的技术积累的结果，但也并不是其独有的"革命性"技术。而特斯拉公司的商业成功与否，即便仅通过资本市场的公司市值来看，在大约十年间也是经过了波动的。仅仅在 2021 年年初，一个月左右的时间里，从 1 月的历史市值高峰下跌了大约 20%，出现了接近 2000 亿美元的市值缩水。这样不稳定的市场表现，并不是一两个月之内由革命性的技术、重大的政策冲击带来的，甚至和蔓延全球的新冠病毒疫情关系不大。可以说这一现象并不代表会发生系统性风险，更多的是企业业绩波动、核心控制人马斯克的减持及产品事故导致的市场忧虑等因素造成的。因此，反过来看，很难说是重大的技术革命推进了特斯拉公司的成功，特斯拉公司的商业成功是大量技术积累在特定商业运营运作中的优化展现，获得了消费市场和资本市场的认可。

互联网时代，从使用自动化设备应用的增加，到个人电脑、万维网的出现，至今才不到 50 年，广泛应用才不到 30 年。"当代不治史"，对于当代我们都生活在其中，价值的融通和理解都容易，可价值的中立却难做到。每个时代的人，都不断发言声称当下就是人类历史上最特殊的时期，也许还是最伟大、最创新的和最自由的时期。一方面，这是人们对当下生活的热爱，这样的热情是社会生活蓬勃开展的动力之一；另一方面，所有人都难以对比清楚当下和未来，只能以当下和不是很远的过去（大约几十年）来比较，这期间总有一些改善是令人满意的。这些社会心理、社会情绪，都往往将"当下"表达得最特殊、最重要，而不同年代的社会相互之间的比较则需要一个框架，即便我们不强调要走到绝对客观的方向上去，但至少要排除过于强烈的自我感受。就比如"工业革命"的概念，18 世纪陆续有人使用，19 世纪逐渐形成固定概念，19 世纪末被广泛使用。到 20 世纪，第二次工业革命、第三次工业革命及第四次工业革命的概念不断出现。真的有这么多次工业革命吗？每一次都以技术引导产业变革的概念提出，是否合适？如果从经济结构来看，如我在《工业讲义》中引述过文一教授的研究[①]，全球进入了第二次工业革命时期的国家也不是很多，且各个国家、社会、经济体的发展进程各不相同，并不是每个国家都能进入下一个阶段的。

总而言之，不要轻信任何一种绝对化的线性发展论述。简单直接的线性表述，往往是非常精致的抽象描述，的确是我们学习、交流、理解、思考的重要来源，有助于我们理解事物或现象间一些关联关系。但是，全局地、整体地看待历史更替、人类发展、环境演化、社会变迁等问题时，我们不能贸然套用这些"局部"的线性思维，看待问题不能为了简化而简化。

接下来我再举一个有关人们对科学技术认知的例子。著名的范内瓦·布什报告（《科学：无尽的前沿》）被认为给出了一国的基础科研

[①] 叶桐，汤彬，卢达溶. 工业讲义：工业文明与工程文化［M］. 北京：清华大学出版社，2019：35-39.

水平决定应用研究能力，进而决定了该国工业创新、产业整体水平的线性模式。于是几十年来，很多学者、政府都准备持续加大基础科研的投入，认为这才是富国强兵的正道，否则就是短视、就是只顾眼前利益不顾长期战略。但事实上，工业水平依赖于大量的实践、产品需求、人才（设计师和工人）培养机制、产业链和供应链的顺畅等才是关键。应用研究只要有人才和项目投资，总是会不断进步、不断解决实际问题的。基础科研虽然有意义，但对一国命运的影响不如应用性研究直接。基础科研探究的自然特征（如气象研究、深海研究、太空研究、物质原理研究、人体生理研究、生物多样性研究等）和人文历史演变，对于人类了解自身有着崇高的价值意义；但应用性不是其研究的发起目的，基础科研也许能启发一些应用研究。例如，仿生的工程技术、新材料工艺等，但实践问题是产品开发和应用研究范畴的工作，好的应用研究并不是等着基础科研的积累程度来实现的，更多要依靠医生、工程师、研究员们的智慧在本层面实验、分析和解决。所以，这个线性关系并不是简单成立的一个逐步递进的关系。对于布什报告的解读和误读一直存在，最著名的是司托克斯提出的巴斯德象限，它从二维分类的角度来解释应用研究与基础研究的关系，我在后面还会提到（详见第9.1节）。

工业的逻辑是演化的、适应的与渐变的。无论是以哪种模型来解释创新，都不能忽略创新是一个渐变的过程，是以大量试错和失败作为基础的。这些理论都是以成功的事件（无论是发现还是发明）作为研究和论述对象的，所以研究样本会存在逆选择带来的分析偏差。对成功的研究，并不能得到成功的规律。成功之所以弥足珍贵，是因为成功是小概率事件。因而，有规律的是大概率事件，也就是不成功或失败的事件。我们在探究创新的规律时，除了要关注供需关系的本质驱动，在方法论上我觉得还要高度关注对失败事件的分析。假如一个小事情的成功率有 10%，失败率就是 90%。那么，一个了不起的成功要经过 3 个小事件环节的话，取得了不起成功的概率就是 10%×10%×10%=0.1%，失败率则是 100%-0.1%=99.9%，这才是成功令人佩服的原因。同时也说明了，应该探究成功为何是有问题的，研究每个环节是如何失败的，然后反过来操作，每个环节都“不失败”，累积起来就是“完全不失败”，也就是“成功”。悲凉一点说，最伟大的成功都是建立在大量失败和曲折的基础之上的坚定与幸运，正所谓“失败乃成功之母”“一将功成万骨枯”。

第 2 章
想到不易，做成更难

创新，就是要创造新的价值。狭义的价值就是指商业价值，这样来界定"创新"使得这个概念变得更具可讨论性。

我们从何种意义上考虑创新的重要性？"新"带给人们的正面感受，意味着胜于"旧"的内涵、新鲜而不同的感受、对未解问题有能力尝试，但也意味着不成熟、高风险。相比于更加均衡的评价感受，"好"无疑是更胜一筹的语词。那么，"新"有多"好"呢？这是一个社会价值的归纳，这类问题的回答往往就是问题本身。

创新的可贵之处在于能够不断解决新问题，能够将一直没有解决的问题通过不同的创新来认清和解决，最终是满足社会的需求，最大范围而论，包括商业、产品等带来的实用需求，也包括审美的需求（各类艺术、文学、表演、体育竞赛、工艺品等各种被欣赏的事物），还可以包括可持续性、可循环性等长期价值属性的需求。在社会中，物品、活动满足人们的需求，至少可以区分为生活需求和审美需求，前者与生存、生活较为直接相关，包括饮食、躲避风雨恶劣天气、通行、劳动以获得报酬、学习以培养认知或技能，等等；后者则与生存、生活不直接相关，包括艺术欣赏、休闲娱乐等"玩"的事情。这样的分类和"经济基础"与"上层建筑"的分类并不等同，精神活动方面的内容也是涉及生活秩序的，诸如法律等也是非审美的。人们的活动分别满足生活需求和审美需求，更像是达尔文进化论提出了自然选择和性选择两种机制交互作用，是由部分相关但又完全不同的逻辑所驱动的。我在这里打算讨论的创新，是狭义的商业创新，是以生存、生活需求的满足类型为主线的部分。所以并不会涉及戏剧、绘画、诗歌等领域，审美逻辑的创新也有着深刻的社会生活基础。我在本书中明确不将审美逻辑的创新纳入进来，也许未来有机会再另外写作讨论。

　　创新能够不断改善社会需求的满足程度，因此，本身也成了间接的社会需求，如同需要沟通能力、计算能力一样。但要想满足各类社会需求并不能只依靠创新行为，反而大量的、稳定的非创新活动才是较为主要的。因而，创新并不是满足社会需求的唯一"必需品"。创新算作一种能力而非行为，因为它只是一些行为的结果。通过某些尝试、研究、调整后，社会的需求问题得到了解决，这些改变了的行为方式与此前不同，这种差异被归纳成了"创新"。如我前面谈到的，创新就像达尔文进化论中"变异"的概念，完全没有变异是无从演化的，为了适应演化就需要以稳定的遗传为主，并保有变异存在的机制。

　　创新，在于解决生活需求问题，因此，实践有效是评价创新的最关键标准，也就是所谓的够"好"。于是，创新的价值体现在是否能够做成，而不是仅仅看设想的理论和技术的记录文本是否够复杂或与众不同。

2.1 专利技术的实现条件

在对创新的研究中，论文的发表或引用往往被用来代表理论研究的成果，而专利的数量和引用被用来代表技术创新。

专利的价值是产品价值的一部分，虽然其具有较高的稀缺性和价值属性，但并不能独立实现价值需要条件，甚至有时需要较高的条件才能实现。比如，对于一项或一组关于宇航的技术或者斜拉钢索桥的技术，倘若没有巨大投资、特定场地等资源来投入应用的话，该技术是没有实际价值的。

专利，作为一种技术方案，能够改善和提升生产效率、降低成本或者形成新的产品、工艺，能够带来经济效益的提升，是生产中的关键知识／技术要素之一。专利作为一种特有的法律形式，具有公开、登记及受到排他性保护的特征，但从经济属性而言其作为一项技术方案的基本特征是更重要的。以专利为代表的技术知识，并不像劳动和土地等要素那样能直接投入经济生产活动中。技术要素的投入要依赖于投资，这样才能保障其方案得以实施，还需要合格的技术人员才能够理解并实施该方案。这些条件还包括：工厂的流程合理与组织良好，理解能力和动手能力都较强的高水平工人队伍，设备、材料、环境等条件充分的生产车间，成熟的营销网络和产品策略，以及充足的资本投资。

在对一项专利进行估值的时候，资产评估常用的方法包括：市场法、成本法和收益法。市场法的估值依据主要来自以可比项目（专利）的价格作为参照并调整得到的估值；成本法采用以研发投入为基础增加回报率得到的估值；收益法则是将整体产品的市场收益扣除实现专利的各类投入得到的专利估值。一般来说，对于能够有大量交易的资产品种，市场法是较为公允的，各种因素都因为竞争等市场行为被蕴含在了价格之内。但如果没有大量可比的交易案例可供选择，则可以尽量采用收益法来进行专利估值，因为专利这类被认为充满创新的资产对于收益的贡献应该是有很大空间的，采用收益法是较为符合经济实际的。相对而言，成本法只是反映了专利形成的起点，但由于投入侧的资料较为容易收集，所以，成本法是在市场机制还不够完善和活跃的阶段，可以采用的最便捷的一种估值方式。当然，收益法的估值，实现收益的概率会是实际估值中造成差异较多的因素，不同机构转化应用的方式不同，预期收益也有差别，某些专利也许能用于实现高价值的场景，但实现的可能性较低，因而在估值时需要用加权的预期价值。

专利包括防御性的、组合申请策略等复杂的、申请和保密兼顾的技巧，以及一些长期无法实现的内容，并不能简单想象每一份专利都是一个旷世伟大的革命性产品。不能只考虑专利发明人的单方面诉求，市场认可的估值也需要考虑，供需双方的意见也需要均衡。同样，也不能因为一件或一套专利取得了巨大成功而认为很多年前初次评估时价格太低了，因为其今日的高价值也正是多年产品投入、市场变化的共同结果，至少不仅仅因为当年的估值过低（可能偏低，但也要基于彼时彼刻的条件来合理重估）。

所以说，专利或者技术能够出现已经很不容易，很了不起，但要想实现产业化把事情做成就更难了。那么，想出来之后，打算做成，还需要什么重要的条件呢？

● **工业实现能力对专利价值的影响**

专利所代表的技术，体现了从生产要素的视角对价值的认知（后面的章节我还会讨论到生产要素的问题）。作为生产要素的技术、劳动力、土地，以及最新被重视起来的数据，都是在劳动活动中组合发挥效能的，都是产品服务的"素材"，不能简单化直接应用，也就无法完全独立估值，必须结合适当的经济条件来预计。

我将这种在工业生产活动中，能够综合运用各种生产要素进行工业活动的能力，称为"工业实现能力"。这个概念主要是强调产品化、商品化的全部过程的整合性，而不只是局部的应用，也不是资本投资

知识窗　　　　　　　　工业实现能力

本书讨论的"工业实现能力"主要是指在工艺设计和生产组织方面的企业能力，是与企业的销售渠道能力和投融资能力分立的。

工业实现能力，也是企业里由工程师和工人共同决定的一种生产可行性的评估能力。虽然这还说不上是一种定义，但至少可以说是一种概念，其目的在于强调工业生产问题中不可忽视的生产实践，以及拥有技能、职业精神等全方面素养工人的重要性。

这里的命名用了"工业"，但并不限于狭义的制造业范畴，还包括建筑、冶矿、市政等第二产业部门，以及互联网、通信等信息类第三产业部门，这些部门都存在设计者、管理者角色的"工程师"和实践操作者角色的"工人"的分工协同。操作执行能力对于企业实现创新创造的可行性有着重大意义，否则只是停留于设想。

或者企业家战略性判断决策这类较为抽象的概念，是研发、生产、组织、销售全部过程的组织运作能力，是管理要素的能力。当然，农业的多种要素的综合运用能力可以被称为"农业实现能力"，如果读者可以接受我在《实体经济导论》的观点，还可以进一步拓展为"实体经济产业实现能力"，这个概念的体系化本身并不是我要讨论的重点，这里不做体系化展开。

在专利技术的实现条件中，首要的是投资，产供销的体系接纳一项新技术的融入需要调试、实验，甚至需要承担营销的商业风险，因此决定投资的是对应成本。无论是专项的投资还是机会成本概念上的投入使用，投资都是专利技术实现的基本条件。专项的投资，可以是单独融资的贷款、股权融资的风险投资、课题经费、企业内部拨付的专项预算等形式；投入使用则是在企业厂商现有的生产销售流程中加入新的专利技术，虽然不明确新增货币投入，但是有关工时、材料、能耗、设备等的占用也都是实际的企业成本投入。有了较为明确的投资，这就距离理解专利价值更近了一步，产品价值扣除投资，在原理上就是收益法的专利估值了。投资是工业实现能力得以支持专利实现价值的基础。

除了投资，工艺操作上的工业实现能力是最容易被忽视的"条件"，工程问题上的技术调试和改善往往也是专利、技术方案能否成功实施的一个关键环节，还是从实验室走向产品线的必经之路。可以说，在经济活动中实现一份专利或一个技术方案首要元素是工人、工程师。

（1）工业实现能力是每一项技术成形的实际形态。例如，一台机器学习的算法如此高超、自动化，但底层的初始学习"原料"如何保证更高的"正确率"呢？一是需要工程师来寻找和比较尽可能优质的数据来源；二是只能采取严密的人工校验复核流程，给出一份"纯手工"的优质素材。在机器学习了一个阶段之后，机器判别为"错误"的部分需要工人们再次"手工"将其调试"正确"，然后返回到学习模式中。也正是这样，机器才从"人"那里学到了"智能"，形成"自己"的判断规则。数字化程度越来越高的工业生产中，似乎不太需要什么人工操作，都是自动化完成，但是机械出故障后的维修、日常检查机械状态、结合生产要求调节参数、应急处理等还是需要人来负责完成，人对机械的管理是不能被彻底替代的。

（2）工业实现能力反馈技术方案能够促进设计优化。更大规模的投产，对质量的控制和检测，以及对设备和设施的优化，这些不仅是技术方案投入生产中必须解决的工艺问题，还可以抽象为生产中出现的进一步需求，它们也是工程师、设计师、发明家们要创新突破和解决的关键问题。例如，在化工生产中，采用全钢反应容器虽然可以适应多种反应液体，但其造价高昂且外壁不透明，难以观察反应状态，所以选择更低腐蚀溶液和反应物本身就是对设计创新的要求。

（3）工业实现能力在实践中影响一项技术的实际价值。如果企业的工艺实现能力水平不高，对设计的理解不深，还盲目的在实践操作中"创新"，将会大大降低一项技术的预定效益，甚至会发生严重的生产安全事故。例如，某化工企业，一项技术说明要求连续给料、保证平稳的反应过程，但生产线工人为了操作方便，常年按照每8小时一次集中给料的方式操作，导致产品无法达到预期的质量。再如，某化工厂的反应设备，原定设计是通过定期停车检修、清洗积聚的黏稠质废料来避免堵塞管路。但工人为了"提高效益"，不停车停产，在反应设备底部增加清废出口，在生产状态下清废，结果某次清理因为法兰溢扣无法正常关闭，导致大量空气灌入，发生爆炸事故。这些例子都说明了对于技术的认识、操作是非常重要的，这是工业实现能力的重要组成部分，而且是不易被重视的"软性"内容。投资项目、投产运行、产出销路都没有问题的技术，实现执行后却没有达到预期的产出效益或安全效益，相当于技术只实现了部分价值。

因此，技术（专利价值）的估值实现，需要买方具有成熟的工业实现能力。例如，一项技术被 A 公司取得，A 公司投入 100 万元即可形成新产品；若 B 公司获得该技术，也许投入 200 万元也无法做出同等产品。那么，对可预测的情况而言，对于 A 公司来说，该专利估值就要高出 100 万元才行，否则就是亏本的，这就是一个隐含价值。再加上 A 公司的市场营销产品化能力更强，于是 A 公司愿意出价 500 万元采购该项技术，而 B 公司应该最高只愿意出价 400 万元。也就是说 A 公司和 B 公司都认为自己可以投入至少 600 万元的成本转化产品，才能实现预期的商业回报。然而，因为 A 公司的后续投入管控能力更强、工业实现能力水平更高，所以可以用更多的资金去竞争该项专利。但这是在 A 公司和 B 公司都正确评估了自身工业实现能力的情况下，信息完全充分、决策完全理性、竞争足够激烈，以及都是理论出价的上限。

实践中，较为常见的大致是这样两种情景：

情景一，工业实现能力弱的 B 公司更有可能并不能正确的进行自我评估（这是一个自相关事件，因为工业实现能力的高低也影响了企业评估对专利的应用价值）。市场的成交价格受各种因素影响，也未必按理论上限价格成交。在实际中很可能按照 450 万元成交，并由 B

公司获得该技术（B 公司并没意识到自己其实应该出价到 400 万元），但 B 公司投入达到 80 万元时就因耗费时间太长，机会成本高而放弃了，450 万元的专利采购投入成了沉没成本，那么该技术带来的实际价值为负 530 万元。这样的情境下，B 公司显然因为高估了自身能力，又没有坚持做出必要的投入而功亏一篑；A 公司也并未获得技术，不能借此改善和提高生产效益；市场也没有得到更优的产品，没有获得技术带来的社会效益。B 公司为了收回损失，不愿意低于 450 万元甚至不愿意低于 530 万元转让该专利（在会计意义上，仍然可以保留账面的资产购入价值），因此 A 公司也无法二次购得该专利。

情景二，B 公司面对不确定的投入和基于自身工业实现能力的评价，决定不参与购买该技术，而眼见竞争对手 A 公司取得了该技术，甚至借此进一步拉开与自己的差距。

以上两种情景，情景一，是各方均无效益的"多亏"局面，情景二会造成两极分化，可能形成行业垄断。当然，在现实市场中对于反垄断还有很多标准和政府规制在，并不是仅仅依靠专利交易就会形成高度集中的技术垄断；但情景一的局面是在专利转让市场形成初期要多加关注的。

● **企业的技术评估能力**

工业实现能力的概念，是从生产管理的方方面面积累起来的综合能力，包括：技术开发、工艺安排、生产分配、人力资源体系、质检测试评估、应急处理、物料供应、废弃处理等，以及形成规章的文本和实际处理执行的程度。工业实现能力是落实生产的基本流程和环节。同时，通过基层工人、生产管理者不断积累的生产经验，形成对新事物的判断能力也是非常重要的。这类判断能力，可以直接或间接地参与到企业高级管理层的决策中，成为企业判断一项技术对于本企业能否执行实现、以何种投入产出实现的重要基础。面对竞品和创新的出现，无论企业规模大小，对外部的、他者的技术进行评估的能力，都是基于工业实现能力的一种表现。

我作为私募投资人接触过的项目中，有些实际经历可以谈。以一个由海外归来的业内知名教授领衔开发的计算机技术项目来说，该项目已经有过不少成功经验，参与了一些重大场景和互联网应用场景，并产生了不错的收入，相关公司的估值也不低。然而，作为投资人，我们还是有所担心的。这样前景广阔的技术，虽然有了一些实用案例证明了其顶级水平，但是在资本运作上，该如何看待该公司的战略发展方向呢？该项目的核心团队都是由兼任高校教授组成的，面对未来产业化过程中的大量工作，他们如何能保证全心投入呢？只有30人的执行团队，几乎全部为技术运营人员，无法建立一个足够产业化的营销、生产、管理体系。那么，后续的发展可能是作为一个创新技术团队被并购入互联网巨头的阵营。相反，从市场层面来看，就私募投资的退出设计而言，我们会向国内同领域的大型企业的负责人了解情况，看是否可能达成共同投资，或者产业投资人领投的方案。沟通下来，对方（龙头企业）并不认为这种出自高校教授的技术有何高明，认为其不能产业化，和现在开始商业化的场景没有重叠，所以没有明确市场前景，现在和未来都不会考虑投资收购（甚至连估值都没问，可见是完全不关心的）。"学校老师发明的东西我们见得多了，其实最先进的技术我们都有研发和储备，自己做的才是有实际商业意义的。"

我们先不在此置评一位名校教授的技术成果到底是否足够前沿或

领先，这位龙头企业负责人的态度是更值得注意的："只要和现在能卖钱的需求场景不匹配，这项技术就是没价值的，不值得关注。高校教授很多都脱离实际，其所谓的成果不值得关注。"这样的态度，恰恰在于企业对通过市场交易（购买专利或并购小型高技术公司）获得技术布局的方式兴趣很低。在企业发展中主要采用组织内部创新模式，而原因很难说是校企交流不够多、学校技术成果偏离产业需求太远，还是小型科创企业初步成功的创新无法感动保守的大型企业。当然，这里所谓的企业关注点也并不能一概而论，案例中的龙头企业也是指细分领域的企业，整个通信互联网行业的巨头还是纷纷向该项目发出了业务合作合同，对其还是有一定认同的。

前面这个例子的情景在技术开发和项目投资领域是比较常见的。虽然每件事情都是多方面、多因素共同作用的结果，但是我要提出的是企业的工业实现能力往往是被忽视的因素。企业在面对新生技术的时候，一是评估是否对自己有用，二是评估自己是否用得了。但企业的评估做得怎么样呢？我们需要一个指标或者方法来评价，企业自身的工业实现能力是否限制了其吸收新技术。当面对一项同领域技术给出负面评价时，到底是企业从自身角度考虑而做出的决策，还是经评价发现该技术存在重大不足，又或是因自身评估能力不足给出的负面评价。我们假设在不涉及投资决策的情况下，也就是剔除了企业要考虑是否有资金或有渠道融资来完成一个技术的收购和投产问题，相当于进行了条件控制，只考虑企业对同领域技术的评估能力。

而评估的基准可以参照该技术实际的产业化程度，如果已经或在评估后的一段时间内转化成了产品并形成利润或市场影响力，那么就说明该技术是成功的。如果之前判断该技术无前景，那么就是该企业评估能力不足。这样的判定，是一个否定式的推断，典型适用于企业前期判断和实际结果相反的情况。如果一个企业判断一项技术不可行，而最终该技术的确未成功，我们仍然无法据此得出该企业的技术评估能力较好的结论，但可以得出技术评估能力不差的推断。我们可以继续从其他角度来评估，如分析做出判断所依据的原因和导致最终结果的原因是否一致，前期判断的预期效果强度和最终效果是否一致，前期判断的完成时间及投入强度和最终效果是否一致等相对定量的比较。

　　总之，对于专利技术的评估，无论是对专利投资价值的评估还是对技术前景的应用，通用的价值理解只是一个较为基础的部分，企业结合自身的工业实现能力做出的评估是最具实际意义的。只有当社会上同一领域内的大部分企业都具有较高的工业实现能力，并且在专利技术的投资能力方面也较强时，对该类专利技术的评估才会脱离成本法的框架，进而向以收益法为主转变。如此，才有未来形成足够多交易后进行市场法定价的基础，从而形成更完善的专利价值认知体系。对专利评估的价值构成以及上述分析，我做了一个示意图（图 2-1）。

　　用成本法估值的话，是一种基于对标企业研发能力的专利的评估，大致是一个重置法的估值思路，更适用于专利出售方。把自己研究出来的该项专利或技术的累计投入货币化得到一个金额，核心的相关指标主要就是研发投入（X）。而对于买方而言，如果其研发能力足够理解该项专利的研发过程，也可以据此估值。当参与交易的双方（尤其是买方）有足够的专利应用条件或计划能力（也就是工业实现能力较强时），就可以对专利的相关产品的投入产出做出较为完整的估计，将收入减去各成本项得到可接受的专利余值，这就是收益法。收益法估值中要综合考虑研发投入（X）、产品化投入（Y）和工业实

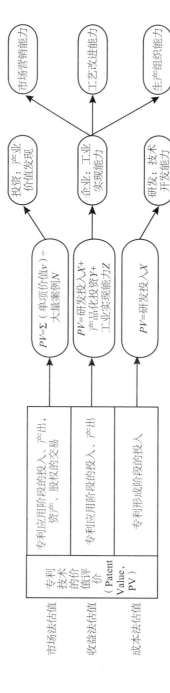

图 2-1 专利估值要素构成分析示意图

现能力（Z）等多个指标，三者可能有交互的深层影响，和收入相比都是成本类指标，图 2-1 中的"+"是共同考虑作用的意思，并不是算术加法。区别于此，市场法估值需要大量的同类可比案例，不再是因素组合的"+"而是多个案例的综合比较"×"和"÷"，是多个（N）不同单项可参考估值（v）共同参照分析的结果，未必是平均值，这里仅指估值方法的来源。

反过来，从专利价值分析中，我们也可以理解到：企业的工业实现能力不断提高，是产业发展和实现更有产业转化能力的创新生态的必要条件。只依靠专利申请、科研项目不能天然获得产业的提升，即便加上产业投资和风险投资，仍然不能快速推出大量优质的工业企业。本质在于工业实现能力的普遍提升需要过程，而且是不可或缺的。企业仅仅提升了研发能力，没有足够的工业实现能力，不能形成活跃高效的市场法估值生态，这既是市场成熟度未能提升的表现，也是微观层面工业实现能力普遍不足的结果。

2.2　工业实现能力的建设

工业实现能力，是企业创新非常重要的一个基础。

创新需求的发起来自产品应用市场对品质、功能、价格等的要求不断改变，反馈到供应侧的各个企业。企业要结合自身的产品分析设计能力来判断，一旦决定需要进行有关方向的创新来回应市场需求，企业就要在资源中寻找和选择合适的配置来实现生产销售。

在企业有关技术和产品的决策过程中，通过前面章节的各类实践经验来看，我大致对其做了如下归纳（图 2-2）：①市场需求驱动了企

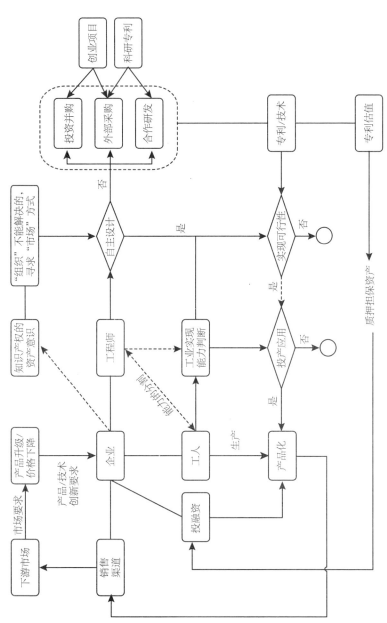

图 2-2 工业实现能力作用功能示意图

业对产品、技术的创新要求；②企业通过技术人员（工程师）进行自主研发，如难以在企业自身内部完成研发的，可以寻求用"市场"的方式解决，包括投资并购创业项目、外部采购相应技术、与科研单位合作研发；③对于外部的技术／专利，企业要先进行内部的实践可行性判断。一方面，要对专利／技术进行估值，确定交易对价；另一方面，则来自企业自身的技术人员（工程师）和生产人员（工人）的判断，包括其投入生产的费效比、投入规模、自身材料、设备、工艺能力对新技术的实现程度，以及潜在风险的判断；④无论是技术人员（工程师）自主设计开发的技术，还是外部购入的技术，通过了实践可行性的评估，还需要进行是否投产应用的判断，包括市场前景、分销、定价、投资来源等非技术因素的评估。这些条件都具备的，经过企业的管理决策，技术将正式进入产品化阶段。企业开始组织资金，进行生产，然后投放市场，再结合市场的反馈进入下一个循环。

技术评价和决策，这个企业中的常见过程是我所关注的，它往往是技术创新、专利成果能否顺利投入生产的关键。如前分析，一项专利并不能天然地、独立地实现其价值，需要企业通过投资、生产、销售等来实现。识别技术的价值，并给出合适的其他资源来配合其价值实现，这是工业企业在技术成果转化中的重要作用。在中小企业尚未凭借业绩形成具备相当实力的内部技术团队前，对外部技术的识别能力至关重要。该能力的缺失，往往是企业在发展提升过程中遇到的瓶颈之一。企业能更好地借力市场资源来改善自身产品，就多了跟上市场变化的机会，专利作为无形资产还有质押担保配合投融资的可能。

通过上述模式的推演，再来看实际中遇到的比较多的关于"工业实现能力"的问题。

（1）企业自身的组织资源有限，技术研发能力不足。因此，自身无法依靠完整地投入建设解决研发工业化的问题。

（2）工业实现能力由工人和工程师对一项技术的理解、评价、实践能力共同组成。因为基础职业教育针对操作和高等工程教育面向设计之间缺乏充分的过渡和衔接，不同群体的职业发展生涯也都是分割的。尤其在面对内部工程师不能自行研发的技术，对其能够提供的工业实现能力的判断则更为有限。工业实现能力的不足，经常使企业无法判断一项技术是否可以被引入企业并有效付诸实施。

（3）企业的专利外购需求不足（买了也不容易"用"），以专利为核心资产的知识产权交易市场就没法真正形成，相应地，专利的资产定价、交易活跃度也就无从谈起。交易不足的话，专利的供给侧，无论是小微创业企业，还是科研院校，都得不到足够精细的市场反馈细节（这是必须通过市场渠道来调研的），主要依靠对社会需求的直观判断来进行产品研发，这又反过来影响了技术应用方向的发展。能用上的技术，企业才会去买，这就如同新建房屋的房地产市场[①]的繁荣，如果只是击鼓传花式的炒作土地，就是一种虚假繁荣。只有在开发商都有建设开发的组织能力、资金能力，以及市场判断和经营能力的情况下，大量的建设房屋才能够卖掉，市场平稳运行，这时的土地交易市场才会相对健康。

基于这样的逻辑分析和所处现状，我可以试着提出几点对当前建设工业实现能力的看法：

（1）发展工业职业教育。我国的经济发展阶段，目前仍处于普

---

① 笔者注：一般说的是"新开发房屋"的市场，不包括存量房（即二手房）的市场，一般是在快速城市化过程中出现的，例如，中国的2000—2015年。

遍利用市场来优化要素配置的基础不足的情况，以企业为主的创新模式是更为切近的。企业自身的发展和政府的公共投入一起加强工业职业教育的建设，通过产学互动、产教结合不断促进企业本体能力的提升。企业应该意识到，参与本行业的职业教育，不仅仅是承担社会责任，更是切身资源效能的整合和梳理，也是预备基础人才资源的储备。企业在参与职业教育时，既要量力而行，也要充分重视职教问题。一些发展良好，积累了大量财富的企业，在主动进行捐资、捐赠的时候，除了关注传统贫穷地区扶助和特殊弱势人群帮扶外，也可以将建设职业学校的责任承担起来。这不仅仅需要企业解决办学资金，更需要企业给职业学校提供充分的实践课程、就业上岗机会，这些非货币的资源投入是更加宝贵和迫切的需要。

（2）技术中介机构和市场的培养。中小企业技术问题的发现、分析、对应资源的解决方案，都是最为实际的问题。组织效率弱则求助于市场，市场主体间的交易一是要有互补、互需的结构，二是要有互信的基础背景。我国政府是具有较强公信力和社会资源动员能力的，发展技术中介机构或平台组织，通过初期的产业政策引导支持，筛选出合格的技术中介服务机构与地方企业建立良好而熟悉的互信，从而将专利技术市场导入良性互动的循环。

（3）在市场实践中企业培养形成知识产权的资产意识。将专利技术以现代资产概念来看待，而不是用商业秘密的角度看待一切关键技术。随着市场的不断发展，专利技术的估值成为企业股权价值的重要部分及股权融资的价值支撑，也可以成为债权融资的担保物，以资产来运作、经营专利、技术。当然，这一观念要能普遍建立，有序、便捷的专利申请体系是基本前提。企业中一些从科研院所转化而来的技术，一般都有着申请或者取得专利的基础，而自主研发的一些内容，尤其是软性的技巧、内容，往往来不及等待两三年甚至更长的专利申请期，且同行业内类似操作普遍，独创性不易证明，也难以形成足够的保护壁垒。在制造业企业中，专利保护技术的观念已经较为普遍，在医药、半导体、仪器等技术密集型行业更为普遍。但在软件、互联网等领域，近年来虽然产业规模增长迅速，但我国独创的知识产权积累还并不多，的确商业资产的关键还是在商业模式的组织特征、资源规模化和技术创新上仍有限。随着产业竞争格局的调整、行业法规框架的明晰、行业整合与反垄断的交互平衡等方面取得进展，我国的信息服务产业逐步提升技术密集程度，将竞争要点从资本密集型、"烧钱式"的渠道资源竞争，以及采取"996"[①]加班模式的竞争转向以技术创新解决市场需求的知识资产之争。

2.3 投资和知识产权运营

谈到专利、创新，就不能不说"风险投资"。早期缺乏成熟商业场景的一些创新往往因为得到了风险投资的资金支持而得以壮大，因此，具有巨大潜质的知识产权，作为一项优良资产，其运营运作和风险投资的组合似乎应该是优势互补的。然而，这样的"天作之合"并非俯拾皆是，往往需要从一个良好的生态体系中涌现。21 世纪 20 年

---

① 笔者注：指每天早九点上班、晚九点下班，每周工作六天的互联网企业常态化加班工作模式，一些企业甚至将星期六作为企业的工作日，违背我国双休日的基本劳动安排实行"大小周"（一周单休、一周双休），这些行业异化竞争，在 2021 年已经被人力资源和社会保障等有关部门从政策层面严令禁止。

代初，我国的投资行业仍处于探索的初期阶段，但开始日渐成熟，这不是一个简单的、发展快慢的问题，投资行业需要积累自身经验和人才，也需要被投资的产业侧有互动的经验和认知。

科技研发本身需要工程师或科学家团队持续工作才能取得研究成果，而这些成果转为产品并通过市场实现社会价值是一个商业化的生产过程，需要更多资源的协同作用。如果面向社会需求，期冀得到商业成果的应用研究，那么必须在驱动逻辑上采用与基础科研不同的方式，市场驱动创新才是效率最高、效果最恰当的。那么，研究团队也需要以适当的方式融合进入一个企业化、商业化、市场化的机制中，才能在相应的驱动力下产生面向需求的创新，解决更多的社会实际问题，发挥才智，获得价值回报。

一方面，要解决社会、企业对知识产权价值与运营认识不足的问题。虽然，中国的专利、知识产权登记在短短十几年内快速增长至世界第一，但公众、企业、金融机构、地方政府等社会各界对于知识产权的理解难以及时的、全面的跟上这一发展步伐。人们对知识产权没有充分认知，就没有对其进行利用的观念，就没有有效需求，更不容易形成有意义的模式创新。这个观念普及的过程，需要大量的人才培养，更需要强力的、持续的宣传影响。这里的宣传，并不只限于公益广告式的信息推送和视觉印象，通过中央有关部门、专家团队组织的专家论坛，走入各行各业进行交流，对企业的服务支持，都是更为切实的观念传播。这正是发挥我国体制优势、资源优势的地方，也是可以通过国家引导型的多元化宣传平台触达社会的各方面。同时，在国家引导中加入地方特色、市场反馈的声音，既避免平均主义的摊派，也降低国有资源被用于寻租的风险。

另一方面，将资本投入市场结构建设中去。在我国，资本对知识产权运营的支持缺乏直接投资资产包的机会、退出和运用设置，需要市场土壤的培育。因此，这一阶段，国家引导的是间接的市场基础设施，包括数据融通与开放、专业人才的推荐与信息发布，以及以科研院所或高等院校为依托的独立科技转化事业机构的探索模式。这一类措施，要尊重地方特色兼顾不同地区的发展差异，避免全国"一刀切"，结合各地企业、市场、行业的自身需求给予必要的支持，包括民营非企业机构的审批与注册、行业调查、专项课题研究、数据公开，等等。

● 投资者视角下的知识产权投资

风险投资方式针对的主要标的是企业，尤其是非上市企业，而非企业组织或个人持有的某项技术或知识产权。即使某项知识产权在企业内部被视为重要的资产或决定性要素，外部投资的进入会支持该知识产权的产业转化，这种支持也是间接的。具体来说，通常中小企业的商业计划书都会说明融资金额及用途。因此如果资本方认可该项目并完成投资后，其会要求被投企业按照商业计划书的内容，将相应资金定向用于专利商标等知识产权领域。此时，创业者就可以大力推进原本因为缺乏资金而无法开展的知识产权工作了。这是当前国内最常见的风险投资能够进行的知识产权投资的形式了。

作为投资机构，其策略设计需要考虑收益与风险。投资一家企业虽然比投资一项专利或技术要复杂，需要兼顾考虑团队的能力和稳定性等众多因素，但风险的分散性和价值实现的潜力也要更好。风险投资以多个不同企业的投资组合进行的风险投资也是同样的道理。

在我国现阶段，风险投资一般不会直接投资购买大量的知识产权，然后运营该资产，谋求在升值后将其售出。这是因为，知识产权不是标准品，和期货合约、股票、债券等有价证券不同，又不是一个具备独立经营活力的实体，属于另类投资。因此，从风险投资的角度，对于知识产权运营和转化的支持，比较可行的是集中在两类场景：

一类场景是，对投资机构研究认可的领域进行天使轮或种子轮投资，由于特定专利技术、剧本、游戏、音乐等知识产权在企业早期的价值中占比较高，所以资本投资相当于间接投资了知识产权。这一类型的企业如果获得较好成长，未来具备估值提升的空间，符合风险投资的资本逻辑。但是实践中资本与知识产权的联系并不紧密，仍然基于对初创团队及所在行业的基本判断来进行股权投资。

另一类场景是，组建专项的另类资产投资平台，捕捉市场机会、直接收购知识产权资产或资产包，再拆分、溢价、出售获利，或基于知识产权发起侵权索赔诉讼获取赔偿金和授权费。目前，这种类型的投资在我国还非常少见。这既和我国知识产权整体发展所处的阶段（数量重于质量）有关，也和我国制造业整体经济逐渐发展转型的总趋势有关。对于有工业实现能力的企业来说，取得新发明专利的难度和寻求合适的可受让专利差不多。因此，高价值的知识产权，无论是专利还是著作权都在应用者名下进行着实际使用，一些高新技术的专利还有涉密等特殊性，商标则更是如此，无法单独转让。

要将专利、商标、著作权等知识产权资产随着原有的业务或者企业整体转让，也就是企业并购；但特定的并购机会有限，通常都是整体破产重组，而很多知识产权资产也往往处于独立价值不足的阶段，难以二次整合为资产包。此外，专利、著作权转化为经营效果的评估体系尚在逐步形成之中，投资基金对于此类运营的风险仍然难以把握，也不会轻易组织专项资金投入此类运营。

● **不同类别资本对于知识产权投资的诉求不同**

我国市场上常见的几类资本：一是最常见的财务投资人，寻求以中短期财务收益为目标；二是国有资本风险投资机构，以产业引导基金为主，以实现特定领域的投资支持为目的；三是战略投资人，关注将投资标的资产或企业融入自身的战略业务发展中。

财务投资人对于知识产权投资的判断标准和态度基本和前述分析一致，也是风险投资基金类型的主要投资逻辑。

国有资本风险投资机构，虽然也会以财务投资人的视角为主，但因为其投资策略准则中往往加入了产业引导等长效目标，以及部分财政出资的引导基金可以接受较低的投资回报率，这就形成了相对特别的一个资本类型。虽然这类资本接受的投资期限较长，但本质仍是财务投资人属性的，被投资企业也是以充分利用知识产权资产运营来获利，从而提升企业价值，并通过企业上市等方式给国有资本风险投资机构提供可能的资本退出渠道。

企业风险投资（Corporate Venture Capital，CVC）的战略投资人，通常都有很强的产业背景，或者隶属于特定的企业或企业集团，其投资目的多和本企业搭建的业务生态体系规划相关。这类投资人往往会特别关注被投资企业的核心人才或核心资产，而非其收入规模、客户渠道等方面。大型企业并购小型企业、初创企业是常见的投资形式，这可能是出于实现特定优势技术和产品，使人才融入更大平台，发挥产出效能作用的考虑，但也不排除消灭潜在竞争对手、维护自身市场占有率等其他目的。CVC 的投资评价会考虑较为长期的回报，或者更多的业务协同维度，在对于自身熟悉的领域和知识产权的价值更为理解，且具有一定的应用实施能力。这些实体属性使得 CVC 投资人在知识产权的判断、利用、运营等方面都更有优势。

● **以投资视角看知识产权作为投资标的资产的缺陷**

知识产权作为一种资产类别，有其潜在的经济利用价值。但由于知识产权是基础资产类型，而不是终端产品，企业一般无法直接使用，更不能被消费者直接使用，都需要一个运用的场景条件。因此，投资开发知识产权、利用知识产权来组织生产的投资，都不是无条件的投入行为。就出资逻辑而言，科研机构的研发投入是其组织使命要求的，以研究成果的数量和质量为目标；企业的研发投入则是以提升产品价值或控制生产成本为目标的，也就是本书谈到的"工业的逻辑"。

更具体的讨论则需要区分不同的知识产权类型和行业。商标通常是企业经营商誉积累的形象化，专利则包括技术发明、改造等设计内容。而知识产权类资产在不同行业中的重要程度又各不相同。例如，对于医药行业，由于前期审批的要求高、程序漫长。因此，前期药物品种的发明发现类的知识产权要比后期生产工艺阶段的知识产权价值更高。互联网企业的商业模式偏运营和信息组织，应用的大量技术专利价值在整个产业价值中可能并不是最关键的。机械制造行业中，由于标准较为统一、产品通用性很强，质量和细节的竞争就是行业的关键。因此，生产工艺阶段、技术改进类型的专利的实际价值往往是较高的。

由作为知识产权权利人的企业来组织应用投入，是需求驱动的最主要的知识产权利用方式，外部金融资本往往并不会直接投资知识产权。一方面，知识产权的价值实现需要产品化，价值实现过程相对复杂，所以知识产权都是流动性不高的资产；对于金融资本而言，持有的知识产权在运用时如果难以保值，还要承担价值流失的风险，那么就不是资产配置的首选。另一方面，知识产权使用者（主要是企业）对于知识产权的价值评估要结合自身的投入能力、产品规划、商业模式等方面综合考虑才能得出，知识产权的定价还没有较为通用的标准，这也使得需求侧的企业出价不一定具有非常趋同的市场价值，甚至参与出价的企业都寥寥无几。缺少充分的定价过程，和广谱的需求基础，这导致知识产权的资产流动性不强。因此，也不会是资本投资的优势标的类别。

在实践中，知识产权的形成基于生产经营的需求，从无到有的过程来自企业和企业家对社会需求的敏感和认知理解程度。商标的商誉积累是最为典型的。一个良好的商业品牌、产品形象、企业形象是商标价值的基础来源，这是需要大量的、长期的诚信经营、服务社会、持续发展才能形成的较高价值。难以通过大量的资本投入对其运作，短期获取有效的溢价提升。至于专利、著作权的情况则更为复杂，需要更多环节的价值实现才能完成。

作为科研成果的知识产权，如果其是源于经济需求的项目，解决的是行业普遍存在的疑难问题，容易获得产业以及资本的认可。而单纯的科研项目，尤其是基础科研项目，本身需要具有一定的前瞻性和探索性，因此也往往距离产业转化有一定距离。

在企业能了解到相关新成果的情况下，结合其自身的困难才会考虑进行成果的转化利用；否则，单纯从科研成果出发，要克服复杂的生产、营销、组织、管理等一系列问题，落地成为良好的产品，难度则要大得多。因此，具备综合利用能力的企业寻找存在欠缺的技术成果，可以说是"万事俱备只欠东风"，而拥有技术的科研项目希望据此架构一个成功的产品或者打造一个创业企业，则是"万里长征第一步"。

因此，对于知识产权运营而言，流动要素是信息。所以，信息互通是知识产权运营的关键，也是知识产权相关的产、研、融（资）、政诸多主体的关键。

产业是提出需求的主体，科研机构完成对于基础问题或特定问题的研究探索，资本助力企业，政府提供公平公正的交易和经营环境及标准。其间，产业界需要吸收和了解科研、资本、政策等各方面的信息，并且不断地结合实际情况加以分析，再适应市场情况做出判断。这个结构中，信息的流转是关键，高质量的信息源、传递过程、信息分析都是非常重要的。因此，技术经纪、知识产权评估、知识产权代理、科研转化平台、科创孵化、检测试验机构等实现信息连接、产研过渡、成果发布的组织和渠道就是提升我国知识产权运营效能的关键。这一部分具有公共属性和部分盈利潜质的类型，可进一步区分，并引入不同类型的资本支持。这个问题我在后面的章节会进一步展开讨论。

第 3 章
工人从哪里来?

依据本书的观点，没有革命的工业，是强调演化的。这本书里，我会很重视人和演化这两个关键要素。工业，是一种经济系统类型，其承载者是人。人，有文化背景、有行为特征、有群体结构；工业不是一种抽象的技术存在，不是电力、机械、计算机、核能等技术的组合。工业在不同社会有不同的演化，工业生产的主要特征有共性，但没有完全独立的工业特征或纯系统，必须融入特定的社会成为其中的一个部分。

3.1 工业需要的"工人"

我国的工程教育，从 19 世纪中期的洋务运动就开始了，到兴办实业学堂、翻译西方图书资料，再到著名的"留美学童"计划和后来的庚子赔款退还支持的留学和预备学校等项目，对此做了不少尝试，投入也很多，但都是聚焦于高层次人才的培养。晚清时期，我国民族工业尚未成形，社会制度和对外来文化的消纳接受过程中，现代消费、生产、流通等机制都在调整，没有独立的工业体系也谈不上工程职业教育、工业教育。从北洋政府、民国时期到中华人民共和国成立，我国初步形成了自己的工业体系，工业教育也随即成长起来，工人群体正式登上历史舞台，不再只是苦力劳工。

当工人有了独立的社会价值，我们就要问，既然不是随便一个人就能当工人，那一个庞大国家的经济中需要的千千万万、一代又一代的工人从哪里来？从工业教育体系培养而来。一个工业大国、工业强国，工人群体依赖"进口"引入，依赖高技术替代后对低价劳动力的剥削，这都是行不通的。

从教育社会学的角度，职业教育体系对于当代社会的重要在于，成为绝大多数城市人口就业的预备过程，学校集中标准教育的起源就是给社会培养未来的"工人"。这个基本职能被模糊甚至替代后，大量青年毕业生一无技能，二无经验，直面市场化竞争自然是劣势群体。如果因为心理认知而准备不足，再拒绝接受低薪资的实习性质的工作积累期，无疑将带来大量的摩擦性失业。我必须说明，低薪是因为市场无法识别劳动能力带来的，而不是提倡剥削和歧视。对于学生就业，社会机制是承担较大责任的，简单将毕业生推向市场，对于个人和企业都是难以适应的。也许最优秀的一批学生有着令人振奋的机会，但作为机制必须考虑大众。我国在"普高扩招"的 20 年后，快速转向全面晚分流的社会就业机制，且职业教育仍然有较大缺口和阻碍，与企业衔接不足，这是当前职业教育面临的非常大的挑战。中央和各地政府近一两年也开始高度重视职业教育建设，但系统性改变教育体系的晚分流才是总目标。既可以从根本上缓解"高考独木桥""考研热""海归变海待"等求学就业中的压力、焦虑、紧张，又可以应对工业体系中人才结构性缺口的问题。从根本上说，重视工业教育是从基本供需的"工业逻辑"上将工人的培养、分配机制理顺，解决工人这一资源的供需矛盾。

　　承接《工业讲义》中谈及的工程教育部分，这一章只谈工业职业教育。从职业出口来看，就是更聚焦于基层工人的社会培养体系，而不再涉及工程师、工程科学家、工学教授。对技术创新的理解，较为普遍的关注在前沿工程科学的突破、大型或复杂工程项目的实现、高级工程人才的培养、高等院校和科研机构的技术成果转化，对基层工

知识窗　　　　《工业讲义：工业文明与工程文化》
第 5 章　面向文科的工程教育

　5.1　教育的社会需求

　5.2　工程 / 技术教育的社会体制

　　　5.2.1　各国技术教育概说

　　　5.2.2　中国近现代的工程教育

　　　5.2.3　教育与职业的社会分流

　5.3　工业文明下的当代需求

　　　5.3.1　工程与工程教育展望

　　　5.3.2　分析与讨论：社会需要什么样的工程

　5.4　面向文科的工程教育

　　　5.4.1　作为通识的工程教育

　　　5.4.2　培养未来的工程思维

业参与者的系统培养教育被广泛提及和研究的频次较少,而且受到的社会重视也弱一些。但随着中国工业体系的不断发展,工人专业能力的重要程度在不断提高,而且不只是下游生产需要这条主线,还关乎城市化人口的就业格局,是对社会劳动供需双方面的要求。就业收入预期、教育的社会分流都受到直接影响,进而影响了人们的生育意愿、抚养能力,等等。可以说,工业教育的职业供给秩序是一项较为长期的社会基础设施体系工程,是工业体系的基础设施。

面向未来的工人,而工人与工程师的分工职责不同,我曾经提出未来工程人才及面向文科的工程教育等观点。工程教育本身、博物学应用于工程学习的方法、设计与管理并重的工程教育在工业教育中也可以有不同层次的应用;将工程知识、设计应用技能、科学技术史、工程思维等纳入所有学科的通识教育对于工业教育也有一定的适用性和启发性[1]。

在大量工业企业的生存、成长中,生产安排和整个人力资源体系的构建,乃至对新技术的接纳能力,其最根本的资源是工人、工业操作的从业人员、工程实现的职业人士和具备工业产业综合素养的人才。那么,"工人"从何而来呢?

具有良好工业素养的人,是国家形成工业系统的能力,是企业建立工业实现能力的基础,无论如何提高自动化程度,人的作用仍然在各个层面发挥作用。工人来自工业教育的培养。

我把前面谈到的工业实现能力问题,换一个视角再归纳一个示意图(图 3-1)。工程教育/工业教育是培养工程人才/工业人力资源

---

[1] 叶桐,汤彬、卢达溶. 工业讲义:工业文明与工程文化 [M]. 北京:清华大学出版社,2019:142-165.

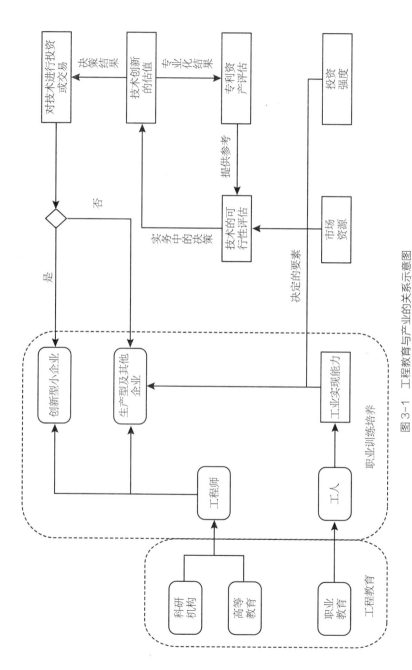

图 3-1 工程教育与产业的关系示意图

的主要方式，工程师是负责设计和管理的综合型人才，工人是负责操作实施的基础型人才。工人是决定厂商乃至行业的工业实现能力的主体，工业实现能力和对市场资源、投资强度的分析共同支撑了一个厂商／企业对一项技术的应用可行性的评估决策。而这些技术或专利，正是技术创新的成果，对其估值（不一定是进行交易的价值评估，也可以是投入产出的分析）是创新被接受，进入实践的关键步骤。一项创新产生后，能够通过前述的综合可行性评估，那么也就实现了其估值，也就可以将该评估返回给创新者进行决策，是将技术转卖，还是组织投资创建一个单独的创业项目。如果是转卖，抑或企业内部的自主创新，那么就可以在生产企业投入实际应用，改善生产或产品，这个付诸实际的过程当然需要工业实现能力来执行。而整个创新应用的过程中，工程师主要支持技术创新的创业项目的研发实验，以及技术创新在投入生产中的管理和设计调整，工人则是提供工业实现能力来支持生产可行性；这些职业场景本身也是不断训练和培养各类工业人才的环境，在实践中形成和提升具体能力。工程教育机构则是对不同的人进行知识和技能的初步训练，并使其具备进入实际工业场景的基本素养。

● **职业教育系统的人才培养目标应该如何设定？**

　　教育的目标是人的培养，培养工业素养的人是工业教育系统要实现的目标。对工业素养的培养，包括基本的科学知识、技术知识和技术常识，还要包括职业精神和职业习惯的建立与养成，才能成为一个"工人"。工人只有操作知识是不够的，如何运用，在何种情况下运用，如何在工厂组织中生活，面对公众问题和工程伦理的挑战时应如何取舍，这些都是工业素养的内容。工人的培养，并不是少数精英的涌现或定向培养的问题，而是需要达到均质水平的批量人才，形成可以支持产业体系的千百万人的工人群体，并且可以持续输送人才，以及形成产业与院校互动的继续教育体系。

从个体培养的另一个方面来说，具备某一行业的技能只是入行的方向，具备良好的职业素养、学习能力是个人职业发展的关键。随着时代和社会的变化，行业会有起落，对特定职业的操作者的需求也

知识窗　职业教育系统在社会教育中的相对位置和职责如何？

这是个更大的视角问题，我在本书中不再继续扩大讨论的边界。

基础教育、高等教育和职业教育共同构成社会教育体系的三大部分。其中，基础教育提供了国民的基本启蒙阶段的教育内容，主要目标是降低文盲率和进行爱国主义教育；高等教育是培养不同领域的高级人才；职业教育则是为基础教育之后的一般公众提供职业训练以便达到就业水平，以及对在职人员进行持续的职业知识更新，后者也可以单独分立为继续教育，本书则按继续教育包含于职业教育来讨论。其他对残障人士等进行的特殊教育，在主要体系中我暂不单论。学前教育虽然受众对象不同，但在本书讨论中也可以包含于基础教育的范畴。

职业教育，对于人的职业培养是进阶于基础教育的（这里，高中阶段是学制平行的，或者可以理解为是高等教育的预科阶段），是培养工人等操作职业的重要渠道；高等教育则是培养设计管理人才的重要渠道。二者没有绝对的高低之分，更主要是学制长短不同、能力塑造的目标有差异。

将产生变化，一些职业存在萎缩的可能。从个人劳动权利的保护而言，工人遇到行业不景气或是失业，当然可以要求社会给予必要的救济，企业依法对其补偿；但从个人职业的风险而言，形成良好的学习能力，以及不断观察社会变化、主动学习的习惯都将是对个人更为有利的。

工业素养的培养，需要职业教育系统来执行，这既包括了对应各种工业行业的职业学校，也包括来自工业产业界的支持，为工人提供实习、实训、职业教学合作等的项目、平台。这些项目和平台既包括针对应届生、年轻人的学历教育学校，也包括广大继续教育、中短期职业技能培训和成人教育等。

一个国家所需要的工业人才（我们先不讨论财务、人力资源、法务等职能支持类型的工作岗位，只讨论业务线上的工业人才）能力可以描述为一个矩阵的两个维度：一个维度是研发、生产、销售、管理的专业区分，另一个维度是从基层操作执行到中层组织协调，再到高层的决策管理。前者的不同专业区分，也有着内在的共性，无论生产操作还是销售、研发，都需要从业者对产品、企业、行业有一定的认知，专业分工的差异是结合各人能力特质的不同而分化安排、寻求最适合的配置的。共同认知部分是一个从业者可以在矩阵中迁移的基础，提供更多的个人发展道路，也是企业或行业内人才来源的更多渠道。那么，这部分共同认知包括什么，又何以形成的呢？

从产业的人力资源管理实践来看，对所在行业的了解和最基础的知识背景是最主要的"先天条件"，需要通过岗前培训、个人学习和学校教育来提前完成；对行业的理解往往是在工作实践中形成的，对企业文化的接触和认同也是在工作过程中实现的；对职业伦理的认知，是在从学校到企业的全部过程中日积月累的意识，对于技术操作的影响经常是十分重要的，其培养周期也是漫长的。

工人擅自"革新"违规操作、单方面为了提高产出效率而不顾安全，这样的职业伦理水平是有问题的，在日常工作中对生产安全意识的认知是浅层的，从企业管理者到中层再到基层都对于操作改变的风险粗略地给出"应该没事"的反应，这既缺乏必要的技术可靠性和科学性，也没有工程安全问题的警惕性。

我提出的工业实现能力的问题，意在强调，工业的创新问题、伦理问题、安全问题等，这些问题不只是工业资本家、工业企业家、工程师、设计师们要面对的，也是工人群体要面对并需要实际解决的。因此，对于工人的培养体系至关重要。

● **工业教育**

我所谓的工业教育，是从工业产业的需求角度来概括的，与较为常用的职业技术教育略不同，是不包括农业、服务业的职业教育和继续教育；工业教育，也不是技术训练班，是要包括技能之外的全面工业素养的培养目标的。一方面，工业教育，要包括工业从业者任职的知识和技能，另一方面，对于工业从业者要适应工业生产组织的培训也是不可或缺的，就是职业精神。职业技术教育，虽然也要包括这些内容，但其针对的职业不只是工业，也会包括各种服务业，而工业与服务业在职业精神方面的追求是有所不同的。技术训练班，都是较为短期的，只针对技能的，与全日制学校学历型的职业技术教育不同。工业教育也可以包括非全日制的短时类型，但同样要高度重视从业技能与职业精神并重。各概念的大致关系如图 3-2 所示，工业教育则是图中上部交叠的条纹部分。

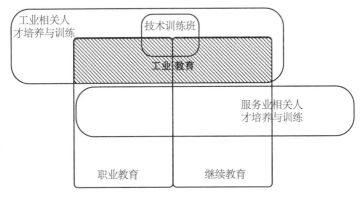

图 3-2　工业教育的范围示意图

　　职业精神的培养是职业教育中非常关键的部分，这不是只靠讲授职业道德原则就可以做到的，需要大量的实践训练和任职经验才可以培养成型。工作中枯燥无聊的、简单重复的动作，我们应该怎样看待？工程实验中的大量失败，我们应该如何面对？我们如果觉得操作规程的效率偏低，可以在工作中尝试做些调整来发明提高效能的方式呢？这些判断和取舍，应当在我们的岗位工作中要贯穿始终。职业精神是用好技术知识的价值观，是产业实践中最细枝末节的根本。缺少健康的职业精神的支撑，人们在工作中就会过于计较，"为什么迟到要扣钱，加班不加钱？""工作没做完是领导安排的问题，我反正尽力了，结果是公司的事情，老板自己也得负责任吧？"这样的想法会给人们带来苦恼和烦躁。这和乖乖"被剥削""被洗脑"不同，更不是要侵害劳动者的合法权益，是我们需要有自己的求职就业的价值观，个人的利益不只是一分时间一分工钱的标准化买卖，这样的思维方式本身才是被工业（资本主义）所异化了的，才是思想观念上最危险的根源。谈贡献，首先是承认职业责任的成就感，能够享受这种精神愉悦才是从业中心境适宜的基础，这与获得公平回报、保护劳动者身体健康都不矛盾，也不要求无休止的延长工作时间和压力，这不是一个层面的问题。我们在这里空口谈论也是虚妄的，这是需要过程体验、榜样示范、每个个体逐步理解的。

"工业教育"是 20 世纪初我国工业界或教育界会经常使用到的概念，之后逐渐被"职业教育"的概念所替代。职业教育的范围更为宽广，不只是在工业领域，还扩展到工商业、农工商业等所有需要岗位技能训练的范围。当时概念的提出中，"工"的对立概念是"文"，因为：一是强调学校教育的普遍面向公众，而不只是富裕阶层；二是强调学校知识是以应用为主，不再是以综合修养为主。这两者也是相辅相成的，学校教育的社会功能，从面向有一定支付能力家庭的子女、培养综合的人文能力、选拔文职官员，转为面向大量公众（不只是青少年）、普及工业生产者应具备的能力、提供合格储备劳动力。这种对社会教育功能需求的变化，在工业文明的推动下，已经是一种潮流涌动的社会变革了，是教育的社会机制体系跟随经济发展需求的一种响应。

我国职业教育家杨卫玉（1888—1956）曾总结道："欧美各国，往昔无所谓职业教育，其重文艺教育、贵族教育而蔑视工艺教育，与我国之习俗盖相似也。迨中古时期，学徒制盛行，但亦无专设学校以陶冶群众者。19 世纪以后，因工商业之勃兴、工厂制之盛行、新机械之应用，工人入厂操工，无暇教徒弟。而工艺既已浩繁复杂，亦非徒恃简单模仿所能奏功。于是始有职业教育，盖为 20 世纪之新产物也。"[1]

---

① 杨鄂联. 职业教育概要 [M]. 上海：世界书局，1929：3.

这也是我国早期工业化尝试中，相应的引入工厂制，进而基于对工人培养的需求，自然开始兴办区别于博雅通识的应用教育定位的工业教育。

"工业教育"概念的起源，可以追溯到瑞士教育家约翰尼斯·海因里希·裴斯泰洛齐（Johann Heinrich Pestalozzi，1746—1827）于 1799 年在下瓦尔登州施坦斯兴办的试验学校。之后在德国、法国地区开始在孤儿院、感化院内试办工业教育，直到在文科学校之外开始办工艺学科的中高等学校。1820—1830 年美国新英格兰地区也开始出现手工劳动学校。随着工厂制的推广，工人在厂内上班时没有充足的时间带徒弟，且个人手艺的重要性开始让位于机械操作。于是，成立工业学校来帮助解决新式工业问题就成了急切的需求。而最早建立现代工业体系的英国，在 19 世纪前后的百年时间里，却把重心放在了专利保护、防止技术和人才外流其他国家的举措上，以此试图保持自己的工业优势。结果，这反而激起了法国、普鲁士、奥地利、比利时等国家加强自身工业教育的想法，各自建立了培养工人、经理的工业教育体系。德国开始建立以科研为重要目的而不只是教学的新型大学、高等工科学校。实用主义盛行的美国，在"赠地法案"的支持下开始建立工程高等院校。19 世纪中叶，英国开始重视工业教育，到 20 世纪初形成的政策要点主要是：①强制工业教育，14~17 岁的国民必须强制接受工业教育，或参与强制的补习教育；②小学各班的人数适当减少，积极训练学生技能；③大学应当陶冶科学精神。日本在甲午战争之后开始重视工业教育，1902 年在高等工业学校之外大力增加工商业补习所，至 1914 年有 167 所工厂自设或委托学校办理职工补习教育学校，基本达到中等专科的程度。19 世纪 60 年代，俄国开办工业学校，1924 年，苏联为实现马克思主义"将学校与生产结合"，当时工业艺徒学校已有 719 所。[①] 从历史发展沿革来看，可以说是工业的兴起所要求的工人的培养，促成了现代学校式社会教育形式的确立，到今天成了世界各国以法律形式确立的公办学校教育体制。工业教育，如同工业生产一样要求学校教育实现标准化、规模化，技能和纪律的训练标准、普及程度尽量覆盖所有城镇人口，本质上都是为了能给庞大的工业体系提供足够的预备工人。这样的教育体系，替代了各个文明自古以来以多元化为主体精神的教育方式，柏拉图学园、孔门游学、宋明书院、印度佛教修行等强调思想性和一对一精英启迪的形式，都不能符合"工人"群体被社会生产的需求。其中，社会教育体系的变迁，虽然还有平民阶层兴起等诸多社会背景和原因，但工业的经济体系特征也是重要动力。

职业教育、工程教育、工科教育的兴起都是工业经济需求拉动的结果，是工业逻辑的产物。也许将 industrial education 译成"产业教育"更为合适，因为强调的是对产业人才和劳动力的培养，而不再是以知识和文化的传承作为第一目的。而随着工业文明的全球扩展，工业生产模式以极快速的方式铺开，促进了经济生产。极大的物资供应还改变了消费与分配机制，甚至引发了新的战争。产业的铺开已经不再限于工业，英文中的 vocation education 被译为职业教育，成了更为常用的概念。Vocation 本身含有宗教使命感的含义，相当于中文的"天职"。这样的职业教育概念，表达出了从强调技能和求职就业的"产业教育"到强调价值观和职业精神的"职业教育"的阶段变

---

① 杨鄂联. 工业教育［M］. 上海：商务印书馆，1931：2-13.

化。所以，工业教育一定是高度强调职业精神培养的，而不只是技术训练，必须是双元主线的。没有职业精神的基础，无法形成具有纪律性、组织性的工人群体，徒有技术技艺的人们并不能解决工业的人力需求。缺少职业精神的认知，也会使得年轻人在成长中的价值观趋于单一、片面，只追求收入待遇一个维度。今天毕业生的就业过程中存在很多"摩擦"问题，就在于仅计算衡量个人待遇的高低得失，难以有其他价值参考。同时，毕业生又因为无从判断职业情景，而不断堕入鄙夷、焦躁、失望、倦怠的心理怪圈。如果在一个较长的教育阶段中，年轻人不断通过实践教学来树立职业生活的价值和原则，至少可以成为毕业后择业的心理标尺，这样可以大大降低毕业生在择业过程中的茫然与精神焦虑。

在工业文明确立主体经济地位的时代，古典时代的教育模式从由探索世界的哲学／科学精神为主动力，转变为由解决经济需要的技术问题为主动力。教育模式采用集中学校的方式，大大扩张了以各类技术和操作工艺学习为代表的范围，也大大降低了入学条件，可以吸纳更多公众就学，如图 3-3 所示。与古典博雅教育对立的技术教育，通过迎合产业需求和利用科学知识相结合，形成了现代社会的"雅俗"两极——保持抽象思辨的哲学气质的科学精神、博雅文化，以及面向社会需求、务求实践的经济理性。工业教育包括：基础性的工业专科学校和补习所，以及现代高等工程教育。在古典博雅教育时期，高等工程教育的内容完全不存在于任何学校教育体系中，无论是东方的中国，还是西方的希腊－罗马，抑或神学院校都是如此。这是一种高等的、综合的研究与学习，但却不是探求价值观或终极关怀的道德分析，而是一种技术教育取向的类型。

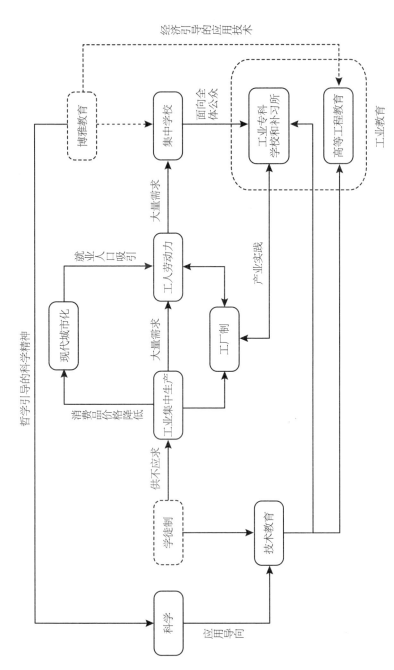

图 3-3 古典教育与工业教育的变迁关系示意图

在演化的格局下,没有突发的革命,只有供需关系的不断耦合互动。企业、工业企业、大量工业企业组成的工业体系,是经济发展和质量提高的基础。组织和市场双元素构成了一个特定的经济子系统,再与不同的文化子系统、社会政治子系统耦合成社会的不同静态面或动态演化方向。企业组织、教育组织、人(工人)的"生产"及职业系统是经济秩序的"惯性因子"所在。供给的是整体,不是顶尖。社会需要引领者,但大众永远是社会的主体。他们没有那么多机会为历史文献留下"声音",可是他们每天的生活秩序构成了人类社会的样子。

在工业体系不断发展演化中,工业教育汲取了学徒制的操作教授过程,接纳了现代科学带来的高效自然知识学习方法,又融入了对工厂实践的直接参与,逐步形成了现代工业教育,乃至整个现代学校教育制度的形态。既满足了教育普及的需求和大量工人群体的训练塑造,还进阶脱开了古典博雅教育时期的范式形成了高等工程教育,持续培养工程师。工人、工程师群体通过学校教育的变革而具备了广泛的人力资源基础,全面地适应了工业体系的运转需要,达到了工业教育的一个稳定生态逻辑。

3.2　工业教育是工业的基础设施

工业的运行,外部需要市场需求的拉动,内部则需要工人、资本方、工程师三大群体协同工业组织来完成生产活动(未包括销售活动和职能协调活动)。工程师可以被分为管理者和设计师两个主要类型,这里为展开讨论做了进一步区分。

工厂化管理,执掌战略的高级管理人员所运用的斯隆的一套体系或目标与关键成果法(Objectives and Key Results,OKR)、关键绩效指标(Key Performance Indicator,KPI)等各种管理体系;中层的分工协作、部门划分、矩阵式或是独立事业部等;基层的车间主任、工段长、项目主管等来执行任务、分配工时、记录核定等,这些都是管理活动。管理人员,是撑起工业运行体系的骨架。工程师的设计职责是先导性的,如以专利为代表的技术创新都是工程师群体的成果和职责,设计是对市场需求最灵敏和全面的反馈。工人执行生产

知识窗　　　　黄炎培:中国职业教育之父

黄炎培(1878—1965),中国教育家、社会活动家。

1905年,他参加同盟会,创办广明小学等机构,任江苏省教育司司长。1915年开始陆续赴美国、日本、南洋、英国等地考察实业教育。1917年,黄炎培创办中华职业教育社,其后筹办国立东南大学、厦门大学等多所高校。

1941年,他作为主要发起人组织成立了中国民主同盟,一度任主席。1945年,他发起成立了中国民主建国会,并在上海、重庆创办中华工商学校等多所学校。

中华人民共和国成立后,黄炎培历任中央人民政府委员、政务院副总理兼轻工业部部长、全国人大常委会副委员长、全国政协副主席,中国民主建国会中央委员会主任委员等职。

操作,最终全面实现了工业活动的产出,是工业运行体系的血肉。因此,工业体系的运行需要三类人才共同构成,也就要求社会体系通过教育、培训、考试、竞赛等方式来培养和挑选人才。三类人才的不足就必然难以有工业体系的完善运行,更不用说提升与应对多元的市场需求,也更谈不上节约资源和可持续的良好工业体系的建构。

人的作用在经济体系中是十分基础性的,教育是塑造人的重要方式,因此,工业教育无疑是工业体系的重要基础设施之一。

从我国近代工业发展的历史上看,工业教育伴随着工业发展的全过程,从其变迁的源流及工业教育的基础性作用来认识我国的工业体系发展,也可以看出二者相适应的情况。办好工业教育可以持续输送工人和工程师,有利于推动工业体系的发展。相反,如果工业教育停滞、不足,就会逐渐造成工业体系发展的可持续性问题和发展瓶颈。

民国初期,中国工业教育的理念是从实业兴邦的角度切入的。1917 年,黄炎培联合蔡元培、梁启超、张謇、宋汉章等 48 位教育界、实业界知名人士创办了中华职业教育社,其教育宗旨是:以倡导、研究和推行职业教育,改革脱离生产劳动和社会生活的传统教育为职志。还提出职业教育的目的是:"谋个性之发展,为个人谋生之准备,为个人服务社会之准备,为国家及世界增进生产力之准备","使无业者有业,使有业者乐业。"这是我国工业教育的重要开端。从独立办工业教育开始,我国的工人群体才开始形成独立的人才体系,职业精神甚至乱世之中的阶级意识,逐步摆脱了农村城市化人口大量沦为殖民主义企业简单劳动力的境地,既是我国经济自立的基础,也是政治自强的基础。

职业教育,尤其中等职业教育需要产业背景的支持才能形成一个较为良性的生态。职业学校培养的技术人才，在学习中需要实训场景，在毕业后需要就业分配的机会，而这都必须深度依赖校企合作。从 20 世纪中期我国逐步建立起来的厂办技校，到社会性的中专学校都有着各自对口的专业和厂矿企业。这样就形成了职业学校培养预备工人，企业接收学生解决就业分配的一个较为稳定的生态。尤其在战争后重建形成的独立经济体系及快速城市化的历史阶段，工业部门持续存在大量且快速的发展需求。工业企业连续不断的需要增加人员，学校可以持续培养新人补充进入生产体系。

我国的中等职业教育体系，在经历了 19 世纪的留美幼童、洋务学堂后，到中华人民共和国成立，定型于"中专"和"技校"两个主要类型，后来又加入了"半工半读"的办学方式。但这不限于中等职业教育、高等职业教育和"大专"班，甚至一些著名高等院校在 20 世纪 80 年代仍在进行这类尝试。清华大学在 1987 年 9 月开办了自动化专业的半工半读大专班①；2013 年春季，隶属北京大学的北大资源学院开设了半工半读的励志班，这种形式开始受到社会的关注，但是很快又消失了，并没有试点成功推广开来。

进入 20 世纪末，随着中国工业化的快速启动和城市化的进程，产业工人需求大增，就业的市场引导发挥了作用。中等职业教育也随之进入了一个快速增长期，办学模式增加了"职高"和成人中专等类型。现在中等职业教育的主要类型为：普通中等专业学校、职业高中、技工学校和成人中等职业学校。而在过去的半个多世纪中，我国的职业教育体系中的机构类型又远不止于这四类，还包括高等职业学

---

① 方惠坚. 半工半读是培养人才的有效形式——清华大学自动化专业半工半读大专班情况调查［A］. 清华大学教育研究，1989（1）：23-26.

校和普通高校的职业技术学院。作为更高级别的职业技术教育机构，以及大量的职业培训机构，从行业对口方面来说，从工业扩大到了服务业和农业等全体产业，如图 3-4 所示。

图 3-4　中国各级各类职业学校及机构示意图[1]

从工业教育与工业发展的耦合互动来看其演化动力关系。随着 20 世纪末我国经济体制改革的不断深入，"分税制"等央地财税关系发生变化。20 世纪 80 年代以来制造业面临的产能过剩有待消化，我国加入世界贸易组织后在出口机会增加的同时，面临更广泛的进口产品竞争。在多种因素的作用下，大量地方国有企业、集体企业开始出现因经济效益差而关停并转的情况，民营企业也在更激烈的市场竞争

---

[1] 中国职业技术教育学会课题组. 从职教大国迈向职教强国［A］. 职业技术教育，2016（6）：10-30.

中面临更艰难的生存局面。在这种情况下，职业学校、中等专科学校失去了地方企业支持的生态环境。一方面，企业效益下滑甚至亏损，没有财力支撑作为成本单元的职业学校，使得学校缺少经费支持，难以为继；另一方面，粗放扩张遇到调整，企业运作更加市场化和多元化，"上中专技校不再包分配"，毕业生没有了就业前景保障，使得招生的吸引力大大下降，更加剧了技校的关闭。人社部管理的技工学校数量从顶峰的 4521 所，连续下降到不足 2500 所。而从这个角度来看，"普高扩招"也是适应社会需求的举措，将职业教育可以接纳的青年人群和社会缺口引向更晚一次分流的高中阶段，甚至在大学之后来缓解就业的整体压力，这种结构性的变化如图 3-5 所示。普通高等院校的快速扩大招生，虽然缓解了 20 世纪末青年的就业压力，提高了人口的受教育年限，但是高等教育本身的定位没有战略性地与产业相结合，仍然是以通识型为主，尤其在专业设置上会有追热点的倾向。而学科培养计划在规定的核心课程范式内进行评估，也不易突破。高校与企业的合作大多停留在校园招聘会、学校联系推荐实习生的层面，至多是开展校企合办实训课程，但毕业生的就业，相当于还是"市场化"自主解决的。20 多年来也会积累形成新的人才不足和青年就业问题，一些高校要求校长、书记以"挂帅"、拜访百家企业的方式，暂时没有实际解决问题的效果。

青年职业教育的大量减少，在 20 世纪末尤其 21 世纪初以来，未能适应我国同时期的经济发展，尤其是制造业、采矿业、建筑业等第二产业的快速增长，由此产生了供需缺口；这一阶段，我国工业体系的总体发展所需要的劳动力则由从业者大量快速补充。这也是 20 世纪末、21 世纪初的二三十年间，以中国城市化快速发展所带来的

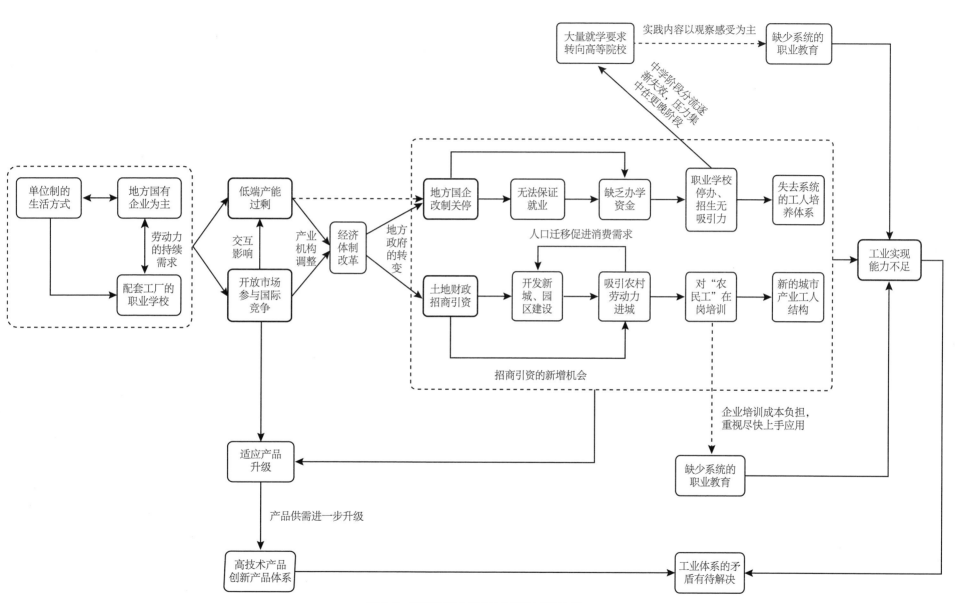

图 3-5 我国近 30 年职业教育供需变迁示意图

大量农村人口涌入城市作为保证的。充裕的从业者保证了整个劳动力市场的求人倍率低于 1.0，总体供大于求，劳动力资源充沛，从竞争上进一步挤压了职业教育人才培养的求职机会。2009 年纳入国家统计发布口径的民办中等职业教育学校数量为 3198 所，之后逐年减少，2017 年为 2069 所，2021 年为 1978 所。

随着各行业企业的成长，从业者的知识技能大幅提升，随着制造业操作培训的完善，形成了庞大的熟练工队伍；很多工业企业也自发地形成了内部培训部门或学校，以及技能测评体系和职业标准，也有在招工和办学方面与职业学校合作的尝试。这样的发展对于农村人口的城市化或者工业化当然是良性发展的，但职业教育的毕业生输出也处在较为尴尬的地位。因此，21 世纪初随着人口高峰的来临和经济的快速发展，技工学校在校生数量有了快速地提高，但职业发展的迷茫也造成了 2010—2016 年在校生数量的低潮。这期间，我国职业教育的结构也在探索和变化，民营职业教育逐步兴起，职业中介开始活跃并专业化（尤其在 2020 年前后），求人倍率超过 1.2，形成了很多细分行业的劳动力，人才供不应求。这些经济社会结构的变化是需求的强力引导，客观上也是职业教育体系发展的机会。

民营职业学校的情况我觉得也有必要说明一下，中华人民共和国成立后的改革中，所有的职业学校和其他教育机构一样，都调整为公办的事业单位。20 世纪末，我国迎来了职业教育爆发期，大量非公立的民营职业学校出现，其中较为成功的很多还成长为职业教育集团，形成了独具特色的专业师资队伍。这些民营职业学校，一方面来自个人创业创办的培训机构逐步成长壮大；另一方面来自从大型厂矿企业"脱钩"的原企业内部附属的技校、中专、高等职业学校，但最终，经过市场（学生、家长）的检验，只有那些能够提供良好就业的得以继续生存。虽然一些职业教育学校存在教学质量、校园管理、就业竞争力等多方面的问题，以及学员、家长存在不满的情况，但是在新一轮中国工业革命的需求背景下，就业的牵动要求了富有实效的技能培训成果，对职业教育技能之外的素质训练也提出了要求。很多职业学校重视校企合作，推出"双导师"[①]机制试行，从中央文件到地方政府也都不同程度地对校企合作办学、学生实训基地、产学融合等给予了支持和政策引导，在实际操作中也不断地有更多的经验和实例出现。

地方上的民办高等职业院校和我讨论过合作办学的设想，院校研究并试验了一些很贴合企业工作安排的教学计划，期待学生能够得到实践的机会和实际的学习。虽然课程建设上取得了一些成功，但到了培养方案或专业设置的层面就不那么容易推进了。这里面很多问题要解决，学分怎么安排，企业的安排可否真正起到生产作用？其实，只有起到实际效果的工业实践才是有意义的。如果处理不当，学生可能觉得这是白干活，不再愿意出力。于是产生恶性循环，学生不认真学就学不会，反过来埋怨学校安排得不好。与学校的合作中企业的生产安排有一定的劳动力补充，但因为质量和人员不稳定又对实际生产造成一定负面影响（浪费人力进行实习生培训，实习生错误率高造成返工）。有很多方面的矛盾要协调和解决，教学体制的灵活性毕竟和企业的利益绩效驱动模式不同，二者的结合点也没有那么容易达到。一

① 笔者注：双导师，一般指校内的学业导师和校外的实践导师的组合指导，名称不完全相同，也有学术导师、校内导师、产业导师、行业导师、校外导师等叫法，但都是从两方面给学生提供指导帮助的机制。

定意义上，招聘实习生对于企业而言，降低用工成本还不是第一位的诉求。一方面，实习生的产出虽然投入低，但性价比并不高；另一方面，各种支持实习的优惠政策及补贴等并不是很容易申请到。所以，对于企业而言，招聘实习生的确是承担社会责任，为未来储备一些人才、预备招聘、做一些企业形象的公开宣传倒是不排除的，但也只能是概率性的人才吸引与选拔。

这还是在各方都积极参与的情况下，而据媒体报道，实践中的问题还是不少的：一些职业学校因为办学资源不足，难以组织充分合适的实训项目，将学生集中到一千千米外的工厂从事与专业无关的职业实训；政府主管部门给院校下达"死任务"进行扩招，之后教育部门将职业教育的发展目标从"以就业为导向"转变为"就业与升学并重"，也就意味着职业教育的就业目标无法实现；职业教育的法规文件一再鼓励学校从企业聘请技能大师、能工巧匠，但学校的用人机制与事业编制挂钩，高度强调学历和教师资格证书，师资待遇投入和分配也不足以请来企业中的优秀人才。[1]

再从过去几十年职业人才培养的供需来看，在 20 世纪末的经济体制改革中，我国的工业系统随着应对国际市场的需求，除了早期的订单外，进入 21 世纪后出现了大量的进口产品竞争，而逐渐涌入城市的人口迁移进程也在促进就业形势、人才需求结构的调整。一方面，原有职业教育生态中起到基础支撑作用的地方国有企业，大量关停改制，职业教育的吸引力大大降低，国家启动普通高校扩招一定程度上延缓了社会分流和青年就业压力。另一方面，巨大外贸机会和

---

[1] 王伯文. 重估职业教育 [J]. 财新周刊，2022（23）：72-79.

> **知识窗** 　　　　　　　　**中国的工业教育**
>
> - 20 世纪初，几经曲折，工业教育不断扩大范围，为中国现代工业的建设培养人才，形成产业工人群体；
> - 20 世纪末，外贸扩大、城市化和青年人口高峰的到来，需要大量工人就业，但工业企业转型艰难无力支撑培养体系，形成了阶段性的职业教育大幅衰落，普通高等教育大大普及的结构。
> - 21 世纪初，工业的国际竞争力形成，要求更强的工业实现能力，产业和社会共同探索兴办工业教育，以培养工人、解决产业问题和青年就业问题。

竞争、城市化带来的旺盛市场需求，要求了更多的、更高水平的工人队伍来保证生产。这样短期内供需缺口的出现，来不及建立新的工人职业培养体系，也达不到人才供应的要求，于是随着人口迁移的从业者成了产业人口的主力补充了进来，也成了城市化的重要消费需求主体。但被"转去"读高等院校的青年人口，由于高等院校以培养相对理论化和基础性的知识为主，实践环节只作为辅助，很多是在假期由学生自己安排，缺乏系统的实践训练。这样使得高校文凭在就业市场中的识别度不明显，企业对文凭的理解更多依靠学科排名、是否入选重点高校或重点学科名录等，而无从了解学生的实践能力。

　　20 世纪末到 21 世纪初大约 20 多年，这一模式相对平稳地应对了我国经济体制变革的变化和发展机遇，给我国的经济增长、财富积累提供了有效支持。随着国内外经济形势的变化，面向从业者的以短期培训和在岗培训为主的职业教育已经不能持续满足工业体系升级的需求，建立培养周期更长、训练更为系统的职业学校成了重要的任务。一方面要满足工业人才需求，另一方面要缓解高等院校招生持续较多、分流晚等带来的新的就业压力问题。前一阶段短期培训的产业工人和被分流去高等教育的人员都未受过系统的职业培训，这就造成了我国高水平产业工人的不足，也就影响了工业实现能力。相应地，即便在科研领域的高级人才引进支持方面有了显著成效，但面对广大的市场需求时，只靠中央直属国企和科研院所的力量是不够的，科技转化、产品实现系统需要大量职业技术人才。社会上多数家庭在教育方面的投入也需要更明确地结合就业机会的方向，以降低大量普通家庭就业预期的不确定性。

对职业教育的一个更长远的隐忧还来自 21 世纪 20 年代以来新一代互联网、计算机的发展，尤其人工智能技术的不断提升，使得从 17 世纪卢德运动开始已经有过很多次的机器替代人的担忧再次出现了。在这样的焦虑中，很多职业似乎面临被替代和消失，工业大踏步地智能化了，操作型的岗位危机十足。那么，工业教育的必要性还有那么大吗? 是不是集中高等工程教育，培养设计研发人才才是关键? 工业教育的发展方向，是应该将基础的工业职业教育向上延伸，还是应该将高等工程教育适当向下延伸?

工人并不是即将消失的群体，从演化的角度来看，至少不是在 5 年、10 年内急速消失的，一切都需要有一个过程。青年就业问题、岗位更新问题等都是表层现象，深层来看责任归属都还需要社会调整和重置。

从工业的逻辑来看，若要解决我国工业教育的基本供需问题，也许可以从这样几个方面继续推进:

第一，教育体系大力推进基础教育的后段以职业教育为主体，而非以高等教育普及化为主体；但可以将职业教育延伸到大学本科阶段。一些城市推出的"3+2+2"或"3+3"等教育模式，将中专、大专、本科连续升级，既避开了激烈的高考，也保持了职业教育的完整性，还可以校内择优选拔，学生可以获得大学本科文凭。技术工人培养学校、劳动技能评级、就业分配去向单位挂钩，这些虽然是"传统"模式，但能够解决实际问题，受到学生、家长的欢迎。

第二，职业教育的规划、设计、实践操作中应该充分尊重企业情况、产业规律，不能一味强调事业单位的管理框框，总方针的配套政策不足，很可能在实际教学中带来基层操作无章可循，甚至官僚主义造成的"创新不新"。

第三，将企业落实产教融合的社会责任给予肯定和认定。有一些地方会发放少量的应届生就业补贴给企业，这种形式虽然现金发放，但金额不会很高，每名生员一次性发放几百元到一千元不等，对于企业接纳缺少职业培养的应届生所需花费的投入而言没有实际激励效果。可以探索更多跨部门的政府激励政策，或者通过协会等其他社会组织进行表彰引导。例如，将某些行为（高额的反垄断、反不正当竞争类）施行现金处罚和强制完成毕业生接纳指标相结合的方式。对中小企业采用更灵活的教育引导而非现金惩戒，但操作中也要严防审批过程"寻租"。还可以将慈善捐款的类型增设为职业学校的办学方向。政府组建基金会，并邀请企业加入，或者由行业协会牵头组织；探索兴办职业学校，并对接就业单位开展定向培养。其中，更主要的是提高企业的主动性和话语权，不能让接纳毕业生的企业简单地成为完成政府、学校就业指标的被摊派对象。

第四，培养计划适度灵活开放，适应产业实践。由于学科评估的要求和学位制度的原因,核心课程的内容、学制要求都需要全国统一,这有利于保证学位质量,避免院校弄虚作假,从而起到非常好的督学和监管作用,保证了学位体系的基本公平。但学科规制部分的比例目前偏多,留给学校安排选学的余地有限,一些产教融合的项目需要集中的连续学时,教务又无法安排。另外,既然是面向产业与企业结合,学时方面就要尊重产业特点,一味要求只可以在寒暑假做实践项目,在很多时候是脱离实践的,这样也使得实训项目只能"纸上谈兵"。要将应用类专业的学制给予更多的实践操作空间,而不宜让所有本科院校全部参照顶尖一流学校来安排,毕竟培养人才的目标不同,顶尖学校更需要关注研究型大学及科研经历与教学的融合,大部分普通院校则应考虑与实践结合,为毕业生就业做有计划的导向安排。

第五,职业教育应配合国家产业规划和社会发展动向的节奏。教育是一个较为缓慢的过程,一个学段都需要几年的时间,而新职业出现后要形成较为标准和明确的人才培养方案也需要一段时间的沉淀,"跟风"专业设置是非常不可取的。大数据、人工智能、芯片,以及前些年的生物技术、通信工程、国际贸易、金融、会计、法学等专业,似乎是永远不过时的"好专业",都存在不同程度的院校专业设置与实际需求脱节的情况。一些知识密度要求很高的专业,需要与科研深度结合。要求大量普通院校培养研发人才是困难的,但培养高质量产业工人则现实得多,这主要是找到企业落实的问题,不能仅靠校长和老师们依据政策"发明"专业设置。企业一侧有经营压力,很多时候也有用人的急躁情绪。资源丰富的大企业培养人才做阶梯储备,这容易理解,但中小企业也应该有一定的耐心和培养意识。这里是市场的机制，企业花一点心思和相匹配的院校合作，共同投入和培养，既可以获得自己满意的人才储备，也为社会和行业做了贡献，这也是企业战略的一种落实。

在未来中国工业的发展中，"工人"和"工程师"都是重要的，都需要大量的工业产业实践机会来培养和训练，都需要工程技术知识之外的职业伦理等人文素养的建立，这个过程需要中央与地方、院校与企业、教师与家长等方方面面的共同重视和持续努力。这也是一个工业体系演化发展要应对的，机制的创新在生态里不断尝试与验证，逐步建立更加完善良好的中国工业模式，形成普遍稳健的工业实现能力。

第4章
用与不用，有为无为

　　本章将探讨稍微具体的范畴：资源该如何利用。工业的演化历程显示了，在商业拉动下，工业不断寻求技术和管理方式突破，从而实现自身的变迁。现代工业兴起的直接动力是成本如何下降。但早期工业的目标聚焦于当下的产品，而未能考虑世界、环境、未来等宏大尺度的时空关系。于是造成了19世纪以来凸显的工业污染问题、地方病问题、气候变化问题，乃至对社会造成的价值观和文化影响。因此，这一章，我们从浪费、垃圾、节约这几个词开始，谈谈工业的生态体系应该去向何处。

　　道家《道德经》中说："无为而治，无为而无不为。"这意味着顺应规律，减少对自然法则的挑战和干预，让民生社会保持在一个较低欲望的状态，竞争和消耗也都少了，也就是更有利于可持续发展。也许，人类近两三百年的发展模式，大多是基于工业的逻辑。但是，在不断增加的供给、发明新技术、提高效率之后，出现了越来越多的问题。现在，我们也许要做的不是调整生产方式，而是（至少同时）减少一些需求。

4.1 循环经济的努力：新建秩序

20 世纪以来，尤其是 20 世纪下半叶，无论是精英阶层还是公众认知；无论是东方还是西方；无论是富国还是穷国，都关注到了"增长的极限"的问题 ①，也都意识到了资源有限。环境主义、环境保护组织，甚至相关政党的兴起，都在反映这个思潮，即人们开始担忧这个地球，或自己国家的未来。这就是可持续发展的概念。

那么，能源不足、气候变化、土壤和水源被污染、过度采伐、捕杀野生动物、生物多样性和生态系统被破坏，等等，都是造成不可持续危机的原因，又是什么带来这些问题的呢？就是我们人类自己。消费增加，对自然的发掘模式仍然保持在一个较为粗放的状态，积累的问题"来不及"被慢慢解决，所以接二连三地爆发，已经越来越多地影响到人类社会。

那怎么办呢？似乎最现实的就是我们人类自己进行改变。

面向现代社会的消费观念和现代性对人的异化或者物化如何来解决垃圾无法消解的问题？如何解决资源不断面临短缺、能源供应不足的压力？这需要理顺出能够恰当反映社会情况的供需关系，并据此在经济发展理念和模式上做出调整。一方面，经济发展要保障就业率，

① 较有影响力的作品包括：1962 年卡逊的《寂静的春天》，以及之后"罗马俱乐部"发表的 1972 年的《增长的极限》，1974 年的《人类处于转折点》等报告，这里不展开介绍了。

这是社会安定运行的一个基础，尤其在改变发展模式的调整过程中更要格外关注就业的平稳。另一方面，寻找合适的目标模式，引导人们开始改变。这并不是一件说说道理就能完成的事情，因为不同的人群在既有的社会结构中有自己的位置，职业、邻里关系、社会认同等维度都有每个人特定的位置，主动改变是有风险的。通过一些外部因素来促使人们去面对和行动，在现有社会关系的网络中调整到每个人微观上新的平衡状态。

在工业的逻辑中，应对需求是动力。要改变人类社会的发展模式，怎么改呢？基于反思，人类对自然规律的认知虽然一直提升，但系统级别仍然不够，过往的一百多万年间人类在自然中获取资源的位置已经在最近两百多年有了明显的变化，对自然环境的影响已经不可忽视。那么，就需要"发明"出一种把自然规律也充分考虑进来的经济系统、生产方式。

一是从识别需求开始，就重视资源的高效利用及全生命周期的考虑，以达到最大循环利用、最少资源消耗的设计。二是坚持清洁、安全的生产过程，确保减少生产过程中的负面影响，更多地关注可以维修、再利用的东西，无论是设备部件，还是日常用品。三是商业价值方面，社会广泛接受耐用品而不是追求快速消费的刺激，可持续理念的设计和生产才能得到正面的反馈和回报，进而得以运行。具体有哪些做法呢？我试着说说，利用"循环经济"的原理来介绍一些工程层面对新生态体系的探索。

● 循环经济的工程原理

循环经济是最近十几年受到人们关注的一个概念。所谓循环经

知识窗	我国有关循环经济的背景

　　2004年，国家发展和改革委员会开始负责统筹管理我国循环经济工作，当年9月召开了第一次全国循环经济工作会议，发展循环经济正式成为我国的一种经济发展模式和国家战略。2005年7月，国务院发布《国务院关于加快发展循环经济的若干意见》，这一意见成了中国发展循环经济的纲领性文件。随后，发展循环经济被列为中国"十一五"时期的重大战略任务。2009年1月1日，《中华人民共和国循环经济促进法》正式实施。2009年12月，中国首个区域循环经济发展规划——《甘肃省循环经济总体规划》获国务院批准实施。2016年3月，《中华人民共和国国民经济和社会发展第十三个五年（2016—2020年）规划纲要》中谈到发展循环经济的规划方向："实施循环发展引领计划，推进生产和生活系统循环链接，加快废弃物资源化利用。按照物质流和关联度统筹产业布局，推进园区循环化改造，建设工农复合型循环经济示范区，促进企业间、园区内、产业间耦合共生。推进城市矿山开发利用，做好工业固废等大宗废弃物资源化利用，加快建设城市餐厨废弃物、建筑垃圾和废旧纺织品等资源化利用和无害化处理系统，规范发展再制造，实行生产者责任延伸制度，健全再生资源回收利用网络，加强生活垃圾分类回收与再生资源回收的衔接。"2021年，经国务院同意，发改委印发了《"十四五"循环经济发展规划》（发改环资〔2021〕969号），提出从适应全球绿色发展趋势和应对气候变化，国内"双循环"新发展格局所需的大市场建设，发展循环经济的重要意义，在之前历次规划的基础上进一步具体

提出了构建废旧物资回收网络、提升再生资源加工利用水平、规范发展二手商品市场、促进再制造产业高质量发展等举措，并将推行循环型农业发展模式作为重要方式提出来。

济，即在经济发展中，实现通过废物的减量化、再利用、资源化，使经济系统和自然生态系统的物质和谐循环，维护自然生态平衡，是以资源的高效利用和循环利用为核心，以"减量化、再利用、资源化"为原则，符合可持续发展理念的经济增长模式，是对"大量生产、大量消费、大量废弃"增长模式的根本变革。

面对环境压力问题，新古典经济学无法通过市场、竞争、消费等概念给出合适的解决办法。生态学从研究自然界转而给出了人类社会的重要启示，主要是自然生态演化的一些基本原则：①生物演化原则。生物与环境耦合演化，不断适应。②竞争 – 互利的和谐演化原则。基因竞争与物种进化。③物质循环利用原则。生态系统由生物部分和非生物部分相互依存，进行物质、能量、信息的交换。④链式传输原则。⑤并行多样原则。包括遗传多样性、物种多样性、生态系统多样性、景观多样性。⑥生物的生态共生原则。[1]

有关循环经济的构建，资源的循环利用是一个基础性的体系，在工业文明的经济体系里从开采到销售的链式过程，工业体系完成了利用自然为人服务的资源流转。在搭建循环经济体系时，要坚持 RRR 理念，即减量化（Reduce）、再利用（Reuse）和可循环（Recycle），运行中除了有挖掘、加工、铸造、组装、售卖和使用的

---

[1] 金涌，阿伦斯. 资源·能源·环境·社会——循环经济科学工程原理［M］. 北京：化学工业出版社，2009：34-37.

行为，还要加入一些"相反"的"动作"从而形成循环，这些"动作"包括填埋、分解、熔解、拆卸、回收和维修。这样就可以大大减少对自然资源的获取，提高其利用率，我借用金涌院士的一张图来表示循环经济的整体过程（图4-1）。原图中将上半部分形容为"动脉"，下半部分称为"静脉"，加上中间各种的"毛细血管"网络，像是一个人体血液循环的大致架构。

循环经济是一种生产生活的观念，在不同层面应用不同的技术来实现，因此，并不是集中建设几个大型示范项目就可以完成的。从资源获取方式的国家管控层面到个人或组织的日常生活中，循环经济的成效显现。从可持续发展的原则来看，循环经济的原理是解决可持续的问题；从对立视角来看，工业浪费是循环经济要格外针对的具体问题，虽然微观，但也更有实际意义。有关工业浪费的概念，近些年已经很少出现在我们的经济话语中了，无论是学术研究、制造生产、工程管理还是产业投资规划，工业浪费的概念已经被可持续发展、循环经济等更全面的、更"大"的概念所替代。但我想这个概念还是很朴素的，且具有明确实践指向的，我收集到的一些相关资料可以参见本书第9.4节。

循环经济在操作上，有三个方面很重要：设计、回收、修复。回收，是大家较常接触到的，这里主要介绍下设计和修复。

● 设计

修复是对物品、产品直接进行循环再利用并实现减量，这是非常常见的一种节约观念的体现，也是资源最小循环的行动。回收就需要规模效应，必须进行产业化，甚至形成产业链才能实现。回收一般

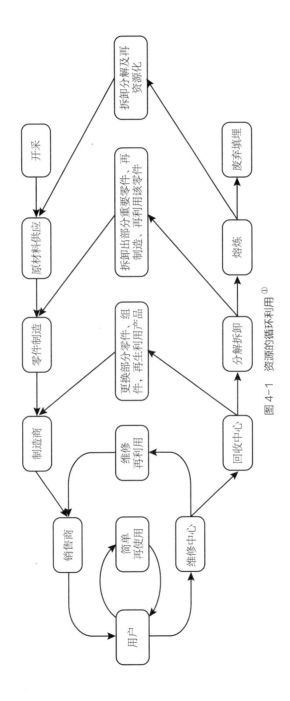

图 4-1 资源的循环利用 [①]

① 金涌，阿伦斯．资源·能源·环境·社会——循环经济科学工程原理［M］．北京：化学工业出版社，2009：81．

不是某个人或者某个企业能够完成的，需要大量的回收汇集、专业提炼，然后投入到生产环节。回收，针对的不再是产品和功能，而是提升到可以普遍生产利用的资源层面。资源回收的实现难度比产品修复要大很多，但资源能够系统化再利用，比起维修只能延长单个产品的使用寿命，其社会经济效益提高了。而工业水平的修复，是回收的后续环节。对回收的废旧物品分拣后，仍然无法利用的就是"垃圾"，可以以焚烧、掩埋等方式"丢弃"；可以利用的部分有两种处理方式，一种是零部件修复后提升、重新进入使用，另一种则是将零部件拆解、破碎、熔融、分解成原材料重新进入生产。这个概念的分类可以汇总为图4-2所示。

再进一步，就是在产品、产业规划上改进设计。举例来说，塑料是石油化工炼制的有机原料合成的一种材料，虽然其性能好价格低，但是大部分类型的塑料都难以自然降解，对海洋、土壤都造成很大的破坏，是较为"不环保"的材料。那么，禁止生产销售塑料袋，是减少一次性塑料制品的使用、减少环境负担的重要手段。个人可以在生活中少用塑料制品，改为使用金属餐具，也可对可以清洗的塑料制品重复多次使用。这也是修复层面的重复利用和减量。

回收层面，将废塑料集中回收后进行分类处理，有些可以通过焚烧转化为发电燃料，或经磨粉处理后用于炼铁（减少焦炭用量），这就是资源再利用的体现。这些需要产业体系化运作才可以实现。回收要想做起来、见效果，需要全社会的大系统工程来执行。其中，技术的低成本路线是基础，尤其在面对不可再生资源时，回收的环节尤其重要。金属回收技术可能是相对较为成熟的，但这仍然主要是工业生产体系内、基本是工程问题的范畴。相较而言，各国城市的生活垃圾

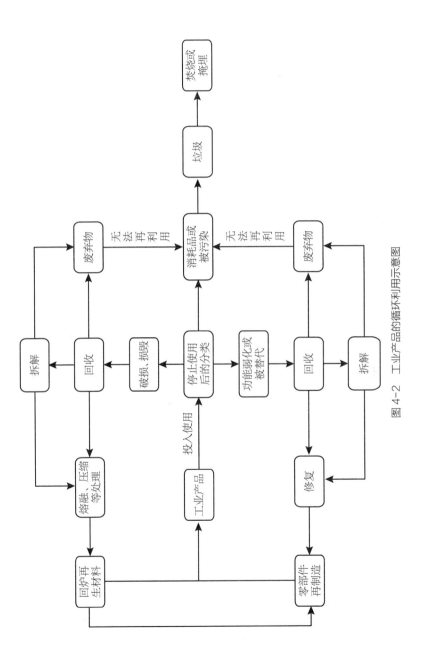

图 4-2　工业产品的循环利用示意图

分类、回收再利用效能都不高，就连集中燃烧都要面临垃圾含水量不同的问题，而不容易做到。

设计的层面，我们需要找到能够替代塑料的其他低价材料。例如，聚羟基脂肪酸酯（Poly Hydroxy Alkanoates，PHA）是由细菌合成的有机材料，可以在大部分性能上替代塑料制品，且其对环境友好性很高，能够被土壤生物降解。随着工程化的深入，如果 PHA 的成本进一步降低则可以有更广阔的应用场景。这就从设计层面提高了再利用、再循环水平，将材料从使用循环、产业循环提升到了生态循环。

工业品的设计，是对产品全生命周期的规划，如果能够切实实现，那么后面所谈及的工业浪费问题才能得到本质的改善，否则只靠严格管理和宣传节约的作风是不够的，至少是难以持续的。

循环经济的概念，给工业的未来提供了一种较为合适的生态体系发展方向。设计是重要的定位环节，产品的设计、项目的规划都要在全面投入启动运行之前做好安排，将可持续的理念考虑进去。我们选择什么样的材料，这些材料在运行中将如何损耗、变化和排放？我们可以做怎样的检测、处理和回收，又如何在前述条件下控制一个最低的成本？

● **修复**

通过产品的功能修复和局部更新进行废弃产品的再利用，例如，轮胎、车辆、一些磨损的机械部件的修补。这个方向就是我下面要介绍的"再制造工程"。用户层面，对于通过维修来恢复出现故障或性能弱化的产品功能，延长使用寿命，减少对局部失能物品全部替换而产生的浪费。这样做可以减少使用者的购买需求，这也就是鲍德里亚所说的"被制造出来的消费"。可以看出，循环经济的理念是在纠正资本主义对人的异化。但到目前为止，再制造工程能够施展拳脚的领域并不多，因为需要较高的运行和技术要求。

【再制造工程】

20 世纪 70 年代，再制造工程最早与废旧物品回收利用相关，其表述是"逆向通道"（Reverse Channel）和"逆向回流"（Reverse Flow）。美国非营利组织逆向物流执行委员会（The Reverse Logistics Executive Council，RLEC）给出了更全面、翔实和具体的定义：逆向物流是以修复产品功能缺陷及恢复产品使用价值为目的，从销售终端向各个节点进行流转的过程。逆向物流活动主要涵盖：①商品由于损坏、季节性销售残余、再储存、残次品、召回等原因的回流；②包装材料和容器的再循环；③产品的再制造工艺；④废弃装置的再处理；⑤有毒有害材料的处置；⑥恢复产品的价值。[①]

2001 年颁布的《中华人民共和国国家标准物流术语》把逆向回流分为反向物流（Returned Logistics）和废弃物物流（Waste Material Logistics）两大类。前者是指物品从供应链下游向上游运动所引发的物流活动；后者则是将经济活动或人们生活中失去原有使用价值的物品，根据实际需要进行收集、分类、加工、包装、搬运、储存等，并分送到专门处理场所的物流活动。

再制造的概念，是 20 世纪 90 年代由美国波士顿大学制造工程学教授卢德（Robert T.Lund）首先提出的。再制造是将耗损的耐

---

① 黄伟，莫以为，朱江新，等. 工程机械再制造若干问题研究［M］. 南宁：广西科学技术出版社，2018：42.

用产品经过拆卸分解、清洗检查、整修加工、重新装配、调整测试并恢复到既能用又经济的全生产过程。[1] 这里包括了对适合再制造的产品的标准：①耐用产品；②功能性报废产品；③按标准化要求生产的产品；④残余附加值高的产品；⑤获得报废产品成本较低；⑥技术寿命持久的产品；⑦消费者认同再制造的产品。

再制造不是简单的"工业废品回收"，而是一种制造模式，要有经济可行性、技术可行性评估的支持，也并不是无条件推而广之就可产生社会效益的。盖德（V Daniel R Guide Jr，2000）归纳了再制造系统的特点：[2]①回收时间和质量不确定性；②平衡回收与需求利益；③回收产品的拆解；④材料回收的不确定性；⑤逆向物流、破损最小化、渠道选择的优化；⑥物料匹配制约因素；⑦随机安排和多次加工。

据研究，在经销商回收模式下，制造商的利润是最大的，实际应用中可供选择的旧件回收方式包括[3]：

（1）制造商收集模式（Manufacturer Take-back，MT）。制造商独立建立一套适合企业发展的逆向物流网络体系，主导完成对旧件的回收、再制造、再销售等业务。该模式的特点包括：一是及时了解

① Lund, Roboert.T. Remanufacturing: the Experience of the United States and Implications for Developing Countries [J]. World Bank Technical Paper, 1985（31）：24-34.

② 姚巨坤，朱胜. 再制造升级 [M]. 北京：机械工业出版社，2016：12. V Daniel R Guide Jr. Production planning and control for remanufacturing: industry practice and remanufacturing processes [J]. Journal of Operations Management, 2000,18（4）：467-483.

③ 黄伟，莫以为，朱江新，等. 工程机械再制造若干问题研究 [M]. 南宁：广西科学技术出版社，2018：52-55.

产品信息；二是提高旧件回收的处理效率；三是有利于与原有正向物流系统相结合；四是提升企业品牌价值；五是难以形成规模效益，所以物流成本高，企业经营风险大。

（2）经销商模式（Dealer Take-back，DT）。制造商与经销商达成协议，由经销商负责完成企业旧件回收任务，利用现有的回收渠道及当前的客户信息资源，健全旧件回收网点和回收体系。其特点：一是为制造商节省成本，更贴近用户。二是制造商更依赖经销商，易产生代理成本，增加了经销商的议价能力。

（3）回收商收集模式（Recycler Tack-back，RT）。通过协议形式将旧件回收任务交由社会上具有一定回收渠道的个人或者组织，在其直接参与或间接参与下完成企业全年的旧件回收指标。该方式特点：一是降低制造商的固定成本，实现行业资源共享；二是易泄露企业机密，旧件回收成本核算难度大，旧件回收商的服务水平难以评估。

（4）其他模式：修理厂收集、二手机械商收集和社会人员收集。

再制造工程，是循环经济的一种理念，在应用模式上也要通过分类、回收的体系来实现废品的资源化循环，但其应用重点在机电领域，主要应用方式是对可修复的零部件位置进行加工修复。参照我国国家发展改革委的文件定义，在工程实践中，我们可以定义"再制造"，指对因功能性损坏或技术性淘汰等原因不再使用的旧设备的零部件，进行专业化修复或升级改造，使其质量特性和安全环保性能不低于原型新品的过程。再制造的对象是旧零件，主要是被淘汰的而不是完全损毁的，也就是"旧的"不是"坏的"。再制造的主要过程是修复，而不是重新回炉成材料完全重塑。再制造的结果，要保持主要性能不低于原型新品，也就是说得"修好了"才算。当然，人们有时也把再制造与改造进行一定的结合，这就是进一步延伸了。

我国的再制造工程方面，以中国工程院院士、装甲兵工程学院的徐滨士教授为代表，从 20 世纪末开始研究和宣传有关理念[①]。21世纪初，国家自然科学基金、中国工程院、解放军总装备部（今中央军委装备发展部）先后批准支持了一批基础研究项目，之后我国在汽车、机床、工程机械等领域逐步扩大试点进行产业创新的探索。2009 年《中华人民共和国循环经济促进法》正式生效实施，也推进了再制造作为一个循环经济类型的发展。2018 年 11 月，国家统计局发布《战略性新兴产业分类（2018）》，将再制造纳入战略性新兴产业，按统计分类，再制造重点产品包括机床再制造、办公设备再制造、工程机械再制造和汽车零部件再制造。2019 年 5 月，《报废机动车回收管理办法》规定拆解的报废机动车发动机、方向机、变速器、前后桥、车架等"五大总成"具备再制造的条件，可以按照国家有关规定出售给具备再制造能力的企业予以循环利用。2021 年，国家发展改革委等八部委联合印发《汽车零部件再制造规范管理暂行办法》（发改环资规〔2021〕528 号），对汽车再制造的企业资格、回收、生产、产品、市场、监督等方面做出了为期五年的管理规定。再制造的过程管理是较为复杂的，要严控有人以次充好，保障使用者的知情权利，另外还要让参与市场的企业除了战略价值外有合理的投入产出效益。

我国铁矿石价格飙升及废钢资源不太富足，因此从 2020 年开始限制废钢出口，执行 40% 的出口关税，不享受出口退税政策。其中，

① 徐滨士. 绿色再制造工程的发展现状和未来展望［J］. 中国工程科学，2011,13（1）：4-10.

报废汽车是废钢的重要来源之一。铁矿石、钢材都是汽车制造、机械制造的基础资源，金属材料是工业的基本原料之一。20 世纪 20 年代以来，世界资源格局、贸易格局的变化，需求结构调整，促进了再制造成为一种工业经济体系及更高效利用资源的解决方式的进程。

工业的演化是技术改进为了降低成本的过程。那么，现代工业找到了通过标准化、规模化组织生产来降低单位成本的"新方式"。在社会宏观层面上，节约资源也是一种对长期而言降低成本的方式，或者说，这是工业技术要求重建一种使用社会资源的秩序。资源如果被消费主义的行为驱动快速消耗，那么未来就会面临资源短缺或价格高涨的局面，以及大量垃圾的出现，使得环境代价最终长期分摊到全社会承担。我们要通过政府、协会等公共组织的倡导或管控来遏制其恶性发展。本质上，循环经济是花力气研究资源的高效率利用，让垃圾减量化；操作上，工业生产端减少冗余和浪费；生活上，消费品提倡多次利用，减少一次性快消的方式；体系上，坚持可持续设计、废弃品回收再生，这是工业创新的一个重要方向。

4.2　定义"垃圾"：没用的东西

从可持续发展、循环经济、资源利用的宏大话题来看，我认为，有一对概念是最常见的——"浪费"和"垃圾"。

被弃之不用的东西，如果仍然可以用，人们却故意不用，这一行为就会被称为"浪费"。而的确无法再用，或者说是被认为无法再用时，被丢弃的东西就是"垃圾"。从概念上看，二者都是将物品丢弃。当然，词性上，浪费是动词，垃圾是名词；浪费是行为，垃圾是结果。浪费会增加垃圾，但垃圾都是浪费造成的吗？似乎不是，容我稍作辨析。浪费有"明知故犯"的意思，更大的问题在于有意识地不去约束或改进丢弃行为。垃圾，则是利用能力不足的表现。正常而言，没办法再用的东西才归为垃圾，强调的不是人的故意与否。极而言之，如果整个自然都是可以循环的，那么就没有垃圾，只是人们不愿意花费那么多成本去循环利用。例如，酒店为住客提供的牙刷，你会带回家用到刷毛卷曲，然后继续用来刷洗手盆吗？很多人是不会的。原因有很多：牙刷的质量通常一般，刷毛太硬对口腔不好；如果以牙刷用到不能再用为标准的话，牙刷本身的卫生也就无法保证；如果为了一个不值钱的牙刷还要花费时间去清洗干净，更加的不值得；等等。这些理由都很合适，我觉得也算不上故意浪费的托词或借口。其中根本原因就在于人们对生活成本的认知。生活中人的时间有限，人们愿意去游玩休息，哪怕去工作，而不愿意为各种琐事操心。牙刷的再利用如果是生活观念，那么，顺手而为的人会觉得并没多做什么，而当作一项约束来做的人则觉得费时费力，甚至是费力不讨好。于是，垃圾就是由我们的生活方式所决定的，是经济生产水平、文化习惯、规则制度多系统耦合的结果，因时因地而不同。

实践中，垃圾通常仅指生活废弃物，来源包括家庭、商业办公、餐饮等。而工业农业生产中排放的废料，以及废气废水等人们一般不称为垃圾，而称为废弃物，这些工业废弃物中有害的又被称为工业污染物。本节我主要谈的是生活垃圾，但不包括城市生活中较多见的建筑装修形成的建筑垃圾，也不包括城市生活中工业产品回收再利用的类型（如手机、汽车、电脑的回收）。

今天，垃圾从何而来，向何处去？人们似乎对垃圾没有办法，这是因为在产品制造之初，就未曾充分考虑好后续的垃圾处理问题？就像太平洋垃圾带[①]和无数受害的海洋生物，便是这一问题的体现。我们在街上会随手扔废纸或者塑料袋吗？扔了又如何呢？没有罚款的话，一个极其便宜的塑料袋丢掉了有什么关系？所以，产生这些行为或想法的原因是与我们的利益相关的问题。

也许塑料袋就不该被制造出来，这未必是不可被接受的解释，廉价便捷未必就是对的。给空气中带来铅污染、铅中毒的汽车抗爆剂四乙基铅该被制造出来吗？农药该被制造出来吗？它们的出现没有为社会提供很多便捷和福利吗？使用这些产品是浪费吗？是价值观审视下"坏"的内容吗？答案是肯定的，否则我们无以为继。那我们可以怎么做呢？不是应该怎么做，而是如何从"不应该"通向"应该"。垃圾，无处安放，可能就在于我们一开始就没有"赋予"它们价值，就没有考虑到对我们有用的那些部分之外同时产生的垃圾该如何处理。换言之，从价值来源来看，一切的垃圾都是人类自己"发明"出来的。表面的现实问题是大量的建筑垃圾、生活垃圾、生产废弃物、意外泄漏或遗洒应该如何处理？已经排入环境的又该怎么办？长期来看，如何不再产生这么多垃圾，这其实是在问，我们还可以怎样生活？我们可以不要塑料袋、不用这么多汽车吗？我们可以只用现在三分之一的电力吗？更进一步来说，即便我们都下决心说"可以"，那么如何做到呢？那些跟我们生活在一起的数以亿计的选择说"不可以"或者没能力选择的人们将会如何？没有全体一致的支持我们可以做这些改变吗？

---

① 太平洋垃圾带（Great Pacific Garbage Patch），又称"第八大陆"。

<table>
<tr><td>**知识窗**</td><td colspan="2">**太平洋垃圾带**</td></tr>
</table>

太平洋垃圾带是指因为太平洋环流将海洋中的塑料等垃圾冲击裹挟成一个较为集中的含有人类丢弃垃圾的海域。这个海域包括太平洋东部、西部两个集中的海域和中间一个较长的区域。东部的海洋垃圾堆位于美国西海岸和夏威夷群岛之间,西部的主要在日本东南方向。海洋垃圾堆中的大部分塑料垃圾都是被海水冲击后的碎片、碎屑和微粒,被海洋生物摄入后进入生物链是十分危险的。美国船长查尔斯·摩尔(Charles Moore)于 1997 年发现了这片海域,海面漂浮着一望无际的瓶盖、塑料袋、牙刷,他用了一周时间才穿越这片海域。

● **认识垃圾**

怎么样认识物品,也就是怎样定义"垃圾"。资源不足和高价格的压力、经济生产的投入产出,在原则上驱动我们用快速扩大规模的方式压过质量的标准和可持续的准则。这是价值观的结果,也是我们自己塑造了自己。有什么垃圾,不过是因为我们选择了相应生活方式的结果之一。

2016 年 11 月 27 日,在清华大学的研讨活动中,清华大学美术学院的柳冠中教授做了一次设计事理学的报告,其中谈到了两个事例:

(1)2010 年 8 月 27 日晚,奢侈品设计商古驰(GUCCI)在清华大学美术学院举办了 2010 年秋冬时装发布会。场地搭建用了 1 个星期的时间,耗资数百万元,但发布活动只有大约 20 分钟,之后搭建的临时场地就被拆除了,前后只存在了 12 个小时。

知识窗　　　　　　　**柳冠中**

　　柳冠中，1943 年出生，清华大学首批文科资深教授，政府津贴学者，担任中国工业设计协会荣誉副会长、专家工作委员会主任。他创立了"方式设计"、"事理学"学说、"设计文化"学说、"共生美学"、"人为事物科学"、"设计学"、"系统设计思维方法"等理论，被世界先进国家该学科理论界承认及引用。并成为中国设计学科的学术带头人。

　　1977 年作为主要设计者，完成毛主席纪念堂灯具设计并主持工艺、技术实施。1994 年"城市公共分享自行车系统"概念设计——最早的服务设计。2001 年银河巨型计算机机箱柜设计。2006 年"松下"冰箱、空调、洗衣机用户研究报告和设计。2007 年设计奥运广场灯具——"翔"。

　　（2）"双十一"购物节的交易额上千亿元，但退货率却高得惊人，先不说买的东西是否必要，因此带来的包装、物流资源的浪费有多少？

　　这里所说的内容我没有直接的一手资料可以核实，但从公开资料来看，古驰的确举办了发布活动，这种会议临时场地的搭建设施一般并非全部使用一次性的，并不会用完就全部被丢弃，一些喷涂画布之类的的确不会重新使用，但支架类的器材还是可以重复使用的。唯其如此，临时场地搭建中大量使用不可重复使用的材料，用完后丢弃的现象也的确是有的。

2015年"双十一"的交易额是900多亿元，退货率无法证实。2016年官方公布的"双十一"交易额达到了1200亿元，一些报道中有服装行业人士介绍到不同类型商品的退货率的确会在"双十一"有所提高，不少品类的退货率达到了30%；行业研究显示已经达到25%。国家邮政局网站显示，11月11日全天快递企业处理6000多万件快件，同比增长85%。这样集中地使用资源，无论怎样估算，大型促销也是难以为继的，浪费也是存在的。当天阿里巴巴在美国上市的股票价格也遇到了下跌2.41%的资本市场的负面评价。"618"购物节同样也被美国资本市场质疑。当然，随着媒体舆论的热议和资本市场的反馈，中国电商巨头们也在改进，2018年11月18日天猫"双十一"组委会公开发布公告，公布当年的天猫"双十一狂欢节"的退货率仅为6%，远低于行业平均水平。到了2019年、2020年，"主播带货"的线上消费形式兴起，更多短视频平台、网络直播兴起，"双十一"的优惠活动减少、规则复杂、不再有简易的大幅折扣，这些都是企业面对市场竞争及个体消费理性化的一种长期结果。

上面的两个例子，先不纠结实际的浪费率、垃圾率。柳先生意在指出："痛快的消费、过眼的奢华不应该被提倡，不是解决社会经济问题的价值取向。好的工业设计，要考虑社会供需，要思考设计的事理学，要关注实体产业的制造能力而不只是关注商业利益。"

我在这里做一点理解和讨论。柳先生所要指出的社会现象及重视制造和工业的意见，是中肯的。尤其在2016年，当时国内外经贸环境和社会发展势头正盛，的确需要更多的"冷思考"。从后面几年中美贸易摩擦持续不断、全球新冠病毒疫情等环境变化来看，内核制造能力和长期战略的确是非常重要的。同时，现代主义、消费主义的社会思潮也是值得关注的。"一次性""快捷""快餐"，是一种怎样的价值，我们应该如何对待？这个问题的本质就是我们在定义"什么是垃圾"，就是在我们自己的社会体系里回答"要怎样对待垃圾"。为了方便，我们需要制造大量成本低廉但是不易回收处理、循环利用的塑料盒、塑料吸管、塑料袋，如果只看"钱"，它们最便宜，就是最该被用到的，这一切似乎无话可说。产生垃圾，就是因为便宜所以只顾生产不管售后。这不是我们每个人生活中的问题，而是增长了自然开发能力后，没有协调人与自然的关系。"钱"的问题，并非是丑恶的问题，而是设计的不够完整。生产塑料袋很便宜，几十年前我国开始使用就是为了这个。但当时，无论是美国等发达国家还是中国，都并没有能系统地考虑一种物质的循环成本，以及相应的全社会的成本分担机制。那么，现在大家开始重视了，有什么选择呢？要么把塑料列入有毒有害物品而禁绝；要么通过政府限制或征收"塑料生产税"来大幅提高其价格，但这也未必就是解决之道。生活中到处可见的塑料制品，在短时间内被禁绝或减少后，相应的替代品又是什么呢？如果把价格只有几分钱的塑料袋通过行政干预提高到几元钱，的确可以抑制用量，但这期间的非市场"暴利"又是否公平呢？扭曲的价格差是否会滋生"黑市"？如果全产业链的对其进行查处，面对大量的、分散的塑料袋制造厂和菜市场等场所，投入大量精力去罚没、查处是否值得，是否能够长期持续下去呢？所以，也许在回收端用"钱"来解决才行，利用废旧物品有偿回收的方式来激励是可以保证质量和效率的。不过需要建立何种的社会机制还有待讨论。但至少应该是一个全周期的解决机制才是出路，要么引导需求的改变，要么提供其他替代品改善供给。

垃圾的出现，大致有这么两个类型：一是使用功能的失去，例如包装袋。二是机会成本低，耐用品的使用功能不灵之后，由于价格逐渐降低，人们可接受的更新周期短于可使用的周期，这也会成为被丢弃的原因。例如手机，当使用两年或更久后，反应速度下降，使用体验变差，人们认为不值得花钱修理，买一个新品的价格也可以接受，于是会选择丢弃旧的手机，使之成为垃圾。这时，成为废弃物的原因是可以作为工业命题来研究的。如果以尽力降低丢弃的程度、延长物品使用寿命为目标，那么，自动清理手机缓存和文档来保持使用性能，手机可否成为耐用品而不是消费品呢？就像 20 世纪我们家庭购买的电视机或者自行车，人们总会投入时间精力来维修保养。我国在家用电器方面推出的节能分级和以旧换新的回收引导体系，是一个还不错的实践，利用电器零售的网络渠道和经济激励来吸引回收废弃物，同时也兼顾了改善型消费需求。

这对今天工业经济的供需提出了两方面要求：一方面，在供给侧，需要将更多的资金、人才投入到相关的研究和实验中。就替代效应而言，加强对产品的维护，减少新产品的推出，或者说是延长产品的迭代周期。这在商业竞争中似乎缺少一些竞争力，新产品总是更受关注。所以，这还需要我们对商业策略的认知进行调整。高度追求不断快速推出新品来吸引用户的策略，无法融入持久耐用的设计理念。那么，树立历久弥新、经典耐用的商业策略，让销售盈利与社会可持续相统一是必要的出路。另一方面，需求一侧，当人们将消费习惯从用完就丢掉的方便意识，调整到"新三年、旧三年，缝缝补补又三年"的节奏中，就会对产品的需求大大减少，工农业的需求总量缩减。在这两方面的共同作用下，将会形成一个相对于当前情况数量更

知识窗	《终止塑料污染决议（草案）》

2011 年，联合国环境规划署首次公开提出全球塑料垃圾污染问题。2022 年 3 月，在第五届联合国环境大会第二阶段会议（UNEA-5.2）上，来自 175 个国家的政府代表通过了一项，终止包括海洋环境塑料垃圾在内的塑料污染的历史性决议《终结塑料污染：争取制定具有国际法律约束力的文书》（第 5/14 号决议）。该决议要求联合国环境规划署于 2022—2024 年召开 5 次国际政府间谈判会议，旨在制定一份关于塑料污染的具有法律约束力的国际文书（ILBI），并在 2024 年年底前完成谈判。随后，政府间谈判委员会的第一次会议（INC-1）于 2022 年 11 月在乌拉圭埃斯特角举行，第二次会议（INC-2）于 2023 年 5 月在法国巴黎举行，第三次会议（INC-3）于 2023 年 11 月在肯尼亚内罗毕举行。

从 20 世纪 70 年代开始，人们发现成本低廉、使用方便的塑料短时间无法降解，会造成生态污染。填埋、焚烧的速度根本赶不上塑料生产、消耗的速度，大量的塑料制品被丢弃到环境中，进入河流、海洋和土壤。

与气候变化问题类似，塑料问题的国际谈判，也会出现"从上游遏制"和"末端管控"的争论。油气生产国质疑"全生命周期"的定义，强调不能忽视塑料的经济贡献，主张促进塑料废物的环境安全和无害化处理。其他国家不同程度地认为应该消除、限制和减少社会经济系统中塑料的生产和消费。【至 2023 年，谈判仍然在艰难进行中。】

低的、新的供需平衡关系。因为，产品使用周期变长、产销量减少，所以，产品单位价格很可能有所提高。当然这同时要保证对进出口不产生扰乱，大量廉价低质量进口产品倾销而至的话也不会被消费者接受，高质量产品的出口增加则更加有利于建构循环。但居民的生活感受是主观的，如果前述的需求习惯已经改变，那么，单位时间内的成本几乎不变（甚至降低）。人们使用产品的需求也持续获得满足，所以价格的升高也未必造成个人或家庭福利的下降。这就是说，"短缺"的概念在此并不成立，短缺是指需求不能被满足的状态，是供不应求，而我讨论的是供需共同下降，个体需求仍然得到满足。而宏观经济方向面临的抉择是，经济速度下降是否换来了质量的提升，这包括生态环境等更大的方面，即便只是居民生活一个方面，也要考虑需求的变化和被满足程度的状态。2017年以来，中国经济高度重视生态环境理念，实际上是从综合的、战略的角度来看，人们认识到中国正在面临资源分配和利用的发展模式的方向选择。

垃圾不断增加，本质上是供给过度的一种结果，是对于自然资源的过度消耗，包括需要攫取更多资源和占用更多环境承载能力去消化垃圾。

明确了可持续的需求方向，我们需要从设计的角度更多地去实现和跟进，否则，方向模糊不清。人们的设计和生产"反而"会做出一些"没用"的产品或所谓高级的功能。以前面的举例来说，如果手机在设计上按照5年以上的使用周期，人们需要在使用过程中不断对软件和硬件进行维护保养。那么，手机自带的功能设置中自动清理功能可以进一步提升，更多手机清理工具也可以开发应用。这就需要使用者找到缓存文件对其删除，从而释放存储空间。现在的手机存储管理基本是依赖使用者自己判断，主动进行文件清理处理的，这仍然是个人计算机的使用逻辑。真正技术的改进需要扩展思路，而不是不断提高内存空间（以及顺便涨价），也许还可以包括对不同文件的识别、分类、去重，包括对技术底层存储格式、存储方式的考虑，以及应用程序对移动设备硬件资源调用方式的规划改进、对软件应用格式的改进、系统资源占用规划的调节与管理的提升。否则从现有设计框架出发，再怎么扩大空间，只要用户懒得去操作或者不会操作，那么，就仍然需要继续消费存储空间。人们对手机的需求除了外形上的美观和轻便、电池的稳定、显示屏的耐用度还追求其计算、存储能力及可以延长使用寿命的维护功能的提升。从用户使用角度来看，如何让用户以更低门槛学会使用清理功能，而不是只提示"请确认 ××× 是否删除"，这也是交互设计方面的课题。因为对于很多用户而言，这种接近技术语言的内容其实并不能做出判断。这些技术现在并不是没有，但市场需求也还在慢慢地应对和适应中。如果客户 2 年时间就对一台手机厌倦了、想换新的，那么，把其使用体验延长到 5 年是否还有意义呢？另外，大量的云存储或其他工具的使用都要求授权获得用户个人信息、设备信息，甚至要求传输个人文件，这期间的隐私保护、个人信息被不适当利用，是否又衍生出下一个"垃圾"（人们在使用的时候顾不上考虑，却埋下了隐患）？

● 鲍德里亚的"浪费"与"消费"

　　法国哲学家让·鲍德里亚（Jean Baudrillard，1929—2007）在其著作《消费社会》中提出了消费与浪费的关系，基于对消费驱动的当代社会（20 世纪 60 年代欧美社会的观察）的批判。这本书出版于 1970 年，正处于第二次世界大战后，欧洲经济恢复期经历高速增长过后，也是出现经济乏力、社会思潮激荡、1968 年法国"五月风暴"的时代。鲍德里亚写道："消费的真相在于它并非一种享受功能，而是一种生产功能。"① 这是他从文化角度对消费的反思。

"告诉我你扔的是什么，我就会告诉你，你是谁！"……但是，浪费与废物的统计本身并没有什么意义，它只是所提供的财产总量丰盛的多余符号而已。……这里，我们再一次对消费有了一种简单化的概念——建立在财产必然用途之上的道德概念。从不相信这种事物内在的道德规则是使用价值和使用期限，以及随着地位和时尚的变化而乱扔财富、更换财富的个人，一直到国家范围的浪费，甚至到全球性的浪费。……所有社会都是在极为必需的范围内浪费、侵吞与消费的。② 各个社会都将浪费当作一种文化符号，从印第安部族到欧洲君主贵族都是如此，"无益的浪费"（wasteful expenditure）的权利是宗教功能的需要或社会阶层的标志。

"浪费"的概念与"垃圾"息息相关，都是对于物品的有用性提出的。对于无法利用的部分，丢弃之称为垃圾，对于仍然可用的丢弃之则称为浪费。所以，商品大生产的工业文明，大大提高了产品的产量、降低了价格。在对环境压力、资源攫取、劳工健康都置之不顾的基础上，换来的现代社会的物质丰富，实际上这时的生产不是为了需求，而只是为了获取符号化的利润，这如同马克思主义的异化概念。这样的社会生产组织（被批判的资本主义）的确生产了太多人们其实

---

① 鲍德里亚.消费社会［M］.刘成富，全志钢，译.南京：南京大学出版社，2001：69.

② 鲍德里亚.消费社会［M］.刘成富，全志钢，译.南京：南京大学出版社，2014：21-22.

"不需要"的东西，其结果只能是被丢弃。这些产品要么是因为用不完而被丢弃，要么是形成一种关于丢弃商品的文化，不同阶层或身份的人丢弃不同价格的物品，这大约就是消费社会的根本问题所在。

鲍德里亚问道："极大丰盛是否在浪费中才有实际意义呢？"而这种浪费，在 20 世纪的欧洲社会已经蔓延开来，成为现代社会的一种特征或者普遍价值观。"在我们目前体制中，这种戏剧性的浪费，不再具备它在原始节日与交换礼物的宗教节日里所具备的集体的、象征性的且起决定作用的意义。这种不可思议的消耗具有'个性'，并由大众传媒来传播。……今天，生产的东西并不是根据其使用价值或可能的使用时间而存在的，恰恰相反是根据其死亡而存在的，死亡的加速势必加快价格的上涨速度。"[①]

鲍德里亚的分析承接了 1912 年美国哲学家凡勃伦的《有闲阶级论》。在工业革命和国际贸易建立了较为廉价高效的全球生产体系之后，商品盛行且价格低廉。当代社会崇尚消费，以此为新时代的文化符号来区分社会阶层，消费成了社会差异的符号，并以此为经济驱动力拉动更多生产创新。消费主义驱动经济的结果就是，对自然资源的不断攫取，以及抛却消费过后的"垃圾"。人的欲望是无限的，消费也是无限的。浪费也是一种消费，浪费成了权力的符号、成了一种隐秘的社会控制方式。浪费正是以越来越强的商品生产和消费活力来制造一种人之间的价值观和关系。通过消费、浪费的攀比形成文化的范式和对人们行为竞争模式的转变，不再需要强制性的生产剥削，转化为了通过对消费符号的追逐而形成的非强制的、非暴力的秩序。

---

① 鲍德里亚.消费社会［M］. 刘成富，全志钢，译. 南京：南京大学出版社，2014：25-26.

鲍德里亚的批判发表已经超过 50 年了，时过境迁，全世界对环境问题、资源开发，乃至保护生物多样性等公共问题的认识已经有了很大的改观。但是，消费至上的社会观念，似乎仍然甚嚣尘上。互联网的兴起使得任何一种更容易被公众所接受的观念都能够更迅速地蔓延，且随着网络信息的不断扑面而来就更不容易被消除。用对食物的浪费来摆排场的情景一度非常盛行，这种风气在 2012 年之后大大改观。互联网上各种昙花一现的流行语、疲惫者的抱怨、休息时对喜剧和通俗音乐的喜好都会热闹一时，仍然有消费主义的影子。

消费中的浪费，并不是用道德的大帽子在生活中小题大做，也不是有钱了就可以想怎么花就怎么花。大量的个人行为会形成社会观念，社会观念的力量在生产、消费的经济活动循环中将持续发挥作用。消费中的浪费并不只是宣传节约用水、粮食来之不易，还要在生产中精益求精、注重管理和效能才可以改善。消费的浪费是社会浪费观念产生的基础，是消除工业浪费的间接根基。要减少消费社会中的浪费现象，根本上是形成资源有限、资源循环的经济组织模式。让合理的需求来引导供给，将供给分解为有效的生产、供应、价格，而不是由无限的欲望来驱使经济发展，从而模糊了需求与供给的关系。

对于资源的利用，本质上是人类社会对"有用"和"无用"的看法在改变，有用的就是资源，无用的就是垃圾。从工业的逻辑来看，供需的关系是推动改进的力量。循环经济，是从供给侧和生产侧来减少浪费，将资源重复利用，包括生产流程、使用维护、修复回收等；改变消费观念，是从需求侧和消费侧来改变使用的习惯，减少消费中的浪费，从需求端抑制快消品的不断制造，垃圾减量与垃圾消纳是同等重要的，甚至是更重要的事情。

第 5 章

便宜的，常见的，应该的

"数字极简主义"的概念首次出现是在 2019 年，卡尔 C. 纽波特① 在他《数字极简主义》(*Digital Minimalism*) 的书中提出，"数字极简"是一种技术使用理念，将在线时间集中于少数精心挑选且最优的数字活动，然后享受"错过"其余不重要的活动。

纽波特提出了几个重要观点：智能手机的使用，重度黏性的移动应用程序，占据了人们太多的时间；而本来非常有价值的独处却大大减少了，人们直接接触的社交也减少了；生活的情趣被替代，人们的注意力不再集中，不断被手机的内容或推送所分散，没法静下来思考和理清复杂的事情。

美国华盛顿特区北部有一座名为"军人之家"(Armed Forces

---

① 卡尔 C. 纽波特 (Calvin C. Newport)，2009 年在麻省理工学院获得计算机博士学位，并完成了博士后研究。2011 年开始任职于美国乔治城大学 (Georgetown University)，2016 年开始任该校计算机科学系长聘副教授。

Retirement Home）的老别墅，这里曾经是林肯总统入住过的地方。1862—1864 年的夏秋季，林肯总统曾住在这里，他每天骑马到白宫上班。而那段时间，林肯来此居住，最重要的原因是可以获得安静思考的时间和空间，以及应对南北战争的纷繁政务。从就任总统开始，白宫的访客络绎不绝，消耗了林肯大量的时间和精力。军人之家的居所让他能够独处，在深夜他甚至独自在军人公墓散步。可以说，这里的宁静可能塑造了美国的命运。

纽波特建议，花 30 天时间暂停非必要的"科技产品"的使用，反思它们对于生活的意义，并重新探索和发现那些对人们而言珍贵的事物。

在"注意力经济"（Attention Economics）的驱使下，很多应用程序"收集"了人们的注意力然后贩卖给广告商，也就是我们所说的"吸引眼球""流量经济"。工业的逻辑在此同样奏效，有需求就带来供给，以及技术跟进商业利益，接着就出现了"注意力工程"（Attention Engineering），利用心理漏洞来使得用户在某个网站／App 上花费远超实际所需的时间。注意力工程在个人计算机时代难以达成，因为很难有用户整天坐在电脑旁；但在智能手机时代，我们随时能从口袋里拿出手机看，更糟糕的是，很多时候看手机并不是因为有电话或信息铃声，只是一种下意识反应。这说明智能手机已经"绑架"了人类。更抽象地说，技术在控制人，或者人通过技术控制其他人。因此，纽波特提出了"注意力抵抗运动"（Attention Resistance）的概念，是建议人们远离这种成瘾的手机使用习惯，恢复社交活动、团体活动等更有意义的休闲生活。

我国的一些互联网媒体上，也有人成立了"反技术依赖小组""数字极简主义者小组"，据说有上万人加入其中。他们通过隔绝电子设备、减少屏幕时间、删除社交软件、只使用电脑上网和工作等方法，进行了一系列五花八门的"数字极简"尝试。

数字化、流量、网络平台、数据、信息，这些类似的词语或概念，在 20 世纪中期开始盛行于产业界和学界。21 世纪开始的 20 年爆发了全球的产业和投资浪潮，出现了几批投资泡沫、技术改进和商业模式推广，这也带来了全球大部分公众生活的影响、改变。我们常见的手机依赖症、"低头族"他们难以摆脱这种生活习惯，他们应该去做做"数字简化"，就像有些人为养生进行"辟谷"那样。网络和电子产品成瘾对青少年的危害引起社会高度关注，那么，我们还要数字化吗？计算机、网络、人工智能，似乎在消费侧给人们带来社交退化，在生产侧则带来工人失业，这是危险的未来？

本章我来试着应用"工业的逻辑"来解说这一领域的问题。从生产到消费理一理数字化的出现源流，再说说影响我们生活的数据概念，以及数据和隐私的关系。

简单来说，供需关系的确定首先从生产侧开始，不断使用各种数学工具、工程试验、规模效应来探求成本更低的方式，这就是信息化的驱动起源，是为了"便宜的"数字化。信息化大量应用到生产的各类场景中，引发消费侧关注数字技术，在互联网和微型家庭电子设备的普及中，公众接触到大量数字化产品，这是"常见的"数字化。消费的繁盛，数据的权利不可随意处之，引发义利之辩，这是数字化"应该的"样子与深度。

从降低生产成本需求开始的数字化在向消费侧越来越多推进的过程中，带来了数据广泛存在的结果，数据的归属从厂商到大量公众的个人信息，隐私权是这一系列问题中最典型的。当更广泛的问题上升到数据安全的时候，这是一个制度的伦理问题，应该如何界定这些数据的权利和使用。在三元的社会演化论框架中，伦理、制度的构建是影响经济价值核算的重要前提。

工业的逻辑，是供需平衡驱动经济交易，寻求技术发展以降低成本。21 世纪初出现"互联网泡沫"以来，通信技术、计算机技术的成本不断降低，应用不断普及。数字化在工业应用的场景之外，在个人生活中的比例和地位快速提升，引发了更广泛的社会关注。

5.1　数字化生产：降低成本的信息处理

数字化、大数据、智能化，这些都是技术方式的概念和方法，是工具能力，他们的出现来自产业的需要，最终成为商业和社会的需要。

计算机、人工智能、交互式、共享、智慧……这些"概念"是为了便于消费者理解而创设出来的吗？有了更便捷、更便宜的通信设备后，人们的阅读变宽泛了吗？阅读量和学习能力提高了多少呢？还是只是娱乐时间碎片化了及娱乐方式电子化了？这是知识爆炸的时代，还是从信息量不足，到信息过量重复，甚至被广告内容埋藏了有效信息的时代？

这些问题，是在问我们为什么需要数字化，从这些问题的角度来看，似乎大家也会有趋同的答案和仍旧模糊不明的结论——数字化的种种现象似乎提高了效率，但在生活中仿佛更多的是用在了"玩"的方面。这种感觉，我认为就是基于日常视角的问题都是来自消费者一端，得到大家更多观念上的认可也是因为商业宣传的触达更广泛，是一种数字化"革命"商业传播的结果。所以，站在"结果"这边当然觉得事情本身是合理的，可又看不清原因。

数字化，本身是工业生产中不断提高信息处理能力的一种方式，也是不断机械化、自动化、信息化的过程之一。数字化的概念和应用更多来自工业化生产端，其效果也在生产中进行体现和评估的，目的性较为明确，和其他技术手段一样追求成本的降低。而消费端，用户能够直接接触到的数字化内容，诸如互联网信息的终端、手机或电脑

二维码

二维码（2-dimensional bar code），是用某种特定的几何图形按一定规律在平面（二维方向上）分布的、黑白相间的记录数据符号信息的图形。

在许多种类的二维码中，常用的码制有：Data Matrix, Maxi Code, Aztec, QR Code, Vericode, PDF417, Ultracode, Code 49, Code 16K 等。

中国生活中最常用的是 QR（全称 Quick Response）码，该码于 1994 年由日本 DENSO WAVE 公司发明，其基本结构包括位置探测图形、位置探测图形分隔符、定位图形、版本信息等几个区域，形成一个正方形，在其中三个顶点处有小正方块作为位置探索图形。二维码可以从不同方向读取，可以容纳相比文字或一维条形码大得多的信息量。QR 码的容错能力是指：码图形如果有 7%~30% 面积破损仍可被读取。

等个人化电子产品，以及楼宇中的各种门禁或管控系统等，则使得公众有了消费品在数字化的感觉。这当然不是一种错觉，只不过消费端对产品的评价就是不同角度的，大都来自对用途的满足，而个体需求的多元化又使得消费世界更加复杂，再加上营销概念的商业推广和引导，就容易使消费者的目的不如生产者明确。虽然生产者当然也有可能出现决策失误或非理性判断，但这里就个人或家庭与机构组织相比，后者的经济生产目的是较为集中的，而家庭则是多种目的综合的组织。所以，我们会觉得从消费来看，"什么都能数字化"，用微信、支付宝等各类移动设备应用程序来扫描二维码就是数字化，那么电脑终端设备呢？给货物加定位标记、通过卫星传输物联网信息呢？对文本进行检索后做词频分析算数字化吗？街边买油条豆浆后扫码支付算数字化吗？进入游乐园被要求强制实名登记和人脸识别，算数字化吗？……这些可能都算数字化，并且是不同程度的数字化，但是这些数字化都是"正义"的、公平的吗？

于是，我在这一章首先要讨论的"数字化"，也是以生产侧角度为主，这样目的较为清晰。工业的出现和演化都是对社会发展变迁的需求不断响应的结果，数字化也是如此，其本质也是社会需求所致。

信息的应用方式，在电磁学的规律被发现且大量在工程技术中应用后，信息的处理方式多样了，成本也大大降低了。到了 20 世纪，互联网、通信信号的形式演进、远程操控和交流效率的变化为技术发明和改进提供了目标。正如前文所述，众多人物共同构筑了从电磁学到今天数字化世界的重要节点，从早期科学家的提出到更多的工程师、发明家及企业家的加入，各界的互动促进了社会的数字化技术应用的发展进程，如图 1-3 所示。

　　数字化，本质上似乎是为了能够提升信息处理的速度，方便利用计算机等工具，是方便抽象分析和思考的步骤。数字化可以解决人的实际问题，这些实际问题首先是从生产中来的，尤其是在工厂中越来越复杂和精细的制造过程和费用高昂的实验里，这一趋势至今持续了两三百年。2022 年，我国规模以上工业企业关键工序数控化率达 55.3%，数字化研发工具普及率达 74.7%。数字化新业态、新模式不断发展创新，开展网络化协同和服务型制造的企业比例分别达到38.8% 和 29.6%。[①] 我们看到，我国数字化在生产侧的进展已经相当深入，但也主要集中于工艺、工具等方面。在网络化方面正在逐步达到一个初具规模的阶段，这仍将是一个长期的过程。

　　另外，从生产侧到消费侧的数字化，在早期各类商业活动、营销分析中也是普遍存在的。随着信息化成本的下降，更多的数字化分析和利用互联网宣传吸引客户的行为被更广泛应用。相应地，在互联网环境中，人们提供自己的信息、获取信息的交互行为大量存在，也就有了可供分析的数据基础。这些数字化的生态都是人们实际需求带来的。然而由于消费侧的数字化未必是完全成本核算后的决定；即使是机构的决定，也往往不是经过实验测算后规划进行的。因此，在数字化使用场景中，"走出"工厂的数字化、信息化，其成本降低的优势属性不一定如此，看起来是贸然进行的，或者说只是在使用中检验效果而已。

---

① 国新网. 制造业数字化转型加快发展创新活动呈良好态势［EB/OL］.（2022-02-28）［2023-02-25］. http://www.scio.gov.cn/xwfbh/xwbfbh/wqfbh/47673/47933/zy47937/Document/1720899/1720899.htm.

5.2　成为资源：从生产到消费的数据

数字化，是工业生产方式逐步产生以来的几百年间渐变的一个类型，是不断自动化的一个结果，采用了信号反馈和运算控制。相对而言，另外一个重要的概念"数据"（data）和"数字化"（digital）相比有怎样的异同呢？词性上的差别是显而易见的，数字化是一个动态过程，数据则是一类特定结果的名词。词义而言，数字化是强调用数字符号来表达（随着技术的扩展，除了数量，也包括可以数字化的字母、语言文字、图片、声音等表意载体），重点是表达形式；而数据则不只是用数字记录，更强调了内容的结构化、规则化和标准化，其内容不仅来自信息的表达还来自信息的组织方式。"数字化"是使用者视角，对于应用场景而言，如果可以记录大量数字形式的过程内容，并以此发挥功用，那么就可以称为数字化；而"数据"是生产者视角，是面对信息来挖掘其结构和资源，是将信息看作生产对象。二者都是生产侧应用的范畴，但又都是从不同角度来解析的，概念的辨析关系，参见图 5-1。

数据，是大量的有一定规则的信息记录的集合，这样的集合可以用来推寻统计规律，用以模拟或估计产生该数据主体的行为。在这个意义上，过去的 100 年或最近的 30 年，是发生了较为明显变化的，最基本的是数据信息的存储能力和处理能力（运算）的快速提升。"提升"包括性能指标最大值的改善和制造成本的下降两个维度，前者是指可生产的最大存储能力部件或最高频率运算处理的部件，代表了信息设备的前沿，而制造成本的下降决定了性能独立设备应用的广泛性。早期的二极管电子计算机的单体算力不强，需要数以万计的大

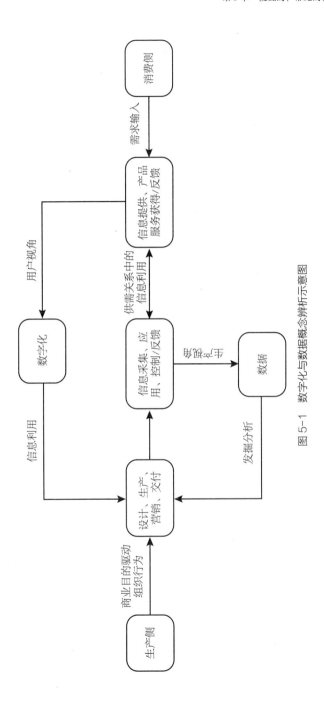

图 5-1 数字化与数据概念辨析示意图

型集成设备才能达到设计需要的运算能力，因此单机成本很巨大，一个国家也没有几台计算机。随着半导体工业的突破，芯片成本下降，数据的处理能力提升，单机的成本大幅下降，才出现了个人计算机大量普及和信息的交互网络效应。这样，越来越多的信息可以被记录在磁盘、电子存储器等设备中，包括统计数字、文字、图像、声音等各种类型的数据都可以通过数字化转化为可被计算机识别、记录、读取的信息形式，这个转化过程就是数字化。大量信息的数字化，形成了便于复制、传输的数据。在一些生产中，自动化的信号传输可以采用更可读的信息，这提高了编码解码的效率；一些复杂的计算也可以通过设备来准确完成，统计信息也能被大批量的记录和调用。

电子计算机，尤其成本下降后的个人计算机，在工业、设计、金融等很多领域都大大提高了生产的效率。这里，我的论述其实还是很含糊的，或者说对于效率是否提高这个关键问题，在这里是推定的。因为我并没有通过分析或对比来证明数字化，而更多地利用了数据，从而提高了效能；只是各行业、各产业效率提高的同时，更多地接受了数字化工具，越来越重视数据分析，以对产业逻辑的理解来解释实际结果的相关性，是非实证的推定。甚至可以说是反证法，即如果这些都不能提高效率，那么，为什么以营利为目的的企业要投入资源来运营数据或进行数字化呢？因为从产业实践来看，的确不是所有行业都那么重视数字化，这在今天和70年前维纳所处的时代是一样的。流水线制造的行业、流化作业的过程工业都更能接受数字化，其他行业就要差得多。而这并不因为行业的"先进"程度所决定，是生产类型的差异区分了不同行业，从早期按照生产对象（材料）来区分，到现代按照工艺特征来区分，不同行业的定义本身就包含了数字化的属性。例如，电子器件、半导体行业需要对多种原材料进行精密组合加工，再批量产出小尺寸的器件产品。这些行业本身就是在规模生产基础上进行的，多种材料、多种工艺、多种组合，以及微小的加工尺度，这都意味着难以依靠大量人工操作来实现，因此，机器加工体系就成为提升生产效率的研究方向。

自动化程度的提高，采用更标准的度量控制是机械、电子制造行业自身的长期趋势，因此数字化对于制造业是非常自然的一个长期过程中的一个阶段。

再说建筑施工行业，需要结合场地条件按照设计图纸进行材料和部件的装配。在设计过程中，人们把可用基本元素标准化为固定的模数，再选用有限材质（或组合材质）确定，诸如对内墙墙体砌块、外墙复合墙体、窗口等进行参数化设计。现在建筑施工行业逐步实现了不同类型之间的一部分标准对接，能批量化生产与装配，也开始出现一些装配式建筑。

建筑施工的工业化，随着设计中更多的标准部品被应用，以及建筑标准品被工厂化生产的能力提高，现场浇筑、现场加工的比例会逐步降低。虽然一些测量仪器、检测仪器在现场也开始更广泛的应用，建筑设备的精度和品质也在提高，但建筑施工行业由于机械化程度仍然不够高、自动化也相应有限，我国建筑施工行业仍然是以大量工人现场手工操作为主，因此数字化生产就还缺乏需求。不过即便如此，建筑施工行业并不忽视数据的积累，对现场积累的各种观测、检测数据进行分析是完全可行且一直在进行的管理工作。除了施工的工厂化、模块化趋势，建筑信息化（Building Information Modeling，BIM）的趋势也会要求在施工中铺设更多的数据采集器和传输装置，以便对建筑物本身的状况和建筑环境内的状况进行分析，这些都是不断扩展中的建筑行业的信息化、数字化。只是建筑行业从一个较低的数字化水平开始积累，相较于制造业要走的路还很长的。在数字化和数据的关系中，并不是谁决定谁的问题，因为数字化来自生产自动化的需求，而数据是生产过程中对行为与资料信息的记录。

● 一阶数字化与二阶数字化

数字化的第一种类型是生产侧对企业数据的集成分析。相对地，数字化的第二种类型，是对人们个体行为形成的数据进行收集、分析，产生"二阶"的经济信息价值。这和初期将工业生产等场景中的过程指标参数作为信息对象进行分析的"一阶"数字化非常不同，它已经从生产侧一定程度地转向了消费侧。但二阶数字化从意义上来说仍然是生产侧的，仍然是机构、企业集中收集、分析和使用数据，并不是每个消费行为主体自己在分析、使用数据。二者的差别，主要来自数据的形成来源，一阶数字化来自生产过程；二阶数字化来自消费过程。

一阶的数字化，其底层信息是生产过程中的统计资料，归属于生成该数据的企业，基本上属于商业秘密的范畴；二阶的数字化，其底层信息来自消费过程中大量个体用户的消费行为记录，其权属存在于个人隐私范围，服务商相当于获取一定的授权后就可以使用部分个人信息（在管理未及规范的过程中也存在未知情的授权或未授权被使用等问题）。

我国政府从2015年前后开始较为集中地整顿和管理互联网秩序，审议出台了多方面的法律法规，包括信息安全、个人信息保护、互联

网相关的投融资、征信、消费者权益，以及互联网反垄断等领域。近
几年，在消费端的个人信息保护方面，也有一个自上而下的规制体
系迅速建立起来。例如，2021 年 3 月 22 日，国家互联网信息办公
室、工业和信息化部、公安部、国家市场监督管理总局四部门联合
发布《常见类型移动互联网应用程序必要个人信息范围规定》（以下
简称《规定》），旨在落实《中华人民共和国网络安全法》（以下简称
《网络安全法》）关于个人信息收集合法、正当、必要的原则，规范移
动互联网应用程序（App）个人信息收集行为，保障公民个人信息安
全。《规定》中指出，App 超范围收集用户个人信息问题十分突出。
特别是大量 App 通过捆绑功能服务一揽子索取个人信息授权，用户
拒绝授权就无法使用 App 基本服务功能，变相强制用户授权。为聚
焦解决 App 超范围收集个人信息问题，规范收集个人信息活动，国
家互联网信息办公室会同工业和信息化部、公安部、国家市场监督管
理总局联合制定实施该《规定》。《规定》明确了地图导航、网络约
车、即时通信、网络购物等 39 类常见移动应用程序的必要个人信息
范围，要求其运营者不得因用户不同意提供非必要的个人信息，而拒
绝用户使用 App 的基本服务功能。截至 2022 年 12 月，工信部已经
通报了 26 批侵害用户权益行为的 App（或 SDK），依据《网络安全法》
和《移动智能终端应用软件预置和分发管理暂行规定》（工信部信管
〔2016〕407 号）等法律和规范性文件要求，工业和信息化部对存在
问题及整改未通过的 App 进行下架。

● **数据与隐私**

个人的隐私应该得到尊重和保护，这是当今世界的共识，是

我们讨论数据隐私安全的基础。19世纪末，美国的著名大法官布兰代斯（Louis Dembitz Brandeis，1856—1941）提出了隐私权（arighttoprivacy）[①]，1928年他又提出了独处权（right to be left alone）的概念。至今众多国家的宪法，包括《国际人权宣言》在内的大量国际条约都已将隐私权作为一项基本人权看待。很多社会将隐私权当作人类自由的基本权利。在信息化、数字化越来越深入的时代，捍卫隐私数据、个人信息安全也成为非常重要的事情。美国苹果公司曾因为拒绝按照美国联邦调查局的要求开发具有特定"后门"程序的系统，而不惜与美国政府对峙。这其中当然有美国宪法的立法逻辑作为特定的社会背景，也不排除苹果公司有为了维护自己市场形象的考虑，要给客户一个安全地使用感受，但这也足以说明隐私权是一种较为重要的权利。

【隐私权】

隐私权起源于法国大革命时期。基于贯彻新闻自由的原则，为了防止报纸和杂志公开他人的私人生活，人们将私人生活受尊重视为名誉权的组成部分。当报纸和杂志公开他人的私人生活时，基于他人的起诉，法官会责令行为人就其公开他人私人生活的行为，对他人承担名誉侵权责任。

隐私权逐渐与名誉权分离。1819年，法国的自由主义者、杰出政治家、巴黎大学哲学教授罗耶－科拉德（Pierre-Paul Royer-Collard，1763—1845）在主张公共生活应当公开的同时，主张"私人生活应当用围墙隔离"，认为报纸和杂志虽然能够公开他人的公共

---

① Warren S D, Brandeis L D. The right to privacy [J]. Harvard Law Review, 1890：193-220.

生活，但是，它们不能够公开他人的私人生活，否则，应当就其公开他人私人生活的行为对他人承担侵权责任。1890 年，为了应对相机的发明和新闻媒体泛滥所引发的隐私侵犯的担忧，在 1890 年第 4 期《哈佛法律评论》上，美国学者沃伦（Samuel Warren）和布兰代斯发表了最著名的学术论文《论隐私权》，主张美国要认可隐私权和隐私侵害责任的独立性，反对再像英美法系国家普通法那样，通过类推适用其他的既存侵权责任制度来保护他人的隐私利益。[①]

隐私非常重要，它保障了世界可以柔性的宽容的存在，而不是把一切都计算出来，也是人们相互尊重的一个很重要的基础。隐私在数据、信息的世界里是一个很核心的概念，尤其是个人信息，对个人信息的采集要限制，即便采集也不可过度。隐私一旦被采集和记录，删除的权利就成为下一个关键问题。这并不是计算机技术较为发达的最近十年才意识到的。

对这一系列问题，欧洲都有较为敏感的传统。这是自 20 世纪上半叶以来，纳粹屠杀犹太人时，对个人信息过度收集所带来的恐怖记忆形成的一种观念。如同应该允许人们选择沉默、说谎、做错事和出现过失，哪怕是故意的。人的自由与生命的鲜活，有着感情的不确定性和成长的过程，不可一概极端的禁止，更何况一旦禁止者错了又该如何？权力、多数投票都不可避免这种禁止错误的错误。

对隐私的普遍保护，尤其是商业化限制，也是对国家安全管控的要求，一些特定的私人信息是可能被解读或推测出涉密情报的。因此，隐私所涉的信息至少在特定人群范围内会不同程度地纳入公共保

---

① 张民安. 物联网隐私权总论：新信息性隐私权（一）[M]. 广州：中山大学出版社，2020：44-47.

密范围，这是又一个隐私信息需要额外敏感处理的领域。

【被遗忘权】

"被遗忘权"（Right to Be Forgotten）也被称为"删除的权利"（The Right to Erasure），是隐私权在互联网时代延伸出来的一种新的权利类型。

最早关注到这一方面问题的是著名记者、隐私权专家万斯·帕卡德（Vance Packard），1967年1月他在《纽约时报》发表的文章《不能告诉计算机》中写道："当政府把我们每一个人的信息和日常生活的细节都放置于某个中央级的数据银行，我们便会受控于坐在电脑前面的那个人和他的按钮。这令人不安，这是一种危险。"

欧盟是最早从立法层面考虑对公民被遗忘权的保护。从1995年开始，欧盟议会与理事会陆续通过了《关于个人数据处理保护与自由流动指令》（95/46/EC）、《隐私和电子通信指令》（2002/58/EC）（有关个人数据处理和电子通信领域隐私保护的指令）、《与第三方国家进行个人数据转移的标准合同条款》（委员会决定2004/915/EC）、《欧共体机构与团体实施的数据保护》欧盟条例（45/2001）等立法与规范性文件来加强个人数据保护。欧盟通过了电信领域的《更好规制指令》与《公民权利指令》，在个人数据保护方面强调了运营商数据侵权、强制通知义务及用户终端存储信息同意原则，如cookie。

2012年1月25日，欧盟委员会公布了《关于涉及个人数据处理的个人保护以及此类数据自由流动的第2012/72、73号草案》（以下简称《2012年欧盟草案》），对1995年出台的《关于涉及个人数据处理的个人保护以及此类数据自由流动的第95/46/EC号指令》进行修订。《2012年欧盟草案》中最具争议性的议案是提出数据主体应享有"被遗忘权"。2016 年 4 月 18 日，欧盟会议上通过的 GDPR，被遗忘权纳入了《欧盟数据保护指令》。

1995 年的《个人数据保护指令》在欧盟数据保护历程上意义重大，但是该指令出台前，法国、德国、荷兰、英国等国家就陆续颁布了各国国内的数据保护法，其中的许多条款都与被遗忘权有关。例如，德国 1977 年《数据保护法》的第二十六条；法国 1978 年《数据保护法》第三十六条中的删除权和更正权，就与被遗忘权非常相似；英国 1984 年《数据保护法》第二十四条的修改和删除权；荷兰 1989 年《数据保护法》第三十三条的删除权是被遗忘权的制度基础。

● 数据安全

身处数字化时代的 2022 年，我国城市中的很多人习惯在线解决一切问题，购买服装衣帽、零食礼物、外卖点餐、预约出租车，以及线下活动中大量的线上行为，如超市购物后用手机快速结算，在街边扫码使用共享单车，使用手机地图导航，因为新冠病毒疫情防控而要求扫健康码，等等。还包括之前相对"传统"的线上行为，如在登录注册某网站后查询信息、收发电子邮件、观看线上视听节目，等等。我们的大多数行迹和行为记录，都变成了足以"定义"个体的数据。比如，通过追踪同一台设备上使用的各种软件可以推测用户的性别和年龄段，购物网站、母婴社区、化妆品优惠，这些软件上的大量使用痕迹就"勾画"出了一位 25~35 岁的城市女性的用户"画像"。而使用大量用户数据进行聚合统计，又可以描述人群特征，例如，通过几乎人人都携带的手机移动定位信号来追踪描述人群的行为，一部手机等同于一个人，那么就可以刻画出工作日早晨，人们上班的通勤数量和密度，还可以实际测算出人们晚间的居住聚居区域，以及全国跨城市差旅的人流密度，到底是北京和上海之间往返的人更多，还是同为长三角邻居的杭州和上海的交流更"亲密"？物流的订单数量也同样可以用来表征商业的活跃度。再比如更具体地应用，对线上购物数据中的频次、订单数量、商品价格的获取和结构化整理，就可以估算出电子商务网站平台的销售额，进而不断精细地整理、分类、累计，就可以估算出该平台（例如淘宝、京东、苏宁、拼多多、携程）的商品交易总额（Gross Merchandise Volume，GMV）。再结合商品的分成关系、管理费率等参数，就可以推算出该平台所属公司的收入。将此收入数据导入财务测算模型，可以预估公司的经营利润情况。再结合预估的市盈率，就可以进一步推算出公司的股票价格公允价值，一些人或机构就可以以此作为投资参考。

数据的挖掘、整合、交易一度越来越便利，在营销分析、商业调研、投资分析、经济统计、城市规划等方面都有大量应用，数据的开发创造了更高的经济价值，在方便生活工作的同时，也进一步增加了数据隐私被滥用与泄露的可能性。这也就是我国政府在2016年以来不断加强对互联网行为、个人信息的政策研究和监管落实的社会背景，包括前面提到的与网络安全相关的法律法规相继出台。其他国家也同样面临大量的监管问题和个人数据隐私安全保护的问题。

对企业而言，数据越来越重要，对于数据的收集、分析及共享能力决定了企业的创新能力，企业与企业之间的数据之争将一直存在，保护个人信息是企业自身的发展需要。开放和共享是数据合理有效利用的前提，而个人信息保护又是开放和共享的关键。平衡数据开放共享与个人信息保护，才能推动数据产业的健康发展。而数据是否可交易、归属于谁，这本身都是首先要厘清的问题，我将在后面展开讨论。我的基本分析结论是：企业对用户数据的开发，应在匿名化处理的基础之上，数据本身不应作为直接交易的资产。

国内外的个人数据泄露案件层出不穷，危害范围也相当巨大，这并非偶然现象，对于个人、企业、政府都要引起重视，甚至很多已经暴露出问题在于如何止损和应对。但似乎也不能因噎废食，互联网带来的数据如果全部"一刀切"地禁止，那么，违法行为未必能充分禁止，相反守法者的便利却大大缩减了。因此，各国政府在面临数据安全的境内外压力时，也很少直接、彻底地阻断互联网数据共享和交互，而是在兼顾经济发展需求的同时，寻求安全提升和监管。以下例子能更好地展示个人数据是如何泄露并被非法使用的。

2015 年 9 月，英国咨询公司"剑桥分析"在未经脸书（Facebook）用户同意的情况下获取数百万脸书用户的个人数据，而这些数据的主要用途则是政治广告，该事件被称为"脸书 – 剑桥分析数据丑闻"。脸书的用户数据是被一款名为"这是你的数字生活"（This Is Your Digital Life）的应用程序所收集的，该应用程序由数据科学家亚历山大·科根及其公司"环球科学研究"（Global Science Research）于 2013 年开发。该应用程序通过提问的方式来收集用户的回答，并能通过脸书的"开放图谱"（Open Graph）收集用户的脸书好友的个人数据。该应用程序获取了多达 8700 万份脸书个人用户资料。剑桥分析公司获得这些数据后对此展开分析，并根据分析的结果为 2016 年泰德·克鲁兹和特朗普的总统竞选活动提供帮助。2018 年 5 月，剑桥分析公司申请破产。消息曝光后，脸书为非法收集数据的事件道歉，此外扎克伯格还前往美国国会作证。

2019 年，脸书的大量数据被暴露在公共互联网上，两年后被证实该数据是免费发布的。2021 年 4 月初，一个用户在某黑客论坛上发布了上亿份脸书的用户数据，公开的数据包括来自 106 个国家和地区超过 5.33 亿脸书用户的个人信息，其中有超过 3200 万条美国用户记录、1100 万条英国用户记录和 600 万条印度用户记录。数据内容包括他们的电话号码、全名、所在位置、生日和个人简历等，部分人群的数据还包括电子邮件地址。这批数据通过随机抽样检测验证了其真实性。

美国历年公布的数据泄露次数和数据泄露记录数量更是庞大，如图 5-2 所示。2019 年 7 月，联邦贸易委员会宣布脸书因违反隐私规定，必须缴纳 50 亿美元的罚款；2019 年 9 月，一个脸书用户的电话号码数据库泄露，总共包含 4.19 亿条记录（2019 年这一次泄露的数量就超过 2018 年美国全年的泄露数量），其中美国用户 1.33 亿条、英国用户 1800 万条和越南用户 5000 万条。

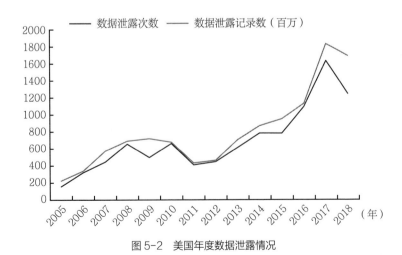

图 5-2　美国年度数据泄露情况

2021 年 6 月，专业网络巨头领英（LinkedIn）在一个暗网论坛上发布了与 7 亿用户相关的数据，影响了其 90% 以上的用户群。虽然领英辩称，由于没有泄露敏感的私人数据，该事件只是违反了其服务条款而不是数据泄露，但被发布的数据样本信息包括：电子邮件地址、电话号码、地理位置记录、性别和其他社交媒体的详细信息。这将为恶意行为者提供大量数据以使其具有说服力，领英受到英国国家网络安全中心（The National Cyber Security Centre，NCSC）的警告。

2022 年 8 月 8 日，工业和信息化部下属的赛迪研究院转引的一份名为《2022 年数据隐私统计、事实与趋势》的研究报告显示，在美国，数据收集无处不在，从浏览器到指纹都可以用来收集个人信息。一项研究发现，美国大约 82% 的网络流量包含谷歌的第三方脚本，其中几乎一半被证实在跟踪用户信息。谷歌跟踪了大约 40% 的网络流量，脸书跟踪了大约 15% 的网络流量，推特（Twitter）和微软（Microsoft）跟踪了大约 4% 的流量。这些数据跟踪行为涉及的隐私保护是否完善，出现的数据泄露事件有多大程度与这些海量的个人信息追踪和利用有关，还没有明确的证实，而用户对互联网巨头们进行数据监测的态度也不尽相同。

近年来中国也发生了个人行踪记录遭售卖、微信朋友圈信息被盗用、电商数据外泄、互联网供应商要求用户提供"过量"本人信息授权等现象表明，数据开发利用中的信息安全问题存在隐患。

当前，我国移动互联网用户规模已达 13 亿，在数据安全风险日益凸显的当下，保障数据安全、保护个人信息隐私值得高度重视。①

① 数据来源：中国商报。

从一些案件可以看出，一方面网络违法行为的影响大、数量多，另一方面政府的打击力度坚决。

2018年8月，浙江警方在北京对涉嫌大量盗取个人信息的犯罪嫌疑人实施抓捕，涉案公司涉嫌非法窃取用户个人信息30亿条，涉及百度、腾讯、阿里、京东等全国96家互联网公司产品。其中3家公司实际在同一地点办公，主要成员也均相同且交叉任职。2016年之后这3家公司开始盗取个人信息、账号、密码，在用户不知情的情况下，账号被非法操控用来"运营"自媒体账号，提高账号"流量"，收取广告费用。[①]

2020年5月，江苏省公安厅发布的案件新闻显示，南通市公安机关横跨8省26市，行程数十万千米，成功破获一起公安部督办的特大"暗网"侵犯公民个人信息案，抓获犯罪嫌疑人27名，查获被售卖的公民个人信息数据5000余万条。

关于隐私安全，早在数字化应用的初始阶段就引起了各国政府的关注。1981年1月28日，欧洲理事会考虑到个人数据自动化处理的国际化趋势，为了保护公民的隐私权，通过了《关于自动化数据处理中保护个人的公约》，欧洲理事会的所有成员国都批准了该条约，作为非欧洲理事会成员国的佛得角、毛里求斯、墨西哥、塞内加尔、突尼斯和乌拉圭也加入该条约。2007年，欧洲理事会还发起"欧洲数据保护日"活动。

中国大众对个人信息的维权意识不断高涨。著名的杭州野生动物

---

① 澎湃新闻. 新三板上市公司涉窃取30亿条个人信息，非法牟利超千万元［EB/OL］.（2018-08-20）［2023-02-25］. http://finance.sina.com.cn/stock/thirdmarket/2018-08-20/doc-ihhxaafz 0581317.shtml。

园采集游客面部特征信息被诉案被称为"人脸识别第一案"。《中华人民共和国个人信息保护法》于 2021 年 8 月 20 日第十三届全国人民代表大会常务委员会第三十次会议通过，自 2021 年 11 月 1 日起生效实施。

2021 年 6 月 29 日，深圳市人大常委会审议通过了《深圳经济特区数据条例》(以下简称《条例》)，自 2022 年 1 月 1 日起实施。《条例》明确提出了自然人对其个人数据享有人格权益，并确立处理个人数据的五项基本原则，即合法正当、最小必要、公开透明、准确完整和确保安全。这是我国第一个正式讨论的数据立法，虽然是地方性的，但相当完整地覆盖了个人数据、公共数据、数据市场及处罚等方面。这份征求意见稿中没有创设"数据权"的权利类型，考虑到公众对数据权属问题的认识还不够清晰和一致，于是表述为"数据权益"，体现了立法的目的，更侧重于现实经济社会生活中数据有关权利的调节，而不是把数据属于谁放在第一位。

《条例》中，对于数据处理首先要征得自然人或其监护人同意，其中敏感的个人数据需要明示同意，生物识别数据处理还需要符合市政府另行制订的管理办法。其次，自然人有权利撤回其同意，处理者要为其提供便利（第十九条，处理个人数据应当采用足以引起注意的特别标识等易获取的方式，提供自然人撤回处理其个人数据的途径，不得利用服务协议或者技术等手段对其撤回同意进行不合理限制或者附加不合理条件），处理者还要进行去标识化处理以达到保密。最后，数据处理者可以基于提升产品质量或者服务体验的目的，对自然人进行用户画像，为其推荐个性化的产品或者服务。但同样，"应当向其明示用户画像的规则和用途，并采用足以引起注意的特别标识等易获取的方式向其提供拒绝的途径",禁止对未成年人进行用户画像及推荐个性化产品或服务。

个人数据权益方面,规定了个人享有知情权、补正的权利、要求删除的权利。第四十三条规定,公共数据按照开放条件分为无条件开放、有条件开放和不予开放三类。政府通过建设统一的数据平台来实现数据的归集、管理、服务和监管等功能。

归纳而言,《条例》对数据权益的界定,明确了自然人对个人数据依法享有人格权益(包括知情、补充更正、删除、查阅复制等权益),自然人、法人和非法人组织对其合法处理数据形成的数据产品和服务享有法律、行政法规规定的财产权益,可以依法自主使用。

数据市场的建立,有关市场主体应当建立健全数据治理组织架构和自我评估机制,同时,市场主体应当遵守公平竞争原则,不得过度收集个人数据,不得利用数据分析对交易条件相同的交易相对人实施差别待遇,不得达成垄断协议,滥用在数据市场的支配地位。

● 数据与公平竞争

在计算机和互联网十分普及、成本较低的 21 世纪,尤其是 2010 年之后,数据的应用已经不只是大型工程领域的事情,很多消费行业都开始了有关数据的分析,"大数据"的概念悄然兴起,成了很多行业的时髦词汇。

线上支付、移动通信的网络应用软件,进入到每个人的生活,不论城市还是乡村,发达国家还是发展中国家,都是如此。于是,个人消费的场景中留下大量数据足迹,利用这些个人数据进行分析,并形成商业情报,这就是"大数据"。从工业场景、生产分析的数据挖掘转向消费场景是关键，在这一过程中，一方面是前面谈到的个人数据保护问题，另一方面是平台经济的监管或者说互联网平台商业行为的规制问题。

互联网平台经济，每一个细分领域，往往都经历了大量优惠、免费揽客，在市场份额之争中获胜取得寡头地位后恢复收费、提价，这样一个"先赔后赚"的商业模式。前期依赖商业计划募集股权投资资金，进行市场培育，补贴营销费用。随着用户的积累，到后期可以通过对用户画像、用户设备或身份数据的获取来进行统计分析，分类分组推送服务或者广告，甚至出现了基于算法的歧视性差异定价。这些是"流量变现"的主要方式，前者是作为传播量的资源、间接实现价值，后者则是利用数据资源的占有地位直接占有"消费者剩余"。这种模式的平台经济，就涉及了不正当竞争和反垄断的问题。这就是对所谓"烧钱"模式的政策干预，政府和法律需要维护市场的竞争秩序。企业利用市场支配地位以低于成本的价格销售，这就是掠夺性定价，就要经受反垄断审查甚至处理、处罚。这里的根本性问题就是数据的权属和权利规范，否则平台一旦形成强大的市场地位，对个人信息造成侵害，个人没有讨价还价能力和救济能力，甚至都没有机会取证和利用法律保护自身权益。因此，平台治理首先是数据治理，是全国性的统一数据治理架构和监管常态化的问题。

中国政法大学教授时建中，在谈到平台经济和数字经济时，对其总结了七个特点（支撑技术化、经营平台化、程序刚性化、行为数据化、数据数字化、平台生态化、营销精确化），并指出需要坚持创新、竞争和消费者利益三者并重。加强平台经济领域反垄断执法，促进平台经济在规范中发展。让竞争引导和激励平台企业不断进行技术革新和模式创新，通过创新提高竞争层次，构建新发展格局，实现经济高质量发展，让消费者分享经济高质量发展所带来的福利。[①]

数据治理的框架落实是由具体的企业活动、个人行为来实现的，也是规范的目的。企业、平台可以在何种意义下应用用户的数据呢？怎样区分个人信息、敏感信息的权利？反过来，经济活动中完全把个人信息界定为机密，一概不得触及，也会导致很多服务难以开展。这期间公平交易是最重要的，纠正数据垄断、数据权利侵犯和保护消费者权益更类似，未必是和打击毒品在一个层面，至少当前局面还未如此严重。

数字化的消费渗透率如此之高，一方面，人们越来越介意个人隐私被各种网络应用服务商过度取得，甚至被利用针对消费者制定价格歧视的算法。另一方面，人们仍然在大量使用各类线上的平台、网站、移动应用、小程序、公众号来获得便捷、优惠的服务。当然，这与线上消费有关，尤其与移动场景中消费者没有实际选择权有关。消费者之前都是在"不知情"的状态下扫码、确认、关注，然后获得优惠或其他服务，是被动提供个人信息授权。在2020年，中国的互联网监管更加严格之后，这种"强迫授权"个人信息的情况稍有改变，但用户一旦选择"不授权"，整个服务就退出了，而且大多数时候并没有非线上的方式可以替代。心理上，在每一次点击按钮的时候，人们并没有直接感知到"随意"授权个人信息的坏处，也很少有人将这种行为关联到"坏处"上，毕竟被大数据算法价格歧视的感受是不明显的。在阿里巴巴的一份报告中，提到团队利用支付宝用户做的一项

---

① 周东旭. 时建中：平台经济关键时期的治理［J］. 中国改革，2021（3）：8-13.

实验：对超过 5 万名支付宝小程序用户在使用小程序之后的退出行为进行统计。在获取小程序使用（被不同的商家或平台推荐后）后，选择使用并授权个人信息就计为使用者，拒绝授权或者授权后再专门找到一个按钮（大约需要 2 步以上的操作）并点击解除授权的计为退出者。该研究结果显示：2016—2019 年，上述小程序的每月退出率 0.12%。其他研究结果表明：2010 年，美国用户退出率为 0.23%、加拿大为 0.16%、欧盟为 0.26%。而且，"越强烈表达隐私担忧的人，恰恰是使用小程序越多的用户"。① 这个比率，建立在社会大众对小程序使用方便的基本认可之上，也说明了从行为而言，人们对用个人信息换取消费方便，实际上既不关注也没有什么办法，几乎不会有人拒绝，更"懒得"专门花时间去考虑和操作如何消除授权，当然也可能很少有人知道自己有这项权利。

美国学者通过一项研究发现，从 2005—2011 年，在卡耐基梅隆大学的脸书中，公开自己生日和高中信息的用户比例在逐年快速下降，从超 80% 降到 40%，甚至降到 20%（图 5-3）。这也说明了人们在社交网络充分普及的过程中，较快的意识到个人信息的保密问题，并对此采取行动。

相对而言，在没有明确利益收益的条件下（没有优惠券、快捷支付），人们已经认识到了要对隐私进行保密；但在有利益的情况下，只要没有预期损失，例如被诈骗，不完全公开的个人信息的授权使用的边际成本是很低的。我举 3 个生活中的例子，不过仅限于 2021 年的中国，这个不断变化的领域，很快企业或政策就发生变化了。

---

① 陈龙，等. 理解大数据：数字时代的数据和隐私［R］. 2021-06-02.

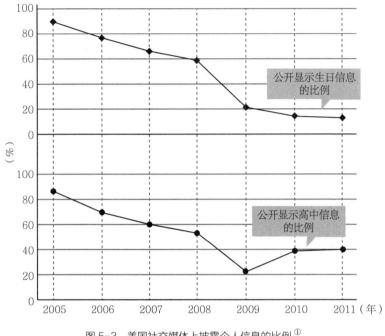

图 5-3　美国社交媒体上披露个人信息的比例 [1]

案例 1，外卖点餐平台"美团"使用的系统电话，是通过一个"脱敏"平台来转接的，送餐员呼叫客户的时候看不到客户的手机号码，而如果客户需要呼叫送餐员是有联系号码的，这就形成一个单向的信息披露，是可以令客户感到比较"安全"的。

案例 2，银行。我遇到过这样的事情，某银行的业务人员致电给我，声称自己是专属客户经理，提供推荐理财产品或方案的一揽子服务。客户经理提出要给我赠送一个礼物，向我索要邮寄地址，我说那寄到预留地址好了，但对方表示自己查不到地址。我很奇怪，客户经

① Acquisti A, Brandimarte L, Loewenstein G（2015）. Privacy and human behavior in the age of information［J］. Science, 347（6221）：509-514.

理居然都能看到我的财产情况，甚至知道我的身份证号码（当然也许是系统确认，她并不知道），却说没有查看地址的权利？至今没有证据表明这个来电是诈骗行为，但我仍然对银行保护客户信息的隔离方式不完全理解。当然，银行这种"防火墙"式的做法也未必适用每个行业。

案例 3，某视频应用。我使用该应用是因为里面有很多我关注的学者们的讲座课程。我是一个非注册用户，既没有授权手机号一键注册，也没有打算申请发言或获得上传的权限，更没有给予较多明确的授权，包括位置信息、存储调用、电话本、相机、应用列表等。但该程序可以在我不填任何内容的情况下识别出手机号码，并弹窗提示"建议用 13××××手机号授权一键注册"，想必该应用还是能够默认识别设备的基础情况。即便如此，这还是我感受比较好的一个案例。我给予了极少的授权，"代价"是不能下载、上传发布和转发。虽然的确不太方便，但该应用仍然允许我使用，可以实现视频搜索和观看。当然，如果我完成注册，就必须同意一份很长的隐私条款文件，也许其中"隐藏"了什么"陷阱"，但在法律法规的整体环境下，用户是感受到了选择的。相应地，不提供的那些个人信息的"机会成本"也被"度量"出来。该应用程序的这个方式，似乎在很多视频分享平台中都同样如此。将免费权限、注册权限、付费权限区分开，对于大量的免费产品可能都值得考虑。当然，只有付费才可以登录使用的软件或产品就简单了，它们可以直接对每一个权限类型来标价，支付相应价款开通对应权限。

或许，个人信息保护方式亟须具备可观测性，人们应当能够切实感知到个人信息被保护的具体"操作"，比如在使用过程中牺牲一定的便捷性以换取信息安全。对此我想到了几点建议：①不公开，这是最基础的要求；②可知的单向使用个人信息；③提供不同功能与信息授权的对应关系，作为多种选择给到用户，能够通过机会成本的方式给仿佛免费的信息标定一个价格。对个人信息和费用一样处理，用户通过支付现金和"支付"个人信息都可以获得一定的服务，这样的供需协商方式可能是未来互联网服务的一种方向。

5.3　数据的边界

数据/信息的交换，是提供服务产品的前提，无论是否在互联网上。例如，咨询服务。如果你请我做咨询服务（无论是管理咨询还是技术咨询），但你又不告诉我要干什么、不介绍你自己的情况，我怎么出主意呢？例如，管理咨询，只跟咨询师说："反正我们在企业管理上有些问题，你给个解决方案吧。"但被问到业务分工、组织结构、核心人员、薪资结构等一律不提供，觉得这是公司的商业秘密，不能说，那么恐怕咨询师只能给出一条建议："请老板试着相信别人再谈合作。"如果只是匿名地给出一些大而化之的内容，希望得到普适的答案，然后将其"保密地"应用在自己身上，企图通过这种"标准化"的、"不泄露自己隐私"的方式获取答案，通常是行不通的。因为这个匿名化的"比如、一般、通常"的答案，对于提问方而言，并不能直接解决自己的问题，还需要具象化还原问题。还原的过程中，由于答案中给出的抽象要素是用户自己理解的，在认知上可能有偏差或错误，也可能行为的匹配也有偏差，总体上原理似乎明确了，但操作细节又还是陌生、无从执行的。这种结果让人觉得，信息固然是保密了，但效果也没有了，为什么呢？道理就是：如果你都懂了怎么做，咨询别人干什么？如果你不懂，那么最不懂的就是怎么看待这个问题。所以概念的提炼和问题的解析往往是最容易出错的部分。而这部分如果主要是用户自己做，那的确相当于没有接受咨询。如求医，其逻辑就是要先提供自己大量的身体或健康相关的信息，让医生分析后给出诊断意见和进一步的治疗方案，其中还要包括我们对医生的信任。

互联网的匿名性，给人们提供了社交的安全心理距离。之后，互联网信息传递的速度大大加快，经济活动也试着通过互联网展开、降低传播的成本或扩大范围，从而获得经济规模效应。于是，匿名活动超出社交聊天等语言交流的界限后，购物、投资都被卷进来，因此，问题就复杂了，匿名使得欺诈的成本也大大降低了。在全面实名化、消灭匿名世界完成之前，我们总是要不公平的提供个人信息。相较于非网络世界的商店中，好的售货员要了解客户想法，但信息的不可被记录是令人安心的。网络世界，人们提供的信息会被记录、复制、分析，甚至会被长时间持续使用。

于是，互联网交流的不公平呈现出来，供应商存在利用更强信息处理能力获得不对称信息优势的情况，成了个人信息的对手方，甚至成了对立方。在这个失衡的关系中，让个人也对等拥有大量信息，或者让供应商定期消除个人信息，是逻辑上恢复平等的途径。但是，可以做到吗？如何监督呢？

个人拥有大量供应商信息，似乎不行，因为不对称的原因就是个人的处理能力远远不足。但是政府可以，政府的一个基本职责就是代表社会的所有个体来维护秩序。那么，政府可以把供应商的大量信息集合后免费提供披露，让缺少信息处理能力的个人随时可以自由查询。

供应商删除个人信息，也是可行的，但依靠一般性的规定是不够的，因为监督检查的成本会很高，作为个人的我怎么知道供应商删除了没有呢？信息都集中到政府，企业只能调取也不可行，因为限制了使用方式的创新，而且个体和企业直接产生经济活动，如果都绕到政府再完成交易，路径过长，对政府中心化处理能力的要求也极高，也许分布式计算模式好一点。如果提高获取个人信息的成本呢？例如，个人向企业使用者收取信息使用费。似乎也不太可行，因为企业毕竟要提供市场服务，信息成本提高后，这个授权费用最终可能会转嫁到消费者身上，也就会导致价格提高，进而导致互联网信息服务的减少，但也不排除只能这样形成一个均衡状态？

中国工程院的一份研究报告中总结道：新技术、新服务模式的产生与快速发展促使海量用户个人信息跨系统、跨生态圈，甚至跨境交互成为常态。用户个人信息在采集、存储、处理、发布（含交换）、销毁等全生命周期各个环节中，不可避免地会在不同信息系统中留存，导致信息的所有权、管理权与使用权分离，严重威胁了用户的知情权、删除权/被遗忘权、延伸授权。另外，缺少有效的监测技术支撑，导致隐私侵犯溯源取证困难。

现有隐私保护方案大都聚焦于相对孤立的应用场景和技术点，针对给定的应用场景中存在的具体问题给出解决方案：首先，基于访问控制技术的隐私保护方案适用于单一信息系统、单元数据存储、发布等环节的隐私保护问题并未解决。其次，基于密码学的隐私保护方案也同样仅适用于单一信息系统，虽然借助可信的第三方实施密钥管理可以实现多信息系统之间的隐私信息交换，但交换后的隐私信息的删除权／被遗忘权、延伸授权并未解决。最后，基于泛化、混淆、匿名等技术的隐私保护方案因对数据进行了模糊处理，经过处理后的数据不能被还原，适用于单次去隐私化、隐私保护力度逐级加大的多次去隐私化等应用场景，但因这类隐私保护方案降低了数据可用性，导致在实际信息系统中，经常采用保护能力较弱的这类隐私保护方案，或者同时保存原始数据。

目前缺乏能够将隐私信息与保护需求一体化的描述方法及计算模型，并缺乏能实现跨系统隐私信息交换、多业务需求隐私信息共享、动态去隐私化等复杂应用场景下的按需保护隐私的计算架构。[①]

讨论到这里，似乎进入了一个无路可走的境地，各种场景要大量用到个人信息，而并没有技术来得及去保护个人信息。产生于个人的数据似乎只能放之于各类收集数据的企业，企业的数据似乎只要政府利用行政力就都能无偿获得，这是数据权利的平衡还是不平衡？

我想，可以稍停一下我们的分析，再一次辨析概念，看看数据和信息有什么不同，在前面的很多讨论中我并没太区分这两个词。

从内容能动性的角度可以区分，数据不等同于信息，数据是较为"原始"的各种主体行为的记录、机器的运转情况、人是否到场、收入的钱款记录等。信息是经过一定目的加工后的数据，信息的互通能够传递特定的目的和价值。

数据具有非独立性和非排他性等重要特征。非独立性，是指数据

---

① Fenghua Li, Hui Li, Ben Niu, et al. Privacy Computing：Concept, Computing Framework, and Future Development Trends [J]. Engineering,2019,5（6）：1179-1192.

的形成过程和来源都依赖特定主体。非排他性，是指由于数据的可复制性、可传递性，在数据形成并被记录下来之后其占有和使用属性就出现了变化，开始了不依赖数据主体的活动。数据这样的属性，其价值还没有完全形成，需要被使用者利用，加工成有价值的形式，也就是信息。信息是带有人的目的建构的一部分数据。当然，很多被记录的历史信息曾经有其价值，但社会变迁后原有目的失去，今天我们不再能理解其原本的价值。当前的信息，有很多存在专业的知识解读壁垒，非专业人士也无法理解其价值。相比而言，数据的理解壁垒就低得多。

这个区分方式，强调的是内容的能动性，数据是缺乏自主能动性的，是各种自然活动、社会活动产生的记录，而信息则是经过更主动的人的加工活动。相应地，数据在权属上更多依从其产生主体的特征，而信息的权属则更偏向于对其赋予价值的使用者，这几乎是一种马克思主义劳动价值论的框架了。当代信息哲学（Philosophy of Information，PI）、信息伦理学领域的重要哲学家、牛津大学教授弗洛里迪（Luciano Floridi）在自己的多部著作中也给出了类似的概念，认为"信息 = 数据 + 意义"。

微观层面的数据伦理，本质上，因为数据 / 信息在计算机不断发展的时代，存储和复制两个功能的成本大大降低，使得大量个人行为无法"被忘记"，可以被公众、特定机构等以商业目的来查询，这使得"群己权界"发生移动，个人的私域缩小了。数据的产生主体，不一定是人，机器、自然都可以产生数据，如生产中的设备运行数据、化学实验室的实验数据、天气变化的温度数据，这些数据主体缺少人格化的主体意识，和数据加工者不产生利益冲突。而人的行为活动产

生的数据，一旦具有身份特征，就具有主体意识，那么数据产生主体
和数据使用主体就存在利益的潜在矛盾，需要沟通协调。

举例来说，我们可以自己记录天气变化，自己测量温度、湿度，
这和气候环境不会产生争议，天气本身没有一个人格来维护"自己
的"数据。运行机器设备的耗电量，这种数据也可以被任意记录和使
用，但机器是物品，如果有明确的产权主人，那么，当机器的主人要
代表机器占有数据时，使用者需要和机器的主人达成协定。在实际的
工业生产中也大致如此。有人参与的数据，如果没有身份特征，也是
没有主体意识的数据。例如，我们统计一个商业繁华地段每天不同时
间段的人流量，这里人的行为数据，即便包括了行走距离、行走时间
等维度，这些也是没有主体的数据。可是，如果加入了每个人的特征
就不同了，区分年龄、性别的时候还好，但如果这种区分是通过安装
摄像头进行人脸识别而采集得来的，那么就完全进入了有主体人格的
个人权利范围了，这个人脸数据当然属于个人。如果采集者要使用这
些数据，从伦理角度是要征得个人同意的，或者说是不该采集的。如
果数据是土地，信息的发掘就像是种田，这里的权属争议就在于，我
在自己的土地上种田当然可以（我自己的行为，我自己所拥有的物
品，如机器，所产生的数据），我如果去荒野拓荒种田当然也还可以，
可如果我在其他人的土地上种田就要产生问题了。例如，别人所有的
土地，虽然权属明确，但是主人撂荒未垦，那么我可否直接拿过来耕
种利用呢？似乎不可以，毕竟种田是一种可以获利的经营行为（虽然
也可能因失败而赔钱）。那么如果我向土地所有者付钱"租地"来种
呢？地可以租吗？是我和地主人之间商定就可以租的吗？如果我租地
又不种田，改为盖房子开工厂或者干脆出租房间赚钱呢？

概念的意义从来都是为了区分和辨明道理，而不是强调用词的文字差别。说到这里，我可以把信息和数据的不同概念的意义展开一些了。既然信息来自开发者的应用、改造、利用等主观活动和对价值的建构，那么，数据的主体问题就提出来了。

这就展开了概念的两个问题，一是，数据作为生产要素应该如何看待其权属，这和一台电视机这种消费品的权属认定并不一样；二是信息加工的价值如何在数据之上建立。

数据因为具有自然存在的客观性和可被开发利用的对象性，其本身的权属，是否可以直接从其产生的来源来定呢？人的数据归属于本人，物的数据归于本物。如果物有主人，那么数据就该归属于物的主人。这个逻辑适用于物的确权，是一种较为传统的权属法则。而数据的权力边界并不明确，和物品非常不同。"主人"对数据的流出、被记录经常没有控制能力，甚至没有知晓的能力。例如，被监控拍摄而取得的人脸、行为数据，为了开发票或者点餐方便而关注了商家的微信公众号或授权登录了微信小程序，进而留下行为痕迹乃至授权了个人信息，而实际上大部分人并不知道"存在"这样的数据。即使先不讨论这样未经授权的数据收集是否可以基于公共安全来解释采集行为的合理性，或者为了商业方便基于善意提供，只讨论权属，这样的数据就都归属于个人吗？我想，这需要进一步区分数据的不同类型，非公共部门的个人信息采集应该基于明示同意，公共需要的个人信息采集要基于特定审批和备案监督程序，这在很多立法中已经达成共识，我在前面的介绍中也有提到。但这项权利是否完全归属本人？例如，对人的行走活动等位置数据进行采集，是对个人自由的侵犯吗？如果日常生活中遍布了太多数据采集器，那么人们想要在活动时不被采集就变得不容易了。很多数据必须有信息的交换才能实现。例如移动电话的信号定位，如果我们不想暴露自己的位置而实现通话，在当前的技术条件下还无法方便地实现。这里，通信和电子邮件都必须获知使用者的一些数据，除非特定的监听监视，服务商不可获知通信内容。这就从保密的范围区分了数据的权属，服务商提供的通信时间和记录既是个人行为留下的，也是服务活动留下的，是双方共有的数据，出于尊重个人一方的信息，服务商不得公开这部分数据。但通信的信息内容（无论是语音、文字，还是网络数据包）是服务商不得解析获知的，该数据完全属于使用者，而且随着通信的完成，有关数据也只保存在用户的终端设备中。但无论如何，使用者大部分是对于这些数据没有感知的，也很少会去控制它。这一特征和具象物的权利很不同，对于一支笔归谁，或者一张不记名的城市公交卡归谁，所有者都有明确的意识和占有能力。使用者在不清楚、不关心的情况下，数据的采集和使用可能带来间接的社会资源集中，进而形成垄断、不正当竞争等问题。这些问题就是所谓的"数据流动"（或者说"信息流动"）的控制问题，即对数据流动的界定比确认数据是谁的更有实际意义。这种数据流动的行为施行者，必然是以特定目的来进行的。由于数据主体的可能性还不局限于人，生产中形成的数据、自然环境产生的数据，以及这几类来源的组合，也都需要有个界定。欧盟在 2019 年出台的《非个人数据自由流动条例》，对《通用数据保护条例》（General Data Protection Regulation，GDPR）的年度评估，以及《欧盟数据战略》，都是基于通过概念的界定形成规则体系这一理念。其所创造的概念体系，已经越来越复杂了，包括"非个人数据"（non-personal data）、"共生数据"（co-generated data）、机器生成数据（machine-generated data）、"产业数据"（industrial data）等。似乎还没有一个较为本质清晰及界定明确概念的系列让我们在这里可以直接引用。总之，通过从数据的发生角度来明确和确认数据的归属并不容易，虽不尽然，但大多数情况尤其是典型的个人信息是可以采用这个方式来界定权利的。

相较于数字化，数据的加工可称为信息化。在这个过程中，我们似乎还没说清楚数据的权利，就忙着向下一个概念推进。但我想，这里的论述就是希望勾画出与数据相关的交易本质。

数据的加工方因为带有目的，而且在相当广泛的层面上具有排他性，这样就比较利于借此来界定数据的权利，或者说已经成为信息的权利主体。这种界定方式是基于加工工作，或者说是劳动价值论的意义。

那么，我的逻辑是：数据是一种需要劳动投入才能开发为信息的生产要素，是劳动的对象。数据的来源是多样的，但加工方式经过一定的占有分配后，又因为劳动投入是排他的，从而可以形成排他的信息结果，这样才有了更为明确的权属。按照价值的发生来区分，原始数据的权属归属其形成的主体，数据加工为信息的有目的劳动投入形成的价值是归属加工方所有。前者的行为主体如为个人（包括因人的行为而直接产生的物的结果），则数据属于隐私，如为自然或人造物形成则归属可开发资源（至于谁可以开发要另外审视）；后者的数据为加工方的资源或成果，但加工方在使用时不得透露（无论是否获利）基本数据来源的隐私部分，否则存在数据基础的争议，其加工成果的归属也将缺乏依据。

总结来说：生产意义上，数据更多是一种资源而不是隐私。这种

知识窗　　　　　　　　　**人脸识别**

人脸识别，是基于人的脸部特征信息进行身份识别的一种生物识别技术。用摄像机或摄像头采集含有人脸的图像或视频流，并自动在图像中检测和跟踪人脸，进而对检测到的人脸进行面部识别的一系列相关技术。这一技术进入 21 世纪之后逐渐成熟，开始在安保、金融等越来越多领域应用。这一技术具有操作简便、快捷和高效的特征（非强制性，用户不需要专门配合人脸采集设备，几乎可以在无意识的状态下就可获取人脸图像；非接触性，用户不需要和设备直接接触就能获取人脸图像；并发性，在实际应用场景下可以进行多个人脸的分拣、判断及识别），为商户提供了方便，但由于涉及大量个人信息的采集，在过去几年出现了大量争议事件和反对的声音，乃至各国开始立法的限制或禁止。

近年来一系列数据泄露事件的曝光，使得全球各国都开始高度关注网络安全、数据安全、信息安全的问题，我国也在立法、监管方面不断加强。

看法会被认为非常商业化，似乎在否定隐私的重要。我说生产意义上的数据作为资源而非隐私，其实际的操作含义还包括在生产中收集的数据是剔除了个人信息的，也就是不应该含有隐私的，在这个基础上其实已经不再涉及隐私了。

5.4　数据的价值

前面我花了很多篇幅来谈数字化、数据、信息的关系。其中，从概念形成沿革来看，从生产侧不断向消费侧的延伸是比较重要的一个过程。我在此再做一个归纳，如图 5-4 所示。生产侧的数字化是生产技术精细化的过程，包括典型的数字孪生等形式，都是在对生产过程中的数据进行不断分析，并将结果用于优化生产。数据都来自厂商作为生产者的自身活动，因此数据的权属完全归属厂商，使用目的也是服务于自身的生产经营活动。所以，生产侧的数据在权利方面没有矛盾，数据的伦理问题在这个领域很少存在，主要是讨论数字化技术对效率的提升作用。这大致在图 5-4 中右侧的线框范围内表示。而消费一侧有大量的个人行为，情况就不同了。

消费侧的消费活动除了购买记录是消费者与经销者共同所有，其他姓名、地址等个人信息都需要在特定授权下才可以提供给经销者。经销者获得其他信息的传统方式是：单独进行市场调查、客户满意度调查等，这都是典型的脱除个人信息、匿名化的数据分析。但随着产品服务个性化的提高，数字化产品交付、互联网服务平台的各种消费行为大量出现，消费者需要向经销者提供较多的个人信息才可以获取服务的便利。这些信息不能被用于服务消费者本身以外的用途（《中华人民共和国个人信息保护法》等法律法规也都再次强调了这一原则），但现实中由于监督、检查的机制还没有足够成熟和便捷，个人信息被非匿名使用或者过度收集是过去一个阶段出现较多的问题（2021 年开始中国政府已经在不断提高督查的力度）。这大致是图 5-4 中下部线框内涉及的数据权利的争议问题。除了互联网平台对消费者信息的收集，物联网通过产品终端直接向生产者反馈的个人信息也正在成为需要确认的内容，也同样归入了有争议的类型。

因此，通过这样的归纳，我试着提出"数字化"概念无法统一解

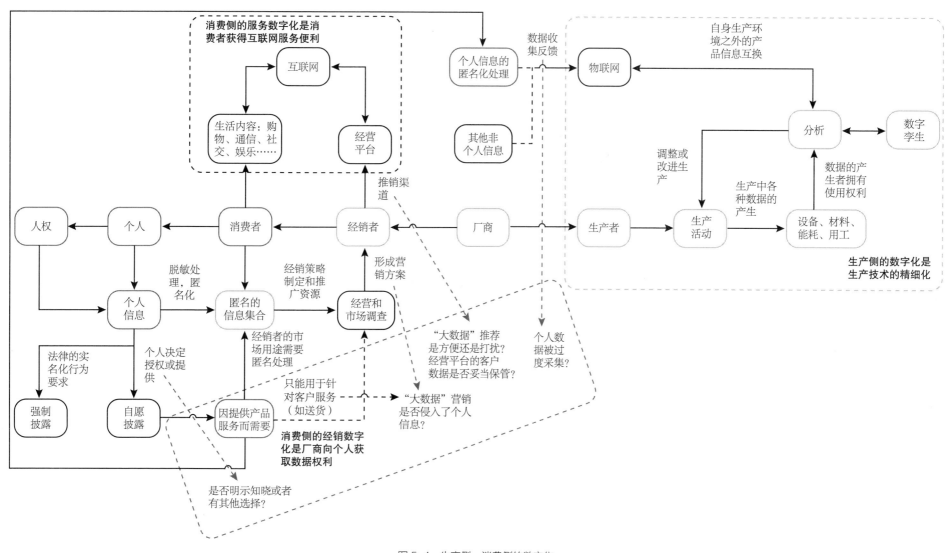

图 5-4　生产侧 - 消费侧的数字化

释：生产侧的数字化几乎是一个纯技术问题，在社会意义上的争议不多，涉密行业的数据保密也是老问题，有上百年的各种保密制度、国家安全制度的管控。消费侧的个人信息问题更多地引起社会关注，因为互联网通信的便利性和普及性，使得监管的难度增大。而消费侧问题的本质可能在于经销者和服务提供者的角色分开、数据所有者和数据使用者的主体分开。互联网发展初期，人们更多时候只认识到了服务提供的便利，却忽视了个人数据的所有权，较为轻易地、普遍地、将数据使用权换取低价或免费的服务。但随着互联网经济规模的不断增长，这样的两组二元分离带来了更多的矛盾，尤其是在经销者、互联网运营平台开始形成垄断势力，消费者个体缺乏服务选择时，难以拒绝继续付出个人信息数据使用授权的要求，交易开始处于略有失衡的状态。本质上看，消费侧数字化，是经销者的"用户数据变现"模式，在数据使用权的取得方面是有一定瑕疵的，如果对用户数据完全脱敏、匿名化处理后使用，那么用户画像、智能推送等很多经销功能的实现都要受到比较大的影响。对于这几种模式的对比，我大致归纳了表 5-1。

表 5-1　数据的所有权 - 使用权模式对比

数据的所有权 - 使用权	基本模式	网络扩展模式
生产侧数字化	厂商使用 / 自身所有	厂商使用 / 自身所有 + 物联网
消费侧数字化	经销者使用 / 个人所有、脱敏使用	经销者使用 / 个人所有 + 互联网

在基本模式之上，网络扩展模式是数据的扩大使用，也意味着数据的交换、完整内容或部分内容的转移，甚至一些是形成数据部分的权利交易。数据的独立性，使其并不能完全进行互换，甚至都未必能进行等价值交换（因为如同工业实现能力的差异，不同数据在不同使用者手中价值很难相等）。一些保密或保管的责任，在所有者本人控制内或所有者直接明确授权的使用者手中建立信赖－承诺的关系，一旦进行二次转移，这种关系就不能成立了。所以，需要进一步对个人信息（哪怕是授权过了的）进行处理或者转化，为新的所有者直接明确授权关系。

下面我们探讨可用边界内的数据价值。

数据的重要性在经济生活中越来越受到重视，很多人都想得到一些数据，最好是独特的数据，另一些人会开始寻求将热门数据当作资产，给买卖双方进行撮合。这就像房地产热门的时候会有介绍土地项目的中介，基金投资热门的时候会有号称介绍大银行资金方的中介，数据成为热门就会有人开始设想这是一个如何庞大的万亿市场，要占得先机，数据的交易所、交易平台、买卖服务就开始热闹起来。

这些年来我经常在想：有那么多数据可以交易吗？数据交易，是卖家和买家碰个面、谈个价格就交易了吗？就像农贸市场、超市或者其他商贸服务的签约交易那样？又或者数据是大量的信息，似乎可以像股票、债券一样电子化交易。但是，数据作为一种产品或商品已经可以标准化、规模化到要进场交易了吗？到今天（2022 年），在中国的经济中我似乎没有看到这样的需求真的大量出现。我提了一些问题，但是自己也并不一定都能答出来，大致整理几条要点：

（1）什么可以被交易？一些权利可以被交换，形成定价，就是交易。那么，基于数据、信息的哪些权利可以被交易呢？数据的权利和什么更接近，物权、署名权、使用权？数据资料是具名的资产吗？

（2）人格的权利、客户的秘密和客户清单的秘密是不能被交易的。一些权利可被交易，也是需要"脱敏"处理之后，也就是使之缺少明确的个体识别信息，例如身份证号码、电话号码。

（3）能被交易的权利类型似乎不是很多，以及它们还有多大价值？

（4）当数据被"拿出来"交易的时候，重点也许不仅仅在于怎么支付钱款和交付内容，而在于怎么"拿"，是否要被"拿出来"。因为数据的可复制性，使得数据一旦被"拿走"就没法控制其转移。因此，数据的交付方式是权利保护的关键之一，不能控制的数据使用将成为很大的问题。数字化衔接、机器与机器、系统对系统、采用某种特定的通信协议，使得数据只是被使用而没有被复制或转移，也就是隐私计算，这会让数据交付的权利保障提升，交易的可靠性也可能有所增加，但交易的成本和使用的灵活性也受到了限制。

（5）数据的交易也有一个过程，这个过程是与数据内容的主体以及数据形成过程中该主体的活动轨迹高度相关的，这些"私密"的内容并不应该被交易，否则该数据的拥有者（内容主体）和数据取得一方（使用者）在权利基础上就会形成一定的矛盾。

数据，如果只是在个人自有范围内使用，很难说有什么交易价值的形成机制；只有当数据被用于产品服务生产时，作为生产要素的数据才能通过产品满足一定社会需求，而让生产者付出相应的成本，再在生产总成本中通过分解得到数据的价值。而生产要素的交易本身是要在限定生产用途的前提下进行的，要保证较为稀缺的生产要素资源能够用于特定生产之中。这样的机制既是社会资源充分利用的保证，也是对生产要素类资源的一种保护。限定的规则以法律法规形式运行，大多纳入了合法性范畴，避免不可被交易的数据因为不合规交易而被传播，进而侵害他人的权利。同时，即便是生产用途也有相应的法规需要遵守，并非在经济生产经营活动中，只需要数据就可以交易或使用数据。除了有明确交易规则的条件和自用外，其他数据的使用合规性都是第一位的，这些合规规则的细节也正处在逐步建立的过程中。例如，网络商品售卖平台的客户购买行为数据、个人身份数据、个人联系方式数据，是该平台经营的基本生产要素。如果没有这些客户信息，平台无法完成实名登记的责任，更无法及时提供交互信息和投递产品的服务承诺，这都是限定范围内的合规使用。但平台不能把客户信息这项资产无条件的当成交易品，假如该信息被卖给一个做影视传播的平台，该公司将其作为分析类似客群或投送产品广告的渠道；平台可以把客户联系方式提供给配送公司，但一般还要对客户的信息做一定程度的加密，配送公司也会把收到的客户联系方式做部分处理，通过公司接线中台转给投递员，而不是直接把客户的全部个人信息都写在投送单上；平台也不能利用客户行为数据来挖掘分析，"大数据杀熟"是一种价格歧视，是利用数据信息的不对称性、违背公平原则的不正当经营行为。

互联网通信，从电子邮件到电话会议、视频会议等各种即时通信方式，以及越来越多的网络消费场景和线上支付的加入，使得直接购物成为可能。而人们在利用计算机等各种电子设备发出信息的同时也带有越来越多的行为要素，包括消费倾向、支付能力、消费特征及投资理财倾向，这些也是被记录下来的信息，也成了数据。这已经是消费的数字化了，同时，也使得一些行业必须利用足够的信息来分析，才能不断提供市场所需要的产品服务，使数据的统计分析加工能力变得更加普及。订餐、购物、出行的零售商们也都要面对数据统计分析的要求，如果小型店铺、厂商无力开发数据能力，可以通过使用平台厂商的工具，也意味着自身的销售行为和数据会结合后加入平台。这样的经营模式，是数据在消费数字化中产生的。

生产的数字化和消费的数字化，都产生了更多的数据，或者说需要更多的行业来关注数据、重视对数据进行分析。这就是我们在生产侧要面对数据这样一类要素的原因。因此，今天的问题是要如何看待数据作为一种像资本、土地、技术一样的生产要素的问题。

作为生产要素，这个属性对于我们认识"数据"，有着比较重要的意义。因为这个重要的属性可以决定数据的权利、义务的价值框架，进而就可以形成其使用、交易的基本原理，或者至少我们可以适当参考既有伦理学、经济学、法律框架来认识或者应用它，这样我们才能对数据有一个确定的认识。

数字化是一种相对更宽泛的表述，只要使用者在应用信息技术，似乎就可以说是数字化了。所以，消费端视角的意思是强调来自实体使用需求而发生的现象，并不是仅限于消费者场景内才有的数字化现象。采用数字化的方式来满足消费或生产需求，在成本收益分析之后，更多的数字检测、统计和分析被认为能够带来效益，所以才会出现这样的行为。如同工业化不是为了把工业水平提高而增加工厂投资，而是因为社会产品和进出口结构等商业需求。如果更多的工业建设能够创造就业，需求拉动比种植、养殖、从事农业要高，无论是因为劳动力成本低廉还是因为靠近原材料产地，总之，有了经济预期收

知识窗　　**中共中央　国务院关于构建数据基础制度**
更好发挥数据要素作用的意见

2022 年 12 月 19 日,《中共中央 国务院关于构建数据基础制度更好发挥数据要素作用的意见》(以下简称《意见》)对外发布。这是关于数据要素的一份里程碑式的中央级文件,全面提出了有关数据要素的各方面工作内容。

《意见》提出了以数据产权、流通交易、收益分配、安全治理为重点的规划发展。强调了在安全合规的大前提下,坚持共享共用、反垄断、反不正当竞争。提出了根据数据来源和数据生成特征,建立数据资源持有权、数据加工使用权、数据产品经营权等分置的产权运行机制;尊重数据采集、加工等数据处理者的劳动和其他要素的贡献,充分保障数据处理者使用数据和获得收益的权利。保护经加工、分析等形成数据或数据衍生产品的经营权。

【本章的观点与上述要点非常契合,在截稿前最后几天看到这一中央文件也令笔者倍受鼓舞。】

益的"好处",才会选择工业化。

数据是已经针对某些特定应用目的的结构化而形成的信息集合,是有目的行为的结果。有产业意义的信息,成为真正的数据,这就如同可被利用的自然物才是矿藏,否则不过是石头。

个人信息,对于每个人自己而言是私权范畴,很多时候属于隐私的范围。但在广泛范畴内,个人信息的大量集合是具备统计特征的样本,尤其在不同的渠道内采集天然具有某些标签化、标识化的数据,成为一系列具有特定用途或潜在价值的资源,甚至可以统计汇总为体现宏观或行业特征的"重要数据"。或者说，大量的数据不只是个人数据、企业数据也一样，进行企业能力的识别、分类和存储，这是一个资源化的过程。不论应该如何保护个人隐私，只要进行脱敏后的应用场景的数据，其可开发的价值就来自用途，特定的用途才会开发出较高的价值，另外一些用途即便投入较高的资本也不容易产出良好的产品。因此，数据是具有资源属性的，不能简单说数据是资源就不归个人所有，但基于其使用用途的价值化、资源化过程而言，数据的本身来源的确可能归属个人、企业或某些物品的所有者，或者无明确权属，但经过有目的性的开发后，数据转为信息、价值的体现，这时，数据已经转为了一种基于特定目的性的资源。对于作为一种资源的数据，我们又该如何看待呢？在社会经济生活中如何广泛理解呢？接下来，我们来讨论数据的交易，以及可交易的范围和类型。

第6章
数据"不能"被交易

数据的权利结构：一是来自产生者所有，二是个人信息脱敏使用，三是按用途分析使用。在这个基本框架之内，数据的价值就可以用来分析了，有两方面价值可以参考，一是交易价值，这是转让和交易的评估形成的，比较标准化，更像土地的价值；二是内含价值，就是不一定通过交易来估值，因人而异的部分也不容易估算，有点像技术、专利的价值。前面第2章谈了专利的价值构成，因为土地价值的构成对数据价值的理解有重要的参照作用，这里先把土地价值的构成补上，再来介绍对数据价值的分析。

6.1 土地：价值与权利构成

数据作为一种生产要素，并不能被完全无条件地"自由"交易。这和土地作为生产要素的交易限制是一样的，在不同国家和地区，尤其在当代的社会中，都需要遵守一定的规划用途才能使用，这正是土地作为生产要素所要求的。或者说，数据还不被当作一种生产要素的话，其交易也不必有很多限制，我国已经提出了数据作为生产要素的方向，那么数据交易的合规限定是前提。类比土地市场也是如此，作为生产要素的土地，从古至今，农地的转让、登记都十分严格。城市化快速兴起后，城市土地的规划和利用也有了大量控制性的规范，我国现在几乎不允许在官方审批登记之外直接进行城市土地交易。

　　土地的经济价值主要来自坐落和用途，坐落不可移动，因此对于土地价值的调整和变化而言，用途是什么就很关键。当代社会中，土地用途的规划由政府来组织，通过一定的社会程序决策来确定。简单地说，一般是由国家来统一规划决定，但这里的"国家"不等于政府，也包括人民代表大会等权力机构。各国各地区的情况不同，不在此完全展开讨论。就当代社会而言，同一宗土地，用于商业的话价值就高于居住或者兴建厂房、仓库，而居住或工业用途的经济活动价值又高于用来种植作物、饲养牲畜等农业活动，这大致是一个价值高低的排序。严格地说，也不完全如此。"同一宗土地"不是一概而论的，要由所在区域的总体规划、相邻土地用途、本地块的交通等对外设施共同决定。例如，在远离城市的乡村的一大片农田中兴建一座高级写字楼，可能因为无人租买而一文不值，甚至会出现"负价值"的情况。虽然从"用途"要素来看，价值较高，但将"坐落"要素综合进来就形成了很低的组合价值。实际场景中，有各种特殊情况，如果坐落在城市建成区范围内或很近距离的周边范围，那么，这个结论大致是成立的。而能决定一宗土地是否用于开发经营商业建筑的是国家，无论是实行土地公有制的中国，还是土地私有制的国家，规划权都不会是个人拥有的。这里不只要从所有者产权方面考虑，还需要考虑相邻权、城市组织的公共权利平衡等方面因素。如果没有公共资源的统筹，每个土地所有者都期望自己的土地是价值最高的，不顾周边环境承载能力只追求高楼、商用的话，一阵热潮过后，就会形成建设的无效结果，即道路、停车、电力等公共资源配置不足，以及竞争过度、供过于求、价格下跌、土地贬值。推而广之，如果只是把土地当作标准化的、一个个抽象的"资产"，把低价值的农业用地都转为建设用地价值就高了吗？并不会。如果城市根本就不需要那么大，很多为了改变性质而转来的农业用地只是"稀释"了城市土地的价值，甚至因为实际上无法纳入城市统筹范围而没有升值。

价值的根本来源，是供需关系。要看是否有城市化 / 城镇化的社会需求，一块地不能因为规划的改变直接"自然而然"的城市化，这是个社会过程，需求难以"制造"出来。作为生产要素的土地，其价值要结合经济活动来实现，是依据其所能承载的经济活动的活跃度、贡献度、持久度来衡量和比较的。坐落和用途这两个土地价值支撑要素，分别是从地块与环境条件、地块自身功能两个角度来归纳的，其本质是来自土地利用过程的经济活动的产出价值或预期产出价值。这是从较为具体的角度来看土地作为生产要素的价值，那么，从抽象的角度来看土地价值的构成是怎么样的呢？毕竟，我要讨论生产要素的交易问题，那么定价中要讨论诸如流动性、权利权属等抽象概念。

我在 2020 年的一份关于租赁房和集体土地的研究报告中，曾经提出了一个对我国现行法律中土地的权利分解模式。所有权，是一个最高的整体权利，这涉及了在特定坐落上土地用途决定的权利，这个

用途的决定权又可划分为服从地块所在区域的规划用途,以及在规划
用途范围内选取合适的利用方案两个不同的层面。处置权,又分为基
于拥有完整所有权的转让,或者其中经营权的转让、权利转授予,以
及在规定的所有权范围内决定如何利用或使用。收益权,可以基于
上述任何一种权利类型产生的收益,如租金、转让对价、土地作价
入股分成等货币性收益,以及建设房屋的使用、种植农作物的收获
等,其所取得的回报水平将基于市场的认识而有高低差异,收益人也
会因为权利的转让、授权等情况而各不相同。常见的各种土地权利关
系,按照上面的叙述有很多交叉重叠的部分,例如规划的权利、使用
的权利等。

为清晰讨论,我再试着重新界定土地权利的划分,可以得到以上
几类权利的大致关系是:

价值角度,根据 2002 年通过、2018 年批准修订的《中华人民
共和国农村土地承包法》和 1986 年通过、2019 年修正的《中华人民
共和国土地管理法》等法律来看,土地的权利可以划分为:国家 / 集
体经济组织、承包方、经营者 / 经营组织等三个层次的权利。在涉及
农村土地制度、经济制度的改革文件中,一般说的集体土地的"三权
分置"指的是:所有权、承包权、经营权。2018 年(《中共中央 国
务院关于实施乡村振兴战略的意见》)在对农村宅基地的问题讨论中
明确提出了,新的所有权、资格权、使用权的"三权分置"概念,
"探索宅基地所有权、资格权、使用权'三权分置',落实宅基地集
体所有权,保障宅基地农户资格权和农民房屋财产权,适度放活宅基
地和农民房屋使用权"。其中,资格权是农村村民的身份权,是集体
经济制度的组成部分,但不是通用的土地直接权利,国有土地上并不

附属所有者的身份性权利。因此，这里我们先讨论土地的经济权利，只提到经营权。

兼顾国有土地、集体土地的各种经营情况的多种概念体系，我考虑可以用所有权、经营权、使用权三个层次来理解，如图 6-1 所示。经济权利是交易的核心，定价的基础依据，权利维度的不同带来了转让过程中的定价差别。

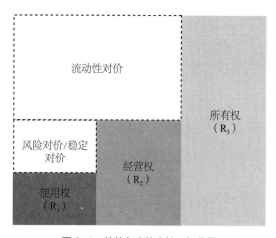

图 6-1 价值角度的土地三权分置

土地使用权人可以进行土地的使用，但需要符合用途的规定，以及不可超出授权的期限；经营权人可以决定使用权的分配；所有权人，可以决定权利的转让、经营权的授权、土地用途的调整。三者相较而言，使用权人可以享有土地作为基础生产资料产生的功能带来的收益，例如收获农作物、房屋居住、安放生产设备、制造产品等，但其使用期限来自经营权人的授予。经营权人，在使用权之上多了长期的占有权利，经营权（R_2）和使用权（R_1）二者的价格差异是一种"风险对价"或"稳定对价"。所有权人，在经营权之上多了可以自由转让的权利，所有权（R_3）和经营权（R_2）二者的价格差异是一种"流动性对价"。

在对土地权利分析和认识的基础上，不同的土地利用需求，可以形成不同的方式。如果只是希望获得农业活动或者房屋建设使用的话，那么在集体土地之下，本村本集体成员没有很高的风险，有法律和民俗秩序的保护，选择成本最低的使用权部分就可以实现。如果需要相对确定的经营，尤其是长期经营权，那么就是土地的承包经营权这个对价更高的概念了，而形式上也就不只是授权使用，要通过经营合同来确认。如果要更完整的所有权，也就是具备独立转让的流动性权利，需要通过土地所有权的国家许可手续才行。然而在这三者之上，都要在国家制定的规划用途框架内，只有规划是商业用途的土地才能兴建商业综合体、酒店等，相应的土地评估、定价才有对应国有土地使用权的等级，并不是随意一块土地都可以。而国家的规划是决定土地价值非常大的要素，从抽象的权利结构上几乎是最重要的因素——具象意义上最重要的是位置因素。

所以，土地作为一种生产要素而言，其价值的实现从根本上说在于国家规划，或者说是引导。各个国家的规划权力集中于国家政府而不会让个人或企业自由设定规划属性。所以，所有权的转让也需要在城市规划的框架内，不能随意改变土地用途，有规划要求的还需要国家认定所有者的资格。所有权之下的经营权层面，是可以个人、组织之间较为自由交易的，采用合作方式，也就是说所有权人并不能完全退出，成为和该宗土地完全没有关系的一方，所有权转让则是卖掉后不再与所有权人有关。使用权的转移、变更则更加容易，完成现场的交付、实施占有就可以达到使用权交割的目的，但正式的权利转移也需要结合法律法规进行登记。

上述是基于一般概念意义的分析，以我国现有法律体系为例，又有很多差异。我国土地的所有权，主要是农村集体所有，以及城市和其他土地归为国家所有。就城市土地而言，因为全部归于国家所有，实际上并不存在所有权的交易，因为只有一个所有人。经营权的转移主要在集体土地中出现，转移后所有权仍归属集体经济组织，只是新的经营权人替代旧的经营权人，要与所有权人订立经营合同。城市国有土地的使用权转让是要经过申请、评估、清税等一系列手续的，即便是两个企业或个人登记转让，由于要核算土地增值税及投资强度审核等环节才能办理，所以并不是完全的"自由"交易，和转卖一本二手书谈好价格就支付是很不一样的。如果从一般观念或常识出发，我们所认为的土地所有权交易，在我国是城市国有土地的使用权交易，因此不能脱离高级别权利（所有权）的约束，使用权取得者仍要遵守有关规划及土地利用条件，使用权的交易在流动性的约束等方面就更要遵守有关规则。就我国现有制度而言，集体土地要在集体经济组织范围内转让经营权，国有土地要在政府组织的土地交易市场才能进行交易，一般国有土地使用权均为政府出让，很少办理企业或个人间的转让或转移。

我国城市中的房屋买卖，现在采用"不动产登记"的概念，已经不再继续沿用房屋所有权和土地使用权并行的概念，这也是符合我上述三层权利概念逻辑的。城市内房屋的交易，本质上是对特定房产的物理空间使用权的交付，赋予了经营属性的房产附加了特定规划用途内的经营权，包括商业办公用房可以注册开办企业及居民住宅在限定范围内可以抵押、出卖、出租等。这些交易中，并没有包括房屋所占用土地的权利的整体转让，因为大部分房屋的交易是分割产权的建筑物的局部，而对应的土地是整个建筑物及周边片区内共有的，并没有随之交易转让（也是作为共有权利人之一的共用资源使用权被转让了），实际上是"地随房走"。单独办理分割共有土地使用权证书登记，在这个权利框架体系内，实际上并没有意义。所以，城市内的房屋产权交易，虽然价值构成很多来自地段或者说土地价值，但是房屋所有权的交易中并不是在转卖土地的所有权，而是一个附加的共有土地使用权。虽然，作为土地所有者的国家，并不能直接对抗实际占有建筑物内的共有土地使用权人，国家要征用、征收该土地也需要进行补偿，但这主要是基于经济秩序的运行，而不是权利的归属。反过来说，房屋所有人并不能公开"单独"出售自己的土地使用权，虽然可以在有个体实际困难时对补偿方案提出异议，但土地使用者并不能在法律上"否决"政府依法决定的国有土地征收、征用的权利。同样，国家所有土地的基本制度，也并不意味着对个人或家庭财富（产权）的不尊重和不保护，充分的使用权保障和经营权保障同样可以作为土地资源使用者正常生产生活的基础。

在我国，用城市房屋所有权来举例，更容易理解图 6-1 的权利关系。业主、建设单位等完全拥有房屋的人或机构是房屋所有权人，所有权人可以将经营权以合同形式转让出去。例如所有权人将房屋交给酒店管理公司来经营和维护，经营权人可以将房屋进一步交由酒店住客、餐馆顾客等使用。三种权利间，所有权人可以抵押、出售房屋，经营权人可以改变使用方式，打烊时可以将顾客请出去。所以，经营权相对整体和长期，比使用者（尤其是临时使用者）享有房屋的稳定使用权利，但所有权是根本的、全部的权利，其他权利均无法对抗。实际上，存在房东卖房时，租客赖着不走影响房主向买家交房的情况，这就是实际占有的优势，但权利上这是经济合同执行、违约或侵占他人财物的问题。房屋的所有权转移完全不需要租客签字同意就可以办理有效登记。我们用"所有权－经营权－使用权"的三层逻辑来理解生产要素、固定资产的权利结构特征，并以此对数据进行类别划分。

作为生产要素的土地，是社会中的关键资产类型，是整个社会经济运行的基本要素之一，所以，由社会秩序的组织者来约束其分配。这里的"分配"包括初始生产权利的划分、交易转让的约定、使用的规定用途，而不是"直接"交付给不同的人或组织使用，更重要的是确定分配机制，而不是分配结果。生产要素，有其自然属性的一面，更要有社会属性的加入，才能成为潜在可价值化的元素，从而进入经济生产、发生重要作用。土地作为生产要素的价值，最重要的自然属性是坐落，最重要的社会属性是国家或政府通过法律规定的规划用途。土地的所有权在不同国家有各自不同的机制，但进入现代社会，尤其是在城市化过程中，高密度集中生活的经济生产和居住模式，使得政府制定或协调整体的土地利用规划成为决定城市或城乡土地价值的关键力量。对于公有土地制度而言，这很容易理解；而对于私有土地制度，因为土地所有者并不能独立制定规划，并不能决定土地的用途类型，这并不是权利类型意义上的"完整所有权"，而是相当于无限期的经营权和使用权。权利都有自己的条件和范围。

广义上，土地也并不只是一定坐落的位置空间，"国土"是一个主权国家的管辖范畴，是领土、领空、领水的总和。除了地表，国土的权利范围还包括了埋藏物、矿产、地下水源，乃至海洋、大气等空间环境要素，以及生态意义上的动物、植物、微生物等生物环境。土地作为生产要素，随着劳动能力的驱动扩展，土地的概念也在不断拓展。但其应用方式都是一种人对自然的开发，前述的抽象化权利分解模型也仍然具有解释力。

6.2　数据的权利与价值

传统意义上，最典型的是土地要素和劳动力要素，"如果说土地是财富之母，那么劳动则是财富之父"。近代以来的数百年，随着资本要素逐步发挥了推动社会经济的作用，成为一种比劳动更具流动性的经济活动形态，将贸易活动更抽象地扩张与延展。在 19 世纪电学发展的带动下，信号的互通、信息的交流效率不断提高，信息、物质、能量在世界运动中的作用更加深化地纳入了经济活动中，信息的流动速率大幅提高。信息以各种数据、数字化的形式交互、积累，数据与劳动的结合形成具有经济价值的信息；数据与资本的结合开始探索数字化货币，以及互联网、量化分析、数字撮合交易等驱动的金融活动。在这样的生产要素关系中，劳动力是最为主观能动的，其次是资本、代表信息的数据要素、代表物质和能量的土地要素（自然要素），四者有着更为复合、交融的生产力结构用来承载不同的社会生产关系、制度体系。四大生产要素的关系，如图 6-2 所示。

按照维纳、薛定谔的观点，自然界的三大要素：信息、物质和能量之间构成一个交互影响、交互循环的体系。人类经济活动组织生产要素，面向自然界进行加工、开发、使用等经济生产活动，并得到产品服务等经济结果，实现了经济价值的产出。人类社会的活动以主

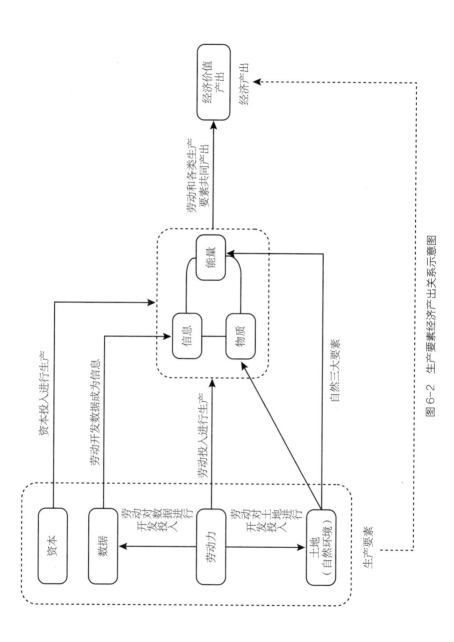

图6-2 生产要素经济产出关系示意图

体性劳动为主导，是人类有目的行为的综合现象，包括体力利用、智力知识、沟通交流与协作等，劳动是最核心的生产要素。将劳动投入土地要素中进行组合（主要是农业耕作、养殖、房屋路桥的建造及矿产资源的发掘，广义上还包括对自然环境中大气、海洋的利用），这是生产要素体系对自然界物质的改造开发和对能量的获取利用。将劳动投入数据要素中，是加工信息要素形成具有特定目的和意义的信息成果。资本要素作为劳动体系的抽象价值流通周转和配置的代表物，可以快速流动、提高体系效率，资本是相对独立于劳动的生产要素。

在不同的理论体系中，基础生产要素有不同的归纳：新古典经济学的生产函数，最基础的要素是劳动力和资本，然后拓展增加了 "技术"。我国最近的中央文件中提到的要素市场包括：土地、劳动力、资本、技术、数据五个类型[①]。此外，教育对智力、技术等方面培养的回报形成与资本类似的投入产出测评可能，这是人力资本的经济学概念。制度学派会在经济社会的发展要素中单独强调 "制度" 的作用。管理学家会在微观层面上将 "企业家" 要素提炼出来。

本书无意在发展经济学方面做系统的论述（在《工业讲义》中有一些讨论[②]，可参见），只是从要素角度来思考数据交易的基本逻辑。因此，对于与 "人" 直接相关的要素做了归并：以付出体力为主的人称为 "劳动力"、以付出智力为主的人称为 "人才"、人通过操作和

---

① 新华社. 中共中央　国务院关于构建更加完善的要素市场化配置体制机制的意见［A/OL］.（2020-04-09）［2023-02-25］. http://www.gov.cn/zhengce/2020-04/09/content_5500622.htm.

② 叶桐，汤彬，卢达溶. 工业讲义：工业文明与工程文化［M］. 北京：清华大学出版社，2019：40-49.

思考沉淀的工艺或"技术"、人之间活动关系形成的机制或"制度"、人群中具有领导作用的组织者、拥有冒险精神的"企业家"等要素统称在广义的"劳动力"这个最旧的名词之下。每一种理论要素的划分都有一定的思想，对于一种概念的分析框架本身就是对"分类"的解读，这是我在《工业讲义》中提到的一个观点[1]。所以，本书这样的简化，是因为我不需要对整个经济体系的驱动力或人的作用做重要的分析，重在和数据作为生产要素并列的其他要素大致如何，而不是否认技术等其他因素的可能作用。

● 价值来源

在今天，数据作为一种生产要素，是非常依赖于计算机系统的，但并不是先有计算机才有数据。例如，中国明代的"鱼鳞图册"记录的田亩情况也是数据[2]，1492年帕乔利出版的《算术、几何、比与比例概要》中总结的威尼斯复式记账法、当时地中海商人们以此记录的经营状况也是数据[3]。各种信息数据，经过劳动力的加工形成有特定含义的信息，再和其他要素组合，共同产出有经济价值的商品或服务。

数据作为一种生产要素，其价值的产生并不是来自其自身的自然属性，而是在于人对该要素付出的劳动、从而形成的价值。作为社会的基础资源，生产要素一般会成为国家/政府的管制对象，对资本

---

① 叶桐，汤彬，卢达溶. 工业讲义：工业文明与工程文化［M］. 北京：清华大学出版社，2019：20-25.

② 赵冈. 鱼鳞图册研究［M］. 合肥：黄山书社，2010.

③ 普雷维茨，莫里诺. 美国会计史——会计的文化意义［M］. 杜兴强，于竹丽，等译. 北京：中国人民大学出版社，2006：1-6.

出入境进行管制、投向引导或控制。劳动力移民需要获得正式工作岗位、社会保障的资格、土地的规划用途限定、交易审核和价格指导。在我国机制中，这些也不是独有的，很多国家都有不同程度的类似制度存在。那么，以此来看，数据也应在一定程度上受到政府的管制约束和资源分配的规划指引。数据的价值核心不是产生的来源和使用中的归属，而是政府代表社会赋予的用途，只有在特定的用途中结合相应的劳动，才可能发挥更多有价值的数据，才是作为生产要素的数据。这不是循环论证，是用目的来定义。提供外卖点餐配送的互联网平台上积累了大量的用户数据，包括：个人信息、常用地址、点餐数量、口味偏好、消费金额和消费频次等，如果平台利用这些数据来向用户进行习惯偏好提示（"您之前买过×××，是否再来一份"）、进行基于送餐位置的可选餐厅计算、结合地图交通数据对送餐时间预估计算，这些都是在把数据作为生产要素投入劳动（技术开发、设备算力及通信传递）后产生经济活动结果（令人满意的点餐服务）。这里需要满足个人信息保护法的授权明确原则、服务必要原则等，如果互联网平台将用户的姓名、电话、地址当作一项"资产"卖给其他机构或复制交付一套，那么，这就是法律法规所不允许的了。即便用户要勾选的一份长长的同意书里包括有关认定，这也只是形式上的"不理解的同意"。更极端些，大型网络平台还可以将全国主要城市的用户信息用来统计分析人口的分布、经济活跃程度等宏观经济情况，形成"影子统计局"的效果，这样的数据出售，尤其是出售出境，都需要审核确认是否符合国家数据安全要求；不符合要求的，不能形成生产要素，必须接受数据安全的限制要求，不可将其出售或转让。

2021 年 6 月 10 日，第十三届全国人民代表大会常务委员会第二十九次会议通过《中华人民共和国数据安全法》。该法第二章提出了数据安全与发展相结合，第13条提出："国家统筹发展和安全，坚持以数据开发利用和产业发展促进数据安全，以数据安全保障数据开发利用和产业发展。"同时，该法也大量谈及了数据安全保护的诸多方面问题和责任追究等问题，如第26条提出："任何国家或者地区在与数据和数据开发利用技术等有关的投资、贸易等方面对中华人民共和国采取歧视性的禁止、限制或者其他类似措施的，中华人民共和国可以根据实际情况对该国家或者地区对等采取措施。"这一重要法律的生效执行，和政府有关行业规定、标准、各个部门的规章等共同组成了一个关于中国数据管控的体系。这是数据的交易活动、利用范围的限定，也只有在有限的、特定的经济生产环境中才具有评估其生产前景、对应价值的可能性。

在用途限定这个角度来看，数据要素和土地要素十分相似。擅自占用农田盖房子，无论是厂房还是修建景点寺院或是住宅自用，都是违反耕地保护法、土地管理法的。反过来一宗城市内规划为建设商业写字楼的土地，土地使用权人将其改为种庄稼、瓜果或者养牛，也是违反规划要求的。国家、政府是一个行政区域内资源的重要统筹者，是市场规范秩序的维护者。生产要素是有限的、宝贵的基础经济资源，政府有责任尽力做好规划安排并保证实际按规划执行，避免个人或组织以自身局部利益出发，滥用生产要素资源降低社会总效率，甚至侵害他人利益。

● **数据的权利类型和背景**

作为生产要素的数据，不是都能进行交易的，这和土地权利的交易类似，至少可以用两个维度来解释。一个是，不是所有类型或"数据资产"都能交易，有很多是不行的；另一个是，不是任何一条数据、一个数据包、一种数据的不同层次的权利都能交易的，有些是不行的。在这两点基础上，就要对数据可交易的权利做区分，尤其在法律授权意义和实际技术交付上，比如只读的、可复制的、可储存的和可修改的等不同权利。

数据在具象意义上的分类和限制，国内外社会、舆论和学界都有很多讨论，例如，涉及国家安全的数据要被限定使用和传播，要进行保密；个人生物信息的采集和使用只有审核备案的企业或机构才可以进行。原理上，个人隐私信息不可交易，如同其他人格化的权利一样。商场在安全监控摄像中大量采集、识别、分析人脸数据，这是否合理合法已经存在争议——主要在于超出安全用途，在进行人脸识别计算、并用于商业营销或个人身份识别。企业的内部生产过程数据一般都是作为商业秘密来对待的，不会对外交易，但是可以在某些商业合作的情况下进行信息交换。例如，一家冶金企业向为它提供工业管理服务的咨询公司提供数据以获得分析结果。这里存在内部数据的交付，但并不是在"卖"数据，这和一家会计师事务所为客户企业工作一样，获得全部的会计凭证和账务统计表格，用作自己的工作底稿，以提供独立的审计报告。客户企业的数据是自己的，会计师、咨询师可以得到并"拿走"数据，但他们无权"转卖"，数据的用途仅限于自己提供的服务工作。还有一类数据的提供是用于监管，无论是常规报告还是抽查。例如，中国的生态环保部门会对重点排污企业的各种污染物的排放进行抽查检测，这也是获得企业数据。检测部门还要将检测结果进行免费的社会公开，这里的数据用途是对于有社会危害性的环境污染物的排放情况进行监督，并告知全社会。

　　存储时间也是数据权限的一个维度，那么这个存储时间是越长越好，还是越短越好呢？对于要负责处理数据的主体而言，存储数据是要占用系统资源的，是一种成本投入，存储时间越长投入越大。同时，更长的数据序列、更多的用户信息，有可能进行较为全面的用户行为分析，进而对于产品改善、服务提升和营销推广都有帮助，存储的数据长一些有利于商业运营和生产设计。对于被记录信息的主体而言，"被遗忘"在隐私意义上是一种权利，其存储时间越短越好。但是，"被惦记"又是一种可以产生服务的基础，老客户是希望被存储的时间越长越好的。例如，当你来到经常光顾的小餐厅，服务员迎上来说："您还是老规矩，那几样吗？"这种行为是如此贴心。但如果要你在该店扫码点餐的小程序里授权实名注册，然后选择"记住我的选择"，以及定位信息、应用列表权限，你是否会觉得有些不情愿呢？这些相互矛盾的权利和义务之间，需要在很多场景进行平衡，没有完全统一的标准也正是因为识别各类信息的用途不同。就责任而言，有些行业会做出一年、三年、五年等不同长度的客户信息存储要求，以便监管备查。就权利而言，目前中国对留存客户信息的最长时间要求并没有法令限制（最短保存时间是有要求的，以便备查），实践中企业也都会用格式化的协议要求个人客户给予足够长时间甚至是不设期限的信息授权，而企业客户对于信息保密义务则会要求一年、三年，直至被公开等一个尽可能长的时间。

　　前面小餐馆熟客的例子里，社区小店的"模式"并没有要求客户实名并且授权个人信息，相当于店家是通过客人的长相匿名建立了一个专属的"编号"（客户身份 ID，比如 97 号客人），而且这个对客人的识别信息只保存在了几个店员的脑子里，不是人脸识别的数字化图像信息，所以不能被复制并传递给其他人，更不会丢失。这就是我们既感受到了良好服务，又不担心泄露隐私的原因。核心行为是个人信息的匿名识别，以及个人信息未被擅自保存，但商户仍然可以基于这样的识别来提供个性化服务，针对"97 号客人"和"他每次都喜欢要一份宫保鸡丁和酸辣汤"的"大数据"来提供服务。但互联网平台的模式并不符合上述逻辑。互联网平台首先是实名制登录（在网络实名的监管要求下，这成为必需的要求），接下来存储一个客户 ID，然后通过计算机系统存储客人信息，再进行分析计算。在此过程中，平台无法做到匿名计算，或者说，至少无法做到让客户相信平台在实名制登录后真能做到匿名，因此也就无法做到那种老店熟客的舒适感。由于我国大部分人目前仍不在意保护自己的隐私数据或者对泄露隐私的行为已经习以为常，以及在没有选择的情况下，人们非常愿意多点击一个授权信息的勾选进而获得便捷的互联网服务。因而，真正对大量数据是否匿名、是否可选择、是否对自己被侵权而产生不舒适感的人的比例很低，并没有构成社会问题。

　　有些数据本身是不可公开的，当然也不可交易，但对其进行一定的加工处理后的结果却可以公开。例如，上市公司进行信息披露，供应链的上下游是比较重要的运营信息之一，而为了商业保密，避免引发更多的利益冲突，信息披露一般不涉及具体的供应商名单、具体金额和品类，但可以给出前三名、前五名、前十名供应商的交易额占全部采购金额的比例，体现出集中度的特征。再如，对于房地产交易价格的披露，我国在最近几年进行了管控，大量房产交易的数据并不被许可公开。房地产价格往往由一些研究机构通过调查得到样本数据，再编制价格指数，体现价格的增长率。一些城市的政府也会公布交易房产的面积总量和分区总量，相对而言交易量信息的敏感度稍微弱一点，可公布的数据也更直接。

从这些有关数据的种种社会情况来看，讨论数据交易，先要划定可交易数据的类型。这里面需要考虑隐私保护、国家安全、商业秘密等不公开、不可交易的用途，还要考虑公共事务、信息披露等应公开用途。

抽象意义上的分类，我目前所见的公开研究讨论较少，这里先谈一些我自己的研究与思考。我在 2020 年 11 月清华大学的一次有关数字资产交易和定价的课题交流中提出：是否可以参考土地要素的交易实践来对数据交易进行设计。结合前面的讨论，我想也是可以将数据的权利分为所有权、经营权和使用权三个层次。同样地，所有权的背后还有国家法规的用途许可或者说法律支持。需要强调的是，这一步骤中"被分类"的数据，已经不是"所有"数据了，是经过前面的限定性步骤筛选过的、可以作为潜在生产经营用途的数据。

● **数据的所有权**

数据所有权，截至 2023 年我国立法和司法层面仍未完全达成一致。中央政策的观点是暂时弱化对所有权的界定，将实际应用中的权利、责任做出划分，保持数据应用的社会秩序。美国与欧盟等国家和地区也在对其不断探索和约定。

大致来说，数据所有权归于数据的产生者是较为通用的原则，但实践中问题较多的是：使用权优先于所有权，即占有者优势。数据的产生者，如果是从采集投资角度来说，往往和数据的来源相分离。例如，商场利用摄像头采集人脸数据，本来的作用是为了安全监控，但由于设备投资来自商场，那么这些人脸数据的所有权似乎就归属商场，商场可以用来研究、分析客人的行为轨迹、逗留时间等，以便改善和设计商业导流策略。这样似是而非的案例中，仿佛我们没法承认客人的人脸数据属于商场，但似乎商场自己用来商业研究中也没有突出每个人是谁，只是对大量的去身份个体进行研究，这也说不上是侵权。但商场如果把人脸和行为数据卖给某个品牌的商户，比如 X 服装店，而 X 服装店利用其在多家商场多个门店里的人群行为，以及购买的本店以外的数据，发现了某些顾客在 V 咖啡店消费后再来 X 服装店就很容易购买商品，通过人脸识别发现同样的顾客有对照行为（来商场未去 V 咖啡店只来 X 服装店时不消费，去过 V 咖啡店再来 X 服装店会消费）。那么，X 服装店在选址时就可以考虑同等条件下店址选在有 V 咖啡店的地方。在这种分析下，似乎已经将一些顾客通过人脸信息识别出来，虽然仍然可以匿名化，但直观感受上她们／他们已经被部分实名了；如果 X 服装店还要进一步识别出是哪些客人，有多少注册过会员（对照商场人脸和自己获得的客户到店登记图像），这就是完全的实名信息了。我再提个问题。商场可以卖他们所 "拥有" 的客人的人脸数据吗？似乎不可以。那么如果是结构化了的去身份数据库（就是标识为 person001、person002，不再提供识别前的人脸数据，只记录这些个体的行为轨迹坐标和逗留时间）可以卖吗？这就是占有和所有的问题了。商场并未获得每个人对数据类型和个人信息的许可，除非法律规定每个人进入公共场合时视同默许可以通过监控采集个人数据，以及用于对采集者的需要进行分析。这就相当于比前面的社区小店更进阶的问题，离开客人最舒适的匿名、不留存数据的识别模式，如果我们知道店家只是保留数据，但肯定匿名化处理了，我们会好受一些吗？匿名化之后的数据是"我的"还是"店家的"？的确，如果通过一个手机移动应用，只要让客户必须勾选一个同意授权的文件，否则无法提供服务，那么店家就可以得到很多自己所需要的用户授权，数据也就"变成"店家的了。法律的框架目前还只是通过对个人信息保护设置知情同意授权的方式来适应社会现状，所以除了对姓名部分匿名处理，用户数据仍然存在市场交易的空间。对于不在乎个人信息登记的人来说，这些讨论没有实际意义。而人们只有在讨论数据安全的社会体制时，个人信息实名登记才能参与到互联网生活的总体原则中。使得"上网"的任何活动，无论平台方、店家如何进行设置，无论服务提供方索要的授权是多或是少，对于个人来说都是实名的，都无法实现感受上的匿名。不同的设置和授权要求，给人们带来的感受差异主要体现在，因信息暴露而产生的"不适感"，这会影响人们为了上网便捷而愿意承受的限度。是否实名是较为敏感的一个维度，而是否存储信息却已经变得不那么敏感了。除非人们能较快地推行一种低成本的技术，使得实名只用于信息接触，而不交换，提供给对方形成存储。目前各种隐私计算的方式都还不足以大范围低成本应用，仍然有待探索。

从数据来源来看，我想是否可以从几个层次来区分：一是非实名数据，不存在个人的所有权问题，交易也就问题不大。例如，我们在餐厅的消费单（如果不用手机点单，而是商家记录菜品出"水单"的形式的话）。二是实名数据，但可以匿名化处理且可以"被相信"。机构数据一般可以达到这个要求，审计师、律师底稿一般可以达到这一脱敏要求，但能否被交易还要进一步看行业监管许可。三是匿名处理的可保存数据，但不可"被相信"。其中涉及的个人信息，如果从其保守保护而言，也不应许可交易。四是无法被存储的数据。这些基于联邦学习或其他隐私计算技术的结果，因为没有可交易的机构（缺少 ID 识别）也无法交易。匿名化的"被相信"问题，在技术上的探讨大致归于，是否有足够的技术开发者权限。因此，一般而言，"隔开一层"是有可能保证匿名化是可以"被相信"的。也就是说，如果互联网平台根据监管法规要求用户实名登记，那么其上的用户之间可以匿名。例如，一个电商平台，商户和客户可以由统一的规则来管制，商户看到的客户只是一个系统代码而不是实名。那么，商户可以对自身掌握的非实名的客户数据进行分析并提供进一步服务。这和社区小店的数据应用模式还差一步，就是存储是可复制的。社区小店的店员脑子里记的是老顾客的情况，也可以用一个本子详细记录下来，并交接给替班的同事，这对于顾客而言，差别是不显著的。毕竟对于一家餐厅而言，换的是服务员而不是厨师，应该并不太影响"回头客"，只要新服务员也能够做到热情周到就好。所以，非实名的数据被存储和利用的权利是商家可以拥有的，不需要被专门授权。那么最后，商家可以"出售"其所有的非实名数据吗？我想应该这么回答：从来源的角度说，可以。但是，出售本身是一个非匿名的动作，需要知道"谁"卖给"谁"，本质上还是用途的问题。商户使用数据是为了提供商品和服务，但出售之后买家用来干什么就需要符合数据安全法律、行业监管等要求才可以。

● **特定的归属：作为生产要素的数据**

比如土地。土地的所有权是国家所有，经营权由集体确定，使用权由相应的官方登记来确权。但实际现场却可能被非权利人侵占从而实际使用，数据也是如此。由于采集技术的普及和设备的易得性，产生数据的主体很容易被当作采集目标而无法控制与排除，这就会导致数据被他人未经授权的占有，那么，政府可否利用公共摄像头来捕捉和分析行人的行为来判别谁在持续拍摄他人用来收集数据，进而对其进行行政处罚呢？国家的数据常存在情报安全问题。在我国，地质勘探等地理信息、详细人口统计信息、家庭或企业的普查信息一直都是受限的，不只是对涉外的数据采取交易受限，还对该类未审批的数据采集行为视为违规违法。那么，一般意义上，不具有详细普查意义的社会统计调查、不利用个人身份的研究分析，都可以具有基本的正当性。但是，如果被研究的对象要求删除自己的行为记录和观察的话，原则上，研究者应该不得保留和使用该等数据，如果被观察记录的对象是物，那么其所有者可以表示反对。这样的逻辑就区分了数据的所有权和使用权，即中间设立了一个主体可否决权。你可以研究野外或街上的猫怎么走路，但未经许可不能研究别人家里的猫，至少主人叫你停止的时候必须停下。

再进一步，如果我收集了不违法且无人反对的数据，并基于此进行分析或发表论文似乎没有什么问题，但我可以卖掉这个数据来获利吗？或者干脆我开一个公司专门经营这些数据呢？可能不行。基本的道理是，要看数据收集时的目的和是否获得授权。有被调查者明确授权范围的自不必说，同样转卖违法也不必再讨论。我们只说实质的经济行为，如果数据占有者是为了进行特定的经营行为而获得的数据，那么，只谈数据转卖的话我想这是没问题的。例如，前面说的，餐厅记录的客户点的菜品、就餐时间、就餐人数、餐费等数据，在不包括客人信息的情况下（只显示 97 号客人或 98 号客人），这甚至可以说是餐厅会计信息的附注而已。这样的数据作为生产要素，是经营主体的资产的一部分，可以作价转卖。但如果它们与经营主体的生产经营行为分开后就不再有价值，或者说价值比较小了。一家面馆的点餐数据，可能只对它的竞争对手有一定参考意义，不能说它就代表了该城市的中低档餐厅的特征，因为，地段、经营理念、菜品等很多因素共同决定了餐厅的经营结果。这就是数据的生产要素属性决定的，脱离了与其他生产要素的特定组合，交易价格会大大下降、前面我们讨论过的专利也是如此。

互联网平台的出现，会使简单但不重要的问题开始变得重要。一是前面说的，因为多了一层信息处理，使得"可被相信的匿名化"数据成为可能。存在可能和是否做到还是不同的，但毕竟在逻辑上提供了可行性。低成本导致人们汇集了大量不重要的数据，具有统计意义或者可以用于分类分析。一个大型电子点餐配送平台可以掌握大量顾客的点餐数据，这些数据具有普遍意义的通用价值，但这个时候数据的否决权问题就复杂了。二是数据主体不只是点餐的客人，还包括餐厅。平台是信息服务商、中介，所有涉及的服务都是三方或者更多方参与的。三是模式中的各方谈判地位不对等，平台方一旦集聚了足够庞大的用户就具有一定垄断性，其他个体合作方如果不合作（包括"被迫"授权提供数据）那么缺少选择，且一旦所有同类大型厂商都做出类似要求就使得合作方实际上无法行使否决权。这和简单的个体问题非常不同：在街上有人对着你拍照，你不同意，对着他吼一声可能就解决了，但如果所有餐厅都要求客人必须提供身份证扫描件和人脸识别才能就餐，那么不想提供个人信息就只能自己在家做饭，甚至只能自己种菜了。这就是垄断性供应商对消费者权益的一种压力。我国法律法规对移动应用终端（App）的信息收集提出了最小且必要的原则要求，但全面落实和可查可管还需要一个过程。

当这些问题都得以解决，保证互联网平台是在平等自愿条件下获得商户和个人授权，那么，在处理掉个体身份信息后整合的数据就具备可转卖的条件了。这里所谓的商户个体信息，就是不能将川菜馆 A 的数据卖给川菜馆 B，当然，卖给谁都不行。哪怕是把川菜馆 A 的数据卖给服装店 C 也不行，因为服装店 C 可能会再次转卖，且无法控制。最关键的是，平台出卖川菜馆 A 的数据是在出售自己的客户信息，这违背了为自己交易伙伴保密的基本商业诚信原则。同时，川菜馆 A 的数据也和个人信息一样，不可实名交易。如果一个投资商 X 想要调研川菜馆 A 的经营情况，以便决定是否对其投资。那么，合适的方式是找到川菜馆 A 要求对其进行投资尽职调查，并且履行了报价、保密协议等程序后，投资商 X 要求川菜馆 A 向点餐平台提供定向的一次性授权来提取自己的经营数据给投资商 X，并限定数据的用途。先不要质疑参股一家川菜馆是否需要这么麻烦的手续，我想说的是，从数据的权属原理角度来看，如果川菜馆 A 把自己的数据转交（没有对价出售）给投资商 X，这就没有问题了。我国现在很多地方政府开始提供政务大数据社会服务的模式，而企业向金融机构提供明确的、特定的授权来对自己进行征信评级。

这个逻辑中，卖数据的权利本质上还是来自数据所有者，但占有者可以对数据进行加工，基于处理过程的成本投入，占有者还可以对数据的提取、加工、报告等附加工作收取费用，而不是转卖数据本身。而去除个体信息的统计型数据，成为平台方自己的经营数据，如果平台的用户量足够大,还具有相当大的社会普遍代表意义,不违反社会统计法规的话,其拥有的该部分所有权,也应该可以转卖经营,但这种数据信息因为统计处理要损失掉非常多的信息,只能做一般性的总体认知的话,价值也相应大大降低了。

● **数据的权利分解**

我把上述权利分解后做了一个归纳示意图(见图 6-3),有点像前面提到的土地权利分置图(见图 6-1),但是权利的表达被横过来了。这里我想表达一种差异,土地的使用权、经营权、所有权是一种递进的关系。虽然使用权者实际占有土地,但如果没有登记的经营权或没有国家核发的土地证(现在是不动产权证),土地的更高级权利就无法存在。拥有所有权的组织可以按规定转卖资产,使用权者难以对抗(就我国法律而言,则是土地使用权人可以转让土地,地上用户无法对抗;更多的是房屋所有权人可以自由转让,实际使用人 / 租户

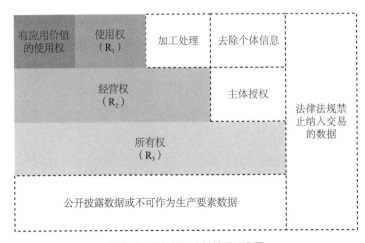

图 6-3 数据权利分解关系示意图

无法对抗或阻止转卖行为），所以图 6-1 中的所有权看起来是高于经营权和使用权的最高权力。但在数据问题中，由于复制和储存是近乎无形的、较低成本的，占有是相对容易的，甚至所有者自己都不一定占有自己为主体数据，而不占有则无从谈起利用和加工，更不用说交易。所以，图 6-3 中，使用权（R_1）是位置最高的权利。但是，从法律或经济权利原理上来说，所有权的确是最基础的权利，没有授权、许可的数据占有者也不可轻易对数据进行交易。而经营权作为一种居中的权利类型，主要是对所有权人获得授权或者自己进行去除个体信息的操作。从经营权到使用权之间，还需要进行更多的加工处理，通常是和占有者所有的其他数据进行组合或计算。而有使用权的数据中，也并非都能够用于交易，只有其中对买方具有应用价值的那部分才被作为交易对象。此外，已经排除了本身公开披露的数据或不可作为生产要素的数据，这些数据没有进入所有权的授权过程，不区分权利类型，如果进行一些加工处理也可以用于交易，只不过价值不高，因为主要的信息价值来自加工。另外就是法律法规禁止纳入交易的数据，无论占有者是否取得数据的主体授权、是否进行了特定的处理，都不一定能够对其进行交易。

如果将数据按照公开披露数据和所有权数据来分类，那么所有权数据部分相当于把图 6-3 中的三个色块"压缩"成一个，按照是否授权、是否去除个人信息、加工处理情况，来区分所有权、经营权、使用权三者自右向左的包含关系。这里的所有权数据，是指对数据进行占有的使用权、已经去除了个体信息且获得了必要的主体授权数据。本质上，公开披露数据也具备上述三方面特征，只是通过相对统一的程序达到有关条件而进行公开披露。换言之，"所有权数据"可以被认为是非公开授权的可交易数据。有应用价值的数据加工,只要不是法律法规禁止的部分,以所有权数据和公开披露数据为加工对象都是可以的,且可作为可交易的数据资产。这样就形成了图 6-4 的形式,左侧的斜线阴影部分为可交易数据的类型。图 6-4 这样的表述比图 6-3 在描绘可交易数据的相对权利边界问题上要更清楚。

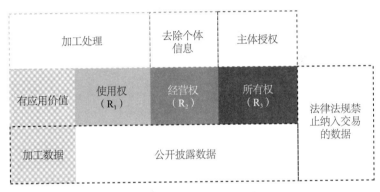

图 6-4　数据权利分解组合示意图

现在,我们发现有用、可交易的数据似乎并不多,很多过往我们认为价值很大、可以交易的数据都存在瑕疵。实际上,这是市场形成过程中的尝试,存在本质价值定位问题的数据最终要么定价过低令卖方失望,要么涉嫌违规侵权遭到数据所有人或者政府监管部门的查处(例如,包含个人身份证字段的数据)。一些追求"独家"的数据,说起来很神秘、价值巨大、独一无二,但同时单一来源也意味着卖方无法证明自己的渠道合规或者质量可查可验。用上述模型来看,不知道一份数据落在上面的哪个条块里,于是保险起见买家拒绝或者认为可能是最右侧的违规数据。

2022 年 12 月,我国发布《中共中央　国务院关于构建数据基础制度更好发挥数据要素作用的意见》通称"数据二十条"。文件是当前我国有关数据要素的最重要的一份政策文件，其指导性的将数据权属、数据责任、数据安全、数据利用、数据交易、数据监管等方面都做了安排和阐述。"数据二十条"中对数据产权制度做出了"建立数据资源持有权、数据加工使用权、数据产品经营权等分置的产权运行机制"的"三权分置"制度的设计。2023年，北京、上海、广州也分别发布了与数据要素有关的政策文件，虽然，侧重各不相同，但都在不断探索、尝试和归纳数据要素的概念。[①]

按照政策文件，同样强调了数据在来源方面的所有权的资源属性，但对于数据的加工使用更强调了获得数据者的应用，将进一步综合应用、定位为数据产品的开发设计，因而形成了产品经营权的概念。这与我类比土地价值构成的分析是非常接近的，虽然"经营权"和"使用权"似乎"调换了顺序"，但这是从数据的产业链属性为基础来归纳分析的，从资源到加工，再到形成产品。同时，"数据二十条"是以合规使用角度为出发点，而非以权利可交易性角度为出发点。因此，其逻辑中公开披露数据的概念并未独立存在，而是从公共数据、企业数据、个人数据等角度阐述分类分级确权。本书也完全接

①　除贯彻中央文件的合规、安全等基本通用原则外，三大城市各有不同侧重。北京的《关于更好发挥数据要素作用进一步加快发展数字经济的实施意见》提出了数据资产的登记、评估、入表和金融创新，以及推进数据要素新业态、推进数据技术产品和商业创新、推进数据应用场景示范。上海的《立足数字经济新赛道推动数据要素产业创新发展行动方案（2023—2025年）》重点阐述了：创新数据技术供给、创新数据产品供给；激发企业创新用数活力，推进企业数据管理能力贯标；建设数据要素产业集聚区。广州的《关于更好发挥数据要素作用推动广州高质量发展的实施意见》则提出：逐步推广企业首席数据官制度，一级、二级数据要素市场建设，"政府＋"企业公共数据运营机构，探索构建数据要素价值评估与统计核算规则，推动南沙（粤港澳）数据服务试验区建设。

受中央文件的重要概念，因此，对概念辨析的最后一步将示意图再度演化成图 6-5。其中，不涉及个人数据信息保护的仍然归为"公开披露数据"（这包括一部分公共数据和企业数据），其他涉及个人、企业脱敏处理的按照三权分置来分段区分。

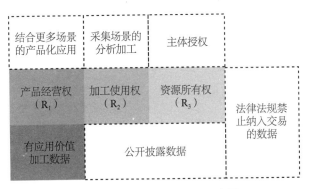

图 6-5　数据产权结构性分置示意图

● **价格表达式**

我试着用成本法的思路来解读图 6-4 的数据定价，那么自右向左形成的均衡价格表达式为：

公式 1：$P^S=CP+PF+PI+CT$

其中，P^S 指供给侧形成的数据交易价格，CP 指合规数据源的识别成本，PF 指所有权人授权费，PI 指个体信息去除等脱敏加工费，CT 指合规交易的技术和服务费用。

如果用市场法从需求侧来描述均衡价格：

公式 2：$P^D=I-CT$

其中，P^D 指需求侧形成的数据交易价格，I 指买方应用场景中采购数据要素的可接受成本，CT 指合规交易的技术和服务费用。

在供需均衡状态时，可达成交易的价格 P（P^S=P^D）。其中合规交易的技术和服务费用 CT，既可以只由一方承担，也可以由双方各自承担，这取决于数据交易的交付方式。

当前和未来我国的大致数据交易价格动态变化，我用最简化的供需曲线来做个示意，如图 6-6 所示，左下右上倾斜的为供给曲线、左上右下倾斜的为需求曲线。当市场秩序尚未完全建立的时候，合规成本（CP）极低，很多脱敏加工费（PI）甚至完全没有，更不考虑要经过所有权人授权，所以成本侧来看是非常"廉价"的。即使违规取得的数据信息可以在商业应用中（例如，获知"过于"详细的客户数据用于营销）发挥巨大价值，但卖方在市场化作用下，众多供应商都可以违规获得数据并出售数据，就会形成供过于求，数据价格仍然严重偏低，如图 6-6 中 A 点。当供给严重过剩的时候，交易价格可

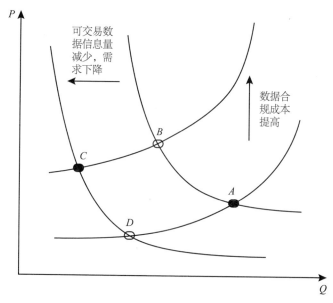

图 6-6　可交易数据供需变化示意图

能会在 A 点下方形成。

　　只有当市场秩序、监管、法规都达到合适的程度，数据的生产成本提高，且获得买方认可（这很重要，否则买方认为卖方没有投入只是诈称成本高而抬价）之后，市场的均衡价格会相应提高，如图 6-6 中 B 点。但经过大量合规加工后的数据，信息量随之损失，可应用的商业价值也会下降，买方的需求降低，供需双方重新形成一种均衡，如图 6-6 中 C 点。虽然价格相比当前会稍有提高，但剔除违规的、不可交易的数据后，供应量会大大下降。如果数据合规成本的提高不能被买方认可，那么，买方可接受的价格仍基于之前的供给曲线，买方在信息量减少之后，能够接受的价格将大幅下降到 D 点，这远低于合规数据加工成本（$P^S > P^D$），无法形成供应。如果买方可以逐步将价格提升到 A 点，则可形成供需平衡。否则过低的价格长期持续，独立数据供应商被挤出，供需关系不再，所有的应用数据均来自需求方的直接获取或生产。

● 交易方式

　　数据作为生产要素不能被"自由"交易，或者更确切地说是不能被"随意"交易，很多时候需要进行一定的约束。从交易的自由度来看，生产要素需要一定的社会协调管控，土地是非常典型的，资本和劳动力的自由属性要高不少，数据要素是相对最高的。数据的可复制性与土地的排他性则相反，使得数据本身的竞争性低得多，由竞争带来的社会资源在分配意义上的问题是相对较少。从这些属性特征出发来考虑，数据的交易需要统一的社会规则、法律法规来规范，数据供需双方基于市场原则来磋商，达成价格共识并完成交付。由于数据的可复制性，这个价格相对于生产成本而言，更接近制造业产品，而不是土地这样具有排他性的交易标的。但作为生产要素的数据，可能需要做一些交易的限定：

一是随着技术的发展，可以形成一定的可追踪性记录，来作为社会资源分配的基础依据。这样的技术并非不存在，只是需要连续的通信和记录体系的成本还不够低。例如，交通信号如果用"红绿灯"当然很方便，但如果没有足够的设备，还是需要交通警察来指挥。对于某些类型数据的供应链做连续追踪是一种限定的供给。

二是交易备案。这种方式可能需要一个前提，就是数据资产要进行政府或其他第三方机构的认证与确权登记，然后再进行转移变更等备案，形成单独的数据交易体系。就像是房屋等不动产权，先进行登记确权，再以变更为交易的强条件，以登记结果对抗第三人权利抗辩。2021年，我国正式全面启动的碳排放权（温室气体排放权）大致也采用了这种方式：设立在武汉的中国碳排放权注册登记结算有限责任公司（简称"中碳登"）负责权利登记，上海环境能源交易所（简称"上海环交所"）负责权利交易。碳交易虽然不是典型的数据资产，但也是一种抽象的权利交易，两者有一定的相似性。

三是将大量互通的数据资源由政府汇集管理，形成统一的对外服务接口，将大量的公共资源（数据和算力）提供对公的、免费的公共服务。这类似近年来大量公开的免费卫星地理信息共享资源、企业信息登记资源等，与更公开的行政处罚、上市公司报告等信息披露略有不同。未来更大量的公共数据形成巨量的应用能力要求，中小企业的应用请求只能通过公共服务来满足，信息基础设施和政府提供免费的城市道路、照明设施一样都来自公共财政。这相当于把公共供给"挤出"市场交易。而由于公共数据应用是直接输出结果而不是将原始数据整体转售，且政府信用较高的情况下，市场主体无法替代，相当于对这部分市场化数据交易做了限定，只可能对少量高效特需提供服务，公共数据类似于中国公立医院和私立医院的定位差异。

知识窗　　　　　　　　**隐私计算**

这里谈到的几种方式是从与传统生产要素的比较而得出的。在当前的实践中，有关隐私保护的技术路线、数据交互和数据权利分解保护，已有互联网公司和各国各地政府有过一些探索。这里插入一段关于"隐私计算"概念的介绍供读者参考，更多专业内容可以另外延伸学习。

1982 年姚期智提出的"百万富翁问题"：两个百万富翁想要比较一下谁的钱更多，但每个人都不愿意公开自己的财富值。那么有什么方法可以解决呢？[1] 文中姚期智设计了两个富翁各自持有一套函数和密钥，通过互相提供加密信息后进行计算结果的比较，从而知道财富值比较的结果。这是对隐私计算的一个开创性研究。

隐私计算是面向隐私信息全生命周期保护的计算理论和方法，具体是指在处理视频、音频、图像、图形、文字、数值、泛在网络行为信息流等信息时，对所涉及的隐私信息进行描述、度量、评价和融合等操作，最后形成一套符号化、公式化且具有量化评价标准的隐私计算理论、算法及应用技术，支持多系统融合的个

---

[1] Yao, Andrew C. Protocols for Secure Computations [C]. Proceedings of Twenty-third IEEE Symposium on Foundations of Computer Science (FOCS1982), Chicago, Illinois: IEEE, 1982: 160-164.

人信息保护。隐私计算涵盖信息所有者、信息转发者、信息接收者在信息采集、存储、处理、发布（含交换）和销毁等全生命周期过程的所有计算操作，是隐私信息的所有权、管理权和使用权分离时隐私信息描述、度量、保护、效果评估、延伸控制、隐私泄露收益损失比、隐私分析复杂性等方面的可计算模型与公理化系统。①

在隐私计算理论和应用方面，目前已有联邦学习、多方安全计算和可信执行环境等不同技术方向。多方安全计算，其目标是使一组互相不信任或不信任任何共同第三方的独立数据所有者，能够联合计算一个函数，确保参与方可以使用数据分析结果，但对通信的数据内容不可还原。联邦学习，是由多个参与方在各方数据不出本地的前提下，按事先协定的分析模型，开展模型的训练和使用，其建模数据和分析数据均不传输出本地。2012年就有学者提出这一概念，2016年谷歌提出这一概念后受到关注。可信执行环境，是构建一个独立于操作系统而存在的可信的、隔离的机密空间，数据计算仅在该安全环境内进行，通过依赖可信硬件来保障其安全。

几种方向各有优劣，针对前述提到的不同数据资产交易方式来选择技术形式，联邦学习是最近受到关注较多的一种技术路线。但无论哪一种技术路线，隐私计算都是在数据不被复制的情况下进行交互和应用的。

---

① Fenghua Li, Hui Li, Ben Niu, et al. Privacy Computing: Concept, Computing Framework, and Future Development Trends [J]. Engineering, 2019, 5 (6): 1179–1192.

　　这一章谈到最后，我大致得出的结论是：数据是一种"天然"素材，只有当其被用于劳动对象，即成为生产要素的时候才具有价值。在经济伦理（形成法律或是行业规则）框架内一些有价值的数据是不得进行交易的。其他有价值的数据中，所有权和经营权层面所包括的信息也往往不可交易，使用权者经过处理后有一部分可以用于交易。如果尽量减少对数据本身的加工，从而降低数据信息价值的损失，那么交易的方式在技术上就还要再寻求提高，或者权利结构上数据的可交易应用价值已经达到了上限。

第 7 章
创新有规律吗?

发明和发现不同。发现是从未知出发,不断了解世界,是从未知到已知的过程;发明不是从"知"的角度出发,而关注的是"用",是从可知到可用的创造活动。

科学是探索世界规律的方法之一,哲学或其他人文思想也在寻求提升已知,抑或将不可知转为可知的可能性,康德所谓的"天上的星空与心中的道德律",这些都是发现的对象。日用物品、房屋建筑、生产技术、铁路系统、二维码识别,以及菜品中调料投放比例的调整改善,这些都是发明。从需要万千科技人员团队协作十几年努力而来的高级的、复杂的设计工艺,到随手可得的、我们妈妈就能做到的,只要动手创造就是发明。

发明在不断改进中诞生,每个发明都是技术演化长河中的一滴水。发明的世界里,一个重要的维度是信息的传播速度和范围、操作的窍门、更好的材料或工具,对于不知道的人就需要发明和探索。也正因为如此，整个世界形成了众多不同的流派和技术特色。交流越充分的领域越依赖于科学原理的高技术领域，技术越趋于一致，例如航空航天。交流越不充分、越日常化的领域，技术的路线和方案则越天差地别，例如餐饮制作。

上帝的归上帝，恺撒的归恺撒。发现者求真存理，未必从俗，在于好奇心。现代科学诞生至今，形成了相对完整的方法论和知识体系，是发现者在思维系统中效率最高的一个类型。但科学天生是发现者，除了科学的自身需求来推动的发明，例如各种化学仪器，科学并不是最感兴趣的发明。因此，希望得到应用的科研成果，一定从开始就有合适的产业需求，或者直到这些科研成果被产业需求了解到并认为有需要为止。产业需求的来源，一是企业，从可商业化、产品化的项目而来，需要技术实现功能、降低成本；二是对整体社会的调查和判断，避免个别企业的利益偏差和能力偏差，这种判断正是高等院校、政府、资本可以协商决定的。例如，某个科学类基金评审项目的定位是，大部分面向基础科学，探究世界的问题，那么可以由科学家共同体来决定入选的受资助项目。但如果又希望技术转化和应用，那么恐怕就需要一个动态的来自产业、科学、工艺技术等多方委员会来评估。更多的声音协调机制是最有效的，而且恐怕难免要牺牲一些决策的效率来兼顾资源分配的预判。这只是一个抽象化的举例，并无具体所指。实际中，各国的各种高级别科技类基金会的评审机制和覆盖范围都是较为复杂的，并不是科学或技术的非此即彼[①]，还要牵扯基金会的出资目的，代表的是国家政府还是私人基金会又不同。可以说

---

① 例如，我国的国家自然科学基金委员会，也不只是资助物理、化学的基础研究，参见《国家自然科学基金委员会 2022 年项目指南》。

的是,"资金多元－目的多元－评审多元－项目多元"的四重多元交叉的复杂现状,而能够厘清其间的主要逻辑,有清晰的目的与结果联系机制,将是非常不容易的。

前面章节我试图说明的,需求拉动技术进步,但技术的改进过程中可能触及已有的社会关系、伦理、商业等诸多体系的平衡关系,就需要重新形成均衡状态。这是技术创新的演化特征,也是我们在观察创新规律时不能只看技术先进性,还要兼顾其他方面的原因。这是演化论的思想脉络:适者生存,变异要与环境、与相关的各种生物或非生物要素形成适当的均衡状态,只有这样的物种(不是个体)才能在一个生态体系中存活下来。

这一章我们再来看创新的问题,讨论与创新直接有关的科研体系、制度因素等更直接的要素。

创新,语词的定义范围较广,本书里多次讨论到的创新是指,经济生产导向的创新,并不包括文学艺术等创作(除非用于文化演出作品的营利活动的内容),最常见的形式是产品、技术及相关的理论、工艺、机制、模式的创新。

这一章我来谈创新和产业的关系,从开始强调宏观的、历史的角度,提醒大家看到"规律"的时候不要轻信,对于到底为什么要创新,多问几个为什么,而不是想当然地把创新当作必然的"好事"就开始谈如何创新。这也是马尔库塞对现代性的批判,凡事都是目的被手段所替代,如何(How)重于为何(Why)。创新是工业／产业需求所要求的。这一次,我从相对微观的主体视角再来谈创新的问题。与创新有关的主体,在近现代社会中,大致就是政府、高等院校、科研机构、金融投资机构、科学家、企业家、投资者等。这些主体之间的关系，有很多种总结和归纳，最简单的就是"产学研"的三元提法。而四元的话，再加上投融资，即"产学研融"，还有加上政府的、即"政产学研"。当然还可以五元、六元或更多元的提法，有的加入产业园区或孵化器作为一类中间体，还有的把媒体也算作一方。

我想在这里说的逻辑大致是：各种类型的主体或元素加入创新生态之中，都是有各自目的的，发挥相应作用的，这是一个相互作用的体系。当然，不同时空之间又各有不同，美国和中国不同，19 世纪和 20 世纪不同，这些条件差异又是一个维度了。事情的发生都是互为条件的事件集合中特定系统耦合的结果，历史是我们观察这个过去的庞大时空集合的一个视点和特定方向上提取的观测子集。创新概念之下，我们通过观察庞杂完整的巨大体系而得到一个"切面"。

下面我们不妨先找个例子来开始。

7.1 一个演化视角的案例：谁来创新?

为了做对比，除我国之外，美国是体系最完整的经济体之一，近现代社会中的创新现象也比较活跃。但仍需要强调的是，任何一个国家的创新体系问题，都需要结合具体的社会历史文化及特定时代特征来解决。本书分析的美国案例，并不代表就是最"正确"的终极"答案"和发展目标，只是在对其分析中概括有关要素。参与创新的主体有很多，企业为什么要创新已经讨论得比较明确了，较为直接的原因是供需关系的商业要求。那么政府为什么要创新、高等院校的教授们为什么要创新呢？小企业为了生存而创新，那么大企业还需要创新吗？大企业资源多，那小企业有能力创新吗？这似乎并不是玻尔象限和巴斯德象限就能解释得了的（参见本书第 9.1 节，图 9-2）。

这一节以近现代美国的经济社会为例可以看到，创新的模式不同，是来自不同资源配置类型的选择，而选择的原因就在于创新的供需关系。当市场配置更有效时，社会更倾向于采用市场方式来形成创新模式，如企业购买发明家的专利或招募有科学教育背景的大学生等方式。当企业配置更有效时，大型工业企业开始投资兴办实验室。随着社会分工的深化，大型企业的内部配置效率不如与由政府资助的研究型大学合作的效率高，因而市场化方式再次兴起。同时，大型企业从高薪招聘科学家转向收购拥有创新技术的小企业，也是一个企业内部配置的弱化趋向。

阿罗拉等美国学者的一篇文章，对美国过去 100 多年创新的社会结构生态演化过程进行了分析和总结归纳[①]，我参考其研究结果做了如下归纳：

（1）1850—1900 年，独立发明家和技术转移市场盛行的年代（阶段 A）。活跃的科技市场支撑了独立发明家的工作，专业发明家（一生提交了 10 份或以上专利申请的发明家）的人数占所有发明家的比例，从 1870 年的 5% 提高到 1911 年的 25%。企业参与研究的程度并不深。在 19 世纪 70、80 年代，领先的美国企业主要依赖外部创新实现技术进步。美国的铁路企业和其他大公司主要依靠从发明家手里收购发明创造来提升自己的科技水平。在很多情况下，这些发

---

① 阿罗拉，贝伦佐，帕塔科尼，等. 不断变化的美国创新结构——关于经济增长的一些告诫 [M]// 吴敬琏. 比较：第 104 辑. 北京：中信出版社，2019（10）：148-200.

明家虽然在为铁路公司发明新技术，但不是铁路公司的正式员工。这个阶段按照司托克斯的分类，可以说是"爱迪生象限"（参见第 9.1 节）技术发明占主流的时期。而这也的确是爱迪生（Thomas Alva Edison，1847—1931）的活跃时期（如果从爱迪生与波普创办公司开始算，到其受邀给美国海军做发明顾问结束为止，大致是 1869—1919 年，尤其是以爱迪生发明电灯、电影、留声机为主的前半期与阶段 A 重合度比较高）。

（2）1900—1940 年，转型中的创新生态体系（阶段 B）。随着德国化学公司开创了企业从事工业研究的先例，技术复杂程度的不断加深，企业愈来愈难以推行通过收购专利来提升自身科研水平的策略，这些变化推动美国企业纷纷开始创建大规模研发实验室。反垄断措施的执行力度不断加大，也使得企业管理者确信，通过收购其他企业来实现自身发展的成本高于利用公司内部研究创造新产品的成本。20 世纪 50 年代，美国电话电报公司、杜邦、IBM 和柯达雇用了数万名科学家，他们的主要目标就是通过研究支持公司的现有产品，并研发出新型产品以开拓新市场。并且，即使是最像大学的企业实验室在开展科研时，它们的部分目标也是解决经济问题，因此这些科研属于"任务导向型"研究。企业通过赞助高校教授和聘任科学家来进行科技创新，企业在产学研的关系中成为最重要的引领角色，伊士曼柯达公司的一个团队于 1916 年创办了美国光学学会、贝尔实验室于 1928 年成立了美国声学学会，这些都是很典型的例子。高等院校追求学科导向的学者们甚至开始抵制企业赞助项目的模式，麻省理工学院、加州理工学院明确拒绝企业的咨询服务要求，只接受不特定目的的捐赠；哈佛大学、哥伦比亚大学等高校明确在第二次世界大战后关闭政府资助的与项目导向有关的高水平实验室。任务导向遇到了来自学界的"人文"属性的反对声音。

（3）1950—1980 年[①]，企业实验室的黄金年代（阶段 C）。美国联邦政府对科学的大规模投资使企业可以在战后与大学交流人才和观点。尽管实验和试错法仍然是创新过程的核心要素，但这一时期发生的一个根本变化是，科学知识对新产品开发的指导作用不断加强。在 20 世纪 30、40 年代，随着制药企业的规模日益壮大，技术程度不断提高，出现了第一波科学家大批进入企业工作的浪潮。第二次世界大战后出现的创新生态体系见证了研究型大学在联邦资金的刺激下强势崛起的过程，随着研究型大学持续扩张，企业从外部获取发明创新的能力也随之水涨船高。这些变化导致企业越来越难找到合适的理由对内部研究投入大笔资金。值得补充的一个重要背景是，1950 年美国通过了《国家科学基金会法案》（*the National Science Foundation Act of 1950*），组建了国家科学基金会，负责对基础科研项目提供资金支持。该机构的组建来自 1945 年范内瓦·布什主持的建议报告《科学：无尽的前沿》（*Science:the Endless Frontier*），提出在第二次世界大战后美国应抓紧培养科技人才来弥补战争对理工学生征兵的影响（毕竟从欧洲移民来的科研人才只是很少一部分），以及重视建设基础研究、在军事化的针对性专项之外由高等院校来承担长期的持续

---

① 笔者注：阿罗拉原文中的分期就是不连续的，跳过了第二次世界大战的阶段，战争时期的资源调动是特定的，包括 NSF 也是在战争末期提出，但罗斯福总统去世后联邦政府和继任的总统都对这个议题没有那么大兴趣，直到 1950 年勉强设立。再者，历史分期本身也是为了说明理念的问题（例如法国史家勒高夫），大部分时候不是要极度精确的。我想如果大家认为时间要连续的话，把阶段 B 的下限调整到 1950 年，和 C 段连接起来也大约是可以的。

美国国家科学基金会

　　美国国家科学基金会（National Science Foundation，NSF）组建于 1950 年，由一个 24 人组成的国家科学委员会向国会负责，下设日常事务主任 1 名及其管理团队，委员和主任均由总统委任。NSF 办公总部设在美国弗吉尼亚州亚历山大，有 2100 名员工（截至 2022 年）。1952 年获得的预算拨款仅为 350 万美元，1959 年因为人造卫星项目的关注，资金达到 1.34 亿美元，2022 年 NSF 拥有 88 亿美元的项目预算，2000—2022 年累计预算投入 1449 亿美元。NSF 投资支持的领域包括：生物科学、计算机与信息技术、科技人才与教育、工程学（化学工程、生物工程、环境工程、交通工程、机械工程、土木工程、电子工程等）、地球科学、数理科学、社会科学和技术创新与合作。

　　医学类的项目不在 NSF 支持范围，由美国国立卫生研究院（National Institutes of Health，NIH）资助。

的基础研究。这一机构的资助持续至今，成为对第二次世界大战后美国基础科技持续发展的重要支柱。美国联邦的资金支持使得大学科研活跃起来，给创新体系注入了基础活力，企业的应用研究也同步受到了促进，这也正是鼓励对基础科研项目和科研人才培养长期投资的目的。[1] 这个阶段的大型企业实验室展现了理论、应用全面开花的状态，也是促进司托克斯思考和归纳"巴斯德象限"的原因（有关布什报告和巴斯德象限，可参考本书第 9.1 节）。

---

[1] 布什，霍尔特. 科学：无尽的前沿 [M]. 崔传刚，译. 北京：中信出版社，2021.

（4）1980—2016 年，"全新的"创新生态体系（阶段 D）。大学和企业之间的创新分工逐日加深，前者聚焦于基础研究，后者致力于应用研发。从产业界的角度看，要想充分利用大学的研究成果，仍然需要开展大量协调和整合工作。将科学洞察力转化为具体的发明创造，为全新的产品和工艺流程奠定基础，这成了专业性极高的任务。大学并不具备将研究成果"转化"为可执行的解决方案的条件。企业也难以完成这项任务，特别是那些缺少内部实验室以开展任务导向型研究的企业。尽管研究专业化带来诸多裨益，但上游研究和下游应用的割裂也提出了严峻挑战。1980 年，《拜杜法案》（*Bayh-Dole Patent and Trademark Amendments Act*）出台，它允许大学开展联邦政府资助的研究并在取得成果后，保留这些成果的所有权和专属授权。1984 年，美国国会通过了《国家合作研究法案》（*National Cooperative Research Act*），降低了美国司法部对参与研发合作的企业提出反垄断起诉的风险。这一系列政策将大学、企业、政府的多方创新生态引导向一个不同的状态。美国的创新分工在加深：大学专业从事基础研究，小型初创企业将前景广阔的研究发现转化为发明创造，而老牌大企业专门从事产品开发及其商业化。大企业削减自己科研力量的原因包括：担心知识溢出给竞争对手企业，企业的业务范围不断收缩，科技市场包括互联网、科技中介等使得企业获取外部知识和发明成果越来越容易。这是一个"分久必合、合久必分"的变化，企业、高校、政府再度分工，虽然仍然有很多巨头企业在投资研发项目，甚至是偏于理论探索的项目，但是美国政府对科研的支持主要转向了高校，以及允许高校进行科研成果转化、项目孵化，这使得在创新主体的格局中，小型初创企业成为创新的最关键类型。这类活动也许属于"巴斯德象限",但似乎又只是某个技术或知识积累的"发明－发现"循环中的中间环节,而且相当大比例是失败的环节或试错的过程。

不同政策背景和技术环境,使得美国的科技创新主体群体从独立发明家到企业研究所、研究型大学,再到企业实验室、小型创新企业,是一个逐步发展的过程。至今这些类型都仍然存在,只是比例不同、混合协同,变迁的是最活跃的主体群体而不是完全的替代更新。

对阿罗拉文章所介绍的内容我做了一定的对比归纳,为方便阅读和讨论,将其制成一张表格(表 7-1)。希望了解更多细节的读者可以去找原文或者《比较》上的中文译文来看看。

在这个生态演化的过程中,以阿罗拉的视角来看,法规政策其实具有非常重要的决定性意义。早期独立发明家的兴起,是美国对专利保护和交易的看重所带来的。反垄断法使得并购成本提高,企业实验室开始是为接纳大学转来的科学家而参与企业发明的。但在第二次世界大战之后,政府的一系列政策支持企业实验室共同参与基础科研,这又掀起了一个新阶段的发展高峰。当政府对反垄断的审查放宽并鼓励社会创新之后,小企业开始活跃,与高校的科研项目也衔接更紧密,大企业则又向"后退",重点集中在商业化阶段,转而与高校合作以及并购或联合小企业来创新。那么,我们就再来多说几句政府在创新活动中的作用,除了政策制定,其直接投资(资助补贴)的效果或目的又如何呢?

在经济、技术范围内,创新是一种对生产的正面改善行为,虽然有不同程度的失败风险(或者说相应的投资风险),但仍然受到了各界的关注。企业的创新目的较为明确,是受到了市场需求的拉动，必须通过改变现状去满足销售要求、降低成本，而不是凭空为了显得不同而来的。那么，政府为何还要支持创新，并投入资源用于创新呢？

斯坦福大学经济学讲席教授布卢姆、麻省理工学院斯隆管理学院讲席教授范里宁和斯坦福大学经济学教授威廉姆斯，在顶级期刊《经济展望杂志》（Journal of Economic Perspectives，JEP）上发表过一篇论文分析了创新的政策问题[①]。政府一般希望增加创新，从而促进经济增长，但在欧美国家政府直接干预经济活动又往往造成市场失灵，创新的重要作用更多在于创新的知识溢出。例如，基于对美国、英国、挪威、中国的一些研究，政府通过税收优惠鼓励本地创新政策，对专利申请、生产率或就业机会的促进都证明是有作用的，只不过有一定的滞后性。然而，研发税收抵免政策也明显激励企业搬迁到政策更优惠的地方，却不会增加总体研发数量。

似乎政府对创新的作用是让各方建立信任，而这个形成的过程并不是基于详细测算的规划，往往是政府对创新带来生产效能提升这一结果的认可。政府对创新的支持原因是间接的、长期的、整体的，这和政府参与经济社会事务的很多行为都类似，其实我们并不容易直接验证确定了的强因果关系。

很难找到直接的因子从现代经济学的实证方面证明政府引导创新、鼓励创新的原因，那么，可否反过来想呢？政府对于市场的干预、监管，是对完全自由竞争（乃至无序竞争）的一种制约和限制，如果竞争和创新之间有较强的因果关系，也许可以转而解释政府对创

① Bloom, Nicholas. John Van Reenen, Heidi Williams. A Toolkit of Policies to Promote Innovation [J]. Journal of Economics Perspective, 33 (3)：163-184.

表 7-1 美国创新生态分阶段总结对照表

模式	美国的时间段	科技创新主体	主体			市场特征	研发要素分布		成果
			企业分工	大学分工	政府分工		人才	资金	
Ⓐ	1850—1900 年	独立发明家	龙头企业设立实验室评估外部创新,负责检验材料和质量控制	美国大学兴起初期,物理、化学等专业的博士数量很少,更多博士集中在农业和机械领域	1862 年,赠地法案《莫雷尔法案》对大学建设的支持	活跃,1870 年转让专利与授予专利的比值达到 0.83,1890 年和 1911 年约为 0.71	更具备工程实践综合能力的发明家;发明家开始专业化,10 份以上专利的发明家从 1870 年的 5% 上升至 1911 年的 25%	发明家自筹	发明专利
Ⓑ	1900—1940 年	企业研究所和研究型大学	工业问题需要持续的技术改善和生产工艺实现,企业开始组建实验室、研发部门;企业实验室可以提供昂贵的实验设备	研究型大学,受到州政府和企业的资助,任务导向的形成。科研导向共存,本土博士培养骤增	反垄断使得企业的收购成本高于内部创新成本。州政府资金支持本地院校发展地方产业,不关注基础研究 1887 年,《哈奇法案》(hatch act)和 1907 年,《农学实验站法案》(Adams Act)允许联邦政府资助不会立即产生实用成果的原创新研究	各种工程、科学学会成立	科学家背景的工程师	州政府和企业的任务导向支持大学;企业内部费用自主研发	专利、论文
Ⓒ	1940—1980 年	企业实验室	避免反垄断问题,自主投入研究,雇佣科学家	第二次世界大战中承接了大量政府项目;第二次世界大战后,以加州理工学院为代表,不再直接为企业提供咨询,只接受基金会和企业不固定用途的捐赠,只用于通用研究	联邦政府支持大学基础研究,设立联邦研究机构	研究型大学的成果开始容易获取	科学家进入企业实验室	支持大学研究的联邦经费从 1936 年的 4.2 亿上升到 1960 年的 20 亿,再到 1985 年的 85 亿	专利、论文、产品
Ⓓ	1980—2016 年	小型创新企业	小规模专业机构不断兴起,大型企业完成概念的商业化,企业研究衰落;企业掌握用户数据等特殊资源	资金和设备资源充足,可以完成基础研究;孵化小型科技企业	1984 年国家合作研究法案,降低了对参与研发合作企业的反垄断起诉风险。1980 年拜杜法案允许大学开展联邦政府资助的研究并在取得成果后保留成果所有权和专属授权	基础、转化、商业化的分工,股权交易	大学教授创业,实现基础科技成果转化	风险投资支持初创企业;联邦资金支持大学研究	专利、产品

新的态度，即如果创新蓬勃发展可以让竞争更有序，则有利于政府的市场管理，所以市场支持创新。

我在这里试问，如果仅从创新激励的角度来说，是不是现代政府和社会的运行框架决定了创新体系必须是其中的一部分，而不再是完全依据最初的生产需求来调动创新资源或热情。也就是说，创新在 21 世纪的各个主要工业文明社会中，已经成为"惯性"或"习惯"，是不完全经过精确理性分析而决定的事情。所以，我们很难条分缕析地得出应该创新的原因。政府认可创新如同认可民主政治，虽然理解各有不同，但在当代政府的管理模式中，都需要包括创新这个议题，而不再每次都经过具体全面的核算，才决定是支持企业创新还是反对。

从既有经济学理论来看，竞争对创新的影响在理论上缺乏足够证据，存在几乎相反的"阿罗效应"和"熊彼特假说"两种不同的理论方向。阿罗认为规模较小的竞争者通过创新活动，可从竞争对手那里吸引市场份额，带来更高的产量，从而增加创新激励，所以竞争压力是创新投资的关键。熊彼特认为创新的期望回报是垄断利润，而日益激烈的竞争往往会削弱这些激励。竞争激烈的环境通常会降低产品价格、提高营销费用等，从而降低产品和企业的利润，这样就会限制可用于资助研发创新的企业资金，而融资约束是限制创新的重要阻碍，而且没有良好的政策可以识别并普遍解决。所以，这样就会形成一个恶性循环。另外，竞争的压力会令行业垄断者为了避免超额利润损失来回应新进入者，激烈的竞争也会促使管理者和企业资源提高效能来应对外部竞争压力。阿吉翁等人的研究表明 [①]，竞争对创新的影响是

---

① 阿吉翁，安托南·比内尔. 创造性破坏的力量［M］. 余江，赵建航，译. 北京：中信出版社，2021.

倒 U 形的。当竞争不激烈时，加大竞争对创新的影响是较为积极的，在竞争程度较高时转而变成消极的。当竞争度很高时，再度对创新增加积极影响。但实证方面还是未能证明这一点，只是具有认知上的合理性。从其他方面来看，贸易开放也可以促进创新。大致的逻辑是：贸易规模扩大了市场范围，从而可以将创新成本分摊到更大的市场。更强的竞争和更开放的市场贸易，会激励创新，促进本国/本地区的经济增长，可是这样更大范围的资本要素流动、全球化冲击会加剧不平等，这也是需要关注的一个问题。

创新是发达国家确保生产率长期可持续增长的最重要途径，在一国之内，即便是在科技发达国家，很多公司也是远远落后于技术前沿的，更重要的是技能或管理的提升而不是创新。所以，创新是相对的，在整个行业甚或全球范围内，较少同时被视为创新的技术、发明、产品。但每个行业或地区内被视为创新的内容，则很多是其他地区或全球范围内并非最创新的类型，很多已经是成熟类型了才会传入，但这样的效果仍然对特定地区、特定行业的效率有促进和提高，仍然是有创新价值的。

另外，从创新生态的负面角度来考察，美国学者佩德拉萨-法里纳的一篇基于美国的三个不同领域案例和理论研究的文章中，探究了"创新失败的社会根源"。他以网络社会学的"结构洞"（structural holes）概念、美国专利法案和判例进行分析，总结了三种创新失败的常见类型：①缺乏社会和认知联系，不同领域的资源脱节，未能有效协同；②不同教育背景和职业背景的人之间，以及跨学科、跨领域的团队由于认知差异过大，组织产生"结构洞"并不能有效协同，需要在多个领域的组织内都有一定身份认同的中介

> **知识窗**　　　　　　　**结构洞**
>
> 　　结构洞,是管理学家罗纳德·S.伯特(Ronald
> S. Burt)在 1992 年提出的概念,是在社会学
> 家马克·格兰诺维特(Mark Grarlovetter)的
> 社会网概念基础上提出的。结构洞指社会网中
> 某些个体之间无联系的现象、好像网络结构中
> 的洞穴,于是将这些结构洞连接起来的节点就拥有信息优势。伯
> 特师从著名社会学家詹姆斯·科尔曼(James Coleman)在芝加哥
> 大学获得社会学博士学位,之后在美国多所高校和战略咨询公司
> 任职,是美国知名的行为学家、管理学家。

人来实现“结构重叠”(structural fold);③不同领域的评估框架
不同,无法调和协同。佩德拉萨 – 法里纳给出的对应解决方式包括:
①建立知识基础设施,让更大范围的人都通过该平台设施检索和了
解彼此的情况;②组建跨领域团队要具有重叠结构才能激发创新;
③重视基于问题而非基于学科的资助和评估机制,避免各方行为无
法趋同。[①]

　　上述的观察与研究,和我在实践中的理解有相当多的共通之处。
不同分工背景之间协同创新产生的“火花”,必须通过合适的中介组
织来实现,也就是弥补结构洞的缺陷。产、学、研、融等各方利益框
架出发点的差异也经常形成沟通和行为之间无法协调的障碍,而国家
对于更大范围的基础公共数据和服务的提供,是解决一些研究、沟通

---

① Laura G. Pedraza-Farina, The Social Origins of Innovation Failures [J].
SMU Law Review, vol.70, Issue2(2017):377-446.

和协调的重要基础。这些内容的展开叙述将在第 8.1 节和第 8.2 节继续进行。当我在 2022 年夏季看到佩德拉萨 - 法里纳的文章时，意识到我在 2018 年所做调研课题的"发现"也是与半个地球之外的研究者几乎同时体认到的，颇有得遇知音的感觉。

7.2 组织：创新的主体可能是谁？

通过上一节的讨论，对于"为什么要创新"这个问题，我现在有了回答，即"创新是为了解决社会需求"；而政府为了带动经济活跃度也会支持创新。那么，接下来才是通常人们讨论最多的如何创新及如何激励创新的问题。面临经济社会问题，创新需要怎样的制度和组织来应对才是最合适的？这是从前一节的思考接下来要辨析的问题。

● **组织的结构**

如果将经济社会看作一个多要素联系的拓扑结构，那么，我们需要关注两个方面来形成模型的解释力：一是动力学的原则，二是均衡的条件。

某一个特定结构体系中有很多供需关系，每一个需求也许有多个满足其要求的供给方式，在多重供需关系中平衡的方式，就是动力学结构。每一个社会事件或者说社会潮流都有一定的供需关系作为根本驱动力。例如，工业企业要满足消费产品的社会需求，需要提高生产效率、增加供应，而这个需求的满足又使得工业企业对技术和管理提出需求。企业的生产需求拉动了资源组织，使得企业需要劳动力、资金、库房、运输、生产设备、原材料、能源水电；以及更外一层,有了水电、材料和设备可以操作生产,但排污排废又要符合规则,劳动力到位就需要有组织、薪资、考核,还要具备适当的用餐、防疫、安全、厕所等条件。而这些需求的匹配形成了企业内部自身运营的供需关系,这方方面面资源的组织协调都需要探寻最优形式,即"资源该怎么获取"。

均衡的条件,是每一个时空状态下的条件集合,例如,美国第二次世界大战后,兴起了很多国家实验室、政府研究机构,如美国国家航空航天局(National Aeronautics and Space Administration,NASA)等。作为解决政府军事需求的直接科研机构,他们贡献了大量的创新成果,再加上大企业的实验室,留给高等院校可投入的科研资源并不多。但随着美国国家的投入方向开始倾向于支持高校研究,大企业面临投资人对科研投入的产出效率的拷问,研究型大学及衍生出的小企业在科技应用的创新前端贡献越来越大,因此,美国的创新生态形成了新的格局。"有多少米做多少饭"。

面向经济需要的社会形式、人群合作方式,组织和市场是两种选择。这是从交易成本角度来区分的,企业史学家阿尔弗雷德·杜邦·钱德勒(Alfred Dupont Chandler)提出了两个观点:"第一,组织这一形式可以提高规模效率;第二,组织可以提高'范围经济'效率。"① 经济学、社会学的交易成本学派是对这一对概念讨论最多的。最早的现代企业讨论开始于罗纳德·哈里·科斯(Ronald

---

① 规模经济,是当生产或经销单一产品的单一经营单位因增加了规模而减少了生产或经销的单位成本时而导致的经济。范围经济是利用单一经营单位内的生产或销售过程来生产或销售多于一种产品而产生的经济。
钱德勒. 规模与范围:工业资本主义的原动力 [M]. 张逸人,等译. 北京:华夏出版社,2006.

H. Coase），之后，在科斯和赫伯特·亚历山大·西蒙（Herbert Alexander Simon）的基础上，奥利弗·E. 威廉姆森（Oliver E.Williamson）给出了较为完整的框架：①人的信息加工能力是有限的，做出的决策是有限理性的，无法达到完全理性。②人的行为面对的市场、社会是具有不确定性和复杂性的。③在人们的决策过程中势必会遇到信息阻滞，由于信息的不对称性，于是要么产生投机行为，要么出现"小数现象"（small numbers），即经济活动的各方不再利用市场关系而采用双边关系来增加互相的信息交换或多轮博弈的制约。这样，企业组织的出现就是必要的了，可以解决交易成本 / 费用的问题，实际上也是人们在试图降低信息不对称。而同样是双边关系的合同，也是重要的概念，合同关系强调了长期的、持续的经济关系，区别于非人格化的市场关系。这个概念也可以认为组织关系是一种合同关系，企业是一种在合同关系下建立的组织。有关合同（契约）的理论，经济学家奥利弗·哈特（Oliver Hart，1995）给出过较为系统的论述，在此不做更多展开引述。

● **经济活动的三种资源组织方式**

在人类社会的发展历史中，先后出现了家庭、市场、企业三种经典的经济活动方式。我们今天最为关注的企业，既是一种经济组织方式，也是最近一两百年来在全球各地区至今最为活跃的组织形态。相比于合伙、合作社等方式要普及得多，以及变体为上市发行股份的公司还可以通过证券市场融资，大大加强了企业组织和金融资源的联系。①

---

① 公司、股份制公司的出现并不止于一两百年，在牛顿生活的时代就已经出现了著名的股票危机。这里说企业成为最活跃的经济组织形态，是大约最近一两百年。

家庭，以血缘关系为基础，最基本的功能是抚养后代。在人类的群居活动中，母子关系是人际关系的基础。随着社会分工的丰富，开始出现配偶固定，共同抚养后代成年后仍不离开族群的，年轻一代参与形成的核心家庭，共同生活到后代成年、有了代际的人际关系。在族群中，多个核心家庭同时存在。在赡养长辈的活动中，又将家庭的规模和活动内容进一步丰富，包括兄弟姐妹之间的分工、食物或房屋等资产的分配，乃至代与代之间的财产或权利继承，核心家庭和血亲家族几乎是平行出现的。以家庭为单位从事经济生产，种田，烹饪和织布制衣等手工生产，根据体力、年龄、特长进行男女分工、兄弟分工、父子分工，并且形成一些共同的分工规律。不同社会的家庭发展存在差别，家庭与族群的权力边界不尽相同，家庭聚居的人口关系也不同。现代社会的家庭，有以夫妻加未成年子女组成核心家庭的，也有祖孙三代或更大规模的大家族。大家族为主的社会中，往往会有主持家务的人（多为成年已婚女性成员）和外出社会工作的人。核心家庭为主的社会，有亲属关系的家庭之间的互助协作的程度也不同。现在，家庭作为经济活动的一种组织形式，并不是最主流的，城市常见的小手工业者、小商贩是最常见的家庭经济，吸纳了相当数量的劳动者。以我国为例，在 2021 年年底以城市家庭 / 个人为主的个体工商户已经突破 1 亿，带动了近 3 亿人的就业，在整体经济中的作用也是很重要的[1]。在非城市化的地区和社会，尤其需要土地耕作的经济体中，大部分没有形成集中式农业生产，家庭就是不可或缺的经济活动

---

[1] 央广网. 李克强考察市场监管总局 全国市场主体突破 1.5 亿户个体工商户突破 1 亿 户［N/OL］. （2021-11-03）［2023-2-25］. http://china.cnr.cn/news/20211103/t20211103_525649799.shtml.

方式。各个社会中保留的传统手工业仍采用家庭作坊方式，不仅是经济合作的劳动分工要求，更多是来自传统手艺的传承、文化认同的家族熏陶，是技能教育不能充分替代的一种生活生产方式。另一个值得关注的家庭经济组织是新兴的互联网电子商务，这使很多小型商户进行货品的采购和转卖时，形成了一批以家庭为单位的商户。当前我国城市中的小型零售店、餐饮店很多一直是这类形式的商户，大部分登记或未登记的个体工商户主要是以家庭组织形态参与经济活动的。据国家市场监督管理总局统计，截至 2021 年年底，全国登记在册的个体工商户已达 1.03 亿户，占市场主体总量的 2/3。其中，九成集中在服务业，主要以批发零售、住宿餐饮和居民服务等业态为主。个体工商户平均从业人数为 2.68 人，以此推算，全国个体工商户吸纳的就业人数约 2.76 亿人。①

市场，以交易关系为基础的另一种经济行为模式，其最基本的功能是商品互换。在不同的家庭之间互换产品，直到扩展到可以用货币或其他通用价值来评价产品，即形成商业、商品。由特定的商人来进行商品的买卖交易、估值和流通运输，实现了生活聚居范围内外乃至远距离的贸易。大量的商人聚集形成了市场，从偶发的行商，到定期的集市，再到商业中心地区或城市的坐商，市场的结构和功能也不断复杂化，主要表现在两方面：一是采购端，商人与生产作坊之间的合作模式，从走街串巷的采购和订货，到商人出资组织的场坊，再到引入更多资金、设备、工艺的铺户和互通协作的商会。二是出售端，摊

---

① 新华社. 我国登记在册个体工商户 1.03 亿户 实现历史性突破 [N/OL].（2022-01-27）[2023-02-25]. http://www.gov.cn/xinwen/2022-01/27/content_5670765.htm。

位、店面等面向消费者人群的营业场所,按照可交易商品的类型、重要度不同,出现了相应的街坊、市场和交易所,可交易的商品也从基本的食物、到简单常用的生活用品、再到生产资料(工具、牲畜)等耐用品,还包括各类工匠手艺服务(木工、瓦工、理发师)、奢侈品和文化娱乐消费,以及金融产品(钱号、股票交易等)。在市场中,有商人作为重要的信息媒介和商品中介方,货币作为支付中介,为了促进交易而不断演化和寻求更有效的方式,包括利用贵金属或其他认可度高、流通性高的介质来交易商品,商人具名交易、形成商号的信誉进行信用支付,在制定标准和准许规则内买家匿名自由交易,形成联盟性的非严格组织化的商帮,出现了担保、典当、抵质押、租赁等交易方式。明清时期,中国江南地区村镇中的市场高度发达,不同家庭作坊有详细的分工,靠商人们的市场活动来组织,形成了以每个家庭为单位的专业化分工的大型"流水线"生产和贸易。例如,江南地区棉布市场的收购、加工、质检各环节,由布商委托各种中介人和中介组织来完成,每一道工序都可以在不同的作坊间流转,大量的中间品成为供应链上的交易标的,如漂布、染布、踹布①、看布、行布等生产、销售环节均细化分工。例如,棉布的踹布加工环节,形成了基于市场网络联结的经营模式(如图 7-1)。苏州布商的踹布加工环节不是自己直接完成,而是发放到布匹委托包头的踹坊进行。踹坊包头(坊长)租赁房屋,置备生产设备,管理外来踹工,踹工的工资由布

---

① 踹布,是指布匹加工过程中,进行了练漂、染色、印花之后的砑光整理,一般是用光洁的巨大石头器具对布匹进行碾压,也有先浆后碾的。踹布是为了使布更紧实光洁、增强防风作用。在引进现代机械生产工艺后,踹布的工艺逐渐被淘汰。

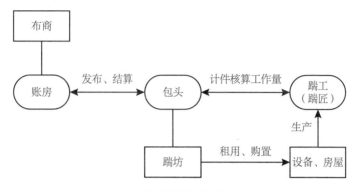

图 7-1　明清江南踹坊商业模式示意图

商交踹坊包头支付。[①] 但这里的工资是计件核算的委托代理关系，而没有采取科层制的组织内部关系，工资支付的是劳务费和工时费，而不是长期雇佣的薪资，不是工人劳动关系的成本。清代江南丝织业已经形成了一个复杂的组织体系，账房把丝织的每一个工序都组织起来，支配着机户、染坊、掉经娘、络纬工、牵经接头工等，形成了一个庞大的工业体系。[②] 这是通过发料收货这一基本形式实现的，每一个环节都通过商品市场联系起来，这个组织体系主要依托发达的市场关系。散工制的组织形式，通过长期而稳定的契约化关系保持了合适的交易成本。在 20—21 世纪的百年间，市场的形式也在演化，随着电报、电话、电视、计算机、互联网等各种新的通信技术被广泛应用，电子化交易、国际结算体系等的效率大幅提高，交易频率提升。随着现代企业普遍设立，交易主体从以个人或家庭作坊为主，这大幅

① 龙登高. 江南市场史：十一至十九世纪的变迁［M］. 北京：清华大学出版社，2003：176-182.

② 吴承明. 中国资本主义与国内市场［M］. 北京：中国社会科学出版社，1985：379.

增加了企业间交易和公司对个人的业务。随着交易结构更加复杂，各国家和地区也纷纷设立更多法律来规范有关交易秩序。虽然相当多的生产活动被内化到企业内部，市场这一经济互动方式的重要程度仍然很高。当然，反洗钱等监控、监管手段也在不断跟进和加强。

企业，是以利益关系为基础形成的契约化分工的组织，最基本的特征是科层制的结构。相比于从群体部落生活中形成的家庭，企业是非常晚期的一种组织形式。以企业的形式参与经济活动是在工业文明形成过程中的一种社会变化。17 世纪之后的英国乃至整个欧洲，商业活动越来越活跃，带来了大量的生产需求，家庭生产和市场组织已经无法满足生产效率的要求，于是企业从商人投资的方式开始萌发。直到英国的失地农民经过与土地的分离、迁移到城市、经历了职业化的技能实践等一系列过程之后，现代企业伴随着产业工人阶级的形成才逐渐演化而来。在工厂工作成为人们谋生的职业和生活方式，家庭生产活动的比例大大下降，现代城市的家庭生活主要是以消费活动为主。计件雇工人数不断增加，并且越来越复杂的工艺需要学习和协同，产业工人必须专业化，不能像手工业者可以选择只做兼职，否则出工时间和技能熟练度都达不到要求。另外，工人高度依赖工厂提供的稳定工作，而与农村手工业者还可以转而寻求种田不同，工厂作为一种组织，有了更强的谈判能力，也需要有更稳定的劳动力供应。这样一来，以贸易为主的商人，一部分转变为工业资本家，开始关注组织建设、设备投资、技术改进（包括聘用科学家、采购和应用发明专利）。再之后就是前面章节中引用介绍过的以美国为例的历史，商人在工业文明模式中进一步分化为资本家、企业家、管理者、工程师等不同角色。企业的出现，以职业化形成其组织边界，实现经济活动为生产目的，以及之后产供销的完整活动，只有生产职能的工厂演化为产销一体的公司或工业企业。今天，企业已经是非常普遍的经济活动组织，在不同的产业链上的企业互相洽谈业务、达成合同、付款、交货。另外，企业通过劳动合同与个人劳动者缔结契约，按一定的规则发放工资，并且大部分国家都对劳动雇佣关系有法律法规来保护，如休息时间、最低薪资、社会保险等。相应的企业要承担雇佣人员的这些"硬性成本"和劳动保护等责任。这样的组织关系中，形成管理的层层结构，是现代科层制组织在政府之外的重要应用。

当然，三种方式并不是替代关系，更不是线性的发展进步关系，也不是人类社会仅有的经济活动方式，我们将其作为最典型、最常见的选择来讨论。今天的社会中家庭、市场、企业三种参与经济活动的方式都是非常普遍且不可或缺的。为了完成经济活动，群体层面不断尝试不同模式的组合。从发生学意义上来说，它们都与特定的历史社会环境相关。家庭是生产和消费合一的组织，企业是只从事生产的组织，市场是经济交换的关系集合。人们合作关系的边界、功能设定不同，是为了经济活动（包括生产、分配、行为目的）可以更高效地达成。在不同的社会经济结构变化中，三者多年来也不断地演化，微观上三者之间形成不同的组合关系。

从个体视角来看，一个人打算做个生意的时候，经济需求就产生了，需要组织生产服务，那么他会怎么做呢？我权且假设这个人名叫老张。老张需要谋生糊口，他想了想，觉得自己稍微有些手艺，可以做个早点摊铺，虽然起早贪黑，但找好位置想必客人不会少。于是老张投入一点积蓄做了一个餐车，出门营业。生意越来越好，有点忙不过来，于是老张叫上表弟小刘，二人一起搭档，备料、制作、招呼客人、收钱、找钱。这里采用的资源组合就是个人家庭或者说个体经营者。后来他们又租了档口、弄了店铺，生意越做越大，还提供全天餐食，成为一家小饭馆。于是他们需要多雇几个帮工，还要规范地注册登记营业执照、卫生许可证等一系列手续。这个阶段饭馆还是个体工商户，再后来有朋友介绍的人来跟老张谈投资入股做餐饮生意，扩大经营。"老张记小笼包"有了名气，开了分店，老张也不再一早亲自擀皮调馅了，更多的是关注店员管理、钱款核对、卫生和质量，以及消防安全、垃圾分类。更像注册公司，就要不同分店安排信得过的人当店长，每月开会把遇到的问题说一说。这就是企业形态的出现。

不用这种演化的方式来看，而是以个体视角来分析。一个人要做生意，如果是开早点摊的老张，那么要选择的形式首选是以个人家庭直接面对市场。如果是科学家老刘，决定把发明出来的一种新材料用来做运动鞋，其性能好、成本低。那么，他就得用自己的专利跟投资人商量让其出资合作。他要选择的就是企业，需要把股权结构、技术和销售的核心分工都理清楚才能做。这背后的区别不只是业务大小的问题，还有生产形成的复杂性、劳动分工的需求，实际上就是需要被组织的资源的差别，所以才选择不同的组织形态。

进入互联网时代之后，越来越多的远程办公方式，被认为不利于企业文化的建设，而这也是企业这种组织形式在今天要面临的一个非常重要的课题，即如何让组织形态适应互联网基础设施。网络世界中的信息很多，能够适应远程办公、互联网工作的人员也通常具有不差的互联网生存能力。远程办公并不等于居家办公，跨国公司的业务本来也经常利用互联网对话，可以免去长途跨境出差的麻烦。远程办公需要更加分离的社会形态，现实中却相差甚远，经济活动的混合形态

知识窗	远程办公改变企业的组织形态?

2020 年全球面临新冠肺炎疫情,因为防疫要求对人员采取居家隔离,大量企业启动了远程办公的模式,甚至在疫情逐渐得到控制后也仍然保持了一定比例的人采取居家办公、互联网协同的方式。2020 年 3 月,谷歌要求员工居家办公;9 月,谷歌首席执行官(CEO)桑达尔·皮查伊(Sundar Pichai)表示,谷歌开始实行混合办公模式,包括重新安排办公场所,规划长期居家办公。2020 年 5 月 13 日,推特首席执行官杰克·多赛(Jack Dorsey)发布员工邮件宣布,允许部分员工永久性居家办公。脸书首席执行官马克·扎克伯格也在 2020 年 5 月 21 日表示,脸书将会"积极"增聘远程工作的员工,并将"慎重地"为现有员工开创永久性远程工作岗位。扎克伯格称:"就我们这样规模的公司而言,我们将在远程工作领域中成为最超前的公司。"这些因素的确令有条件的企业重视以家庭为单位的工作和企业为单位的工作的混合模式。2021 年年初,美国疫情得到一定的控制,疫情成了影响社会生活的一个短期事件而不是长期存在的环境条件,办公形式也并不是一两年就能轻易发生彻底变化的,除非疫情的影响长期持续、挥之不去。谷歌在 2021 年年初提交给监管机构的年报中提出"员工居家办公会影响公司的工作效率、竞争力和企业文化。谷歌公司表示,2021 年将会有更多员工回归到线下办公。"2022 年谷歌在 3 月份宣布希望员工从 4 月初开始每周至少 3 天回到办公室办公,从而呼吁停止为其员工提供与新冠疫情相关的远程工作。谷歌在 2022 年计划投资 95 亿美元用于各类办公室的建设,高管表示:"谷歌的立场是远程工作不是未来。"

也还会继续变迁,相应的组织活动方式也在调整。如果远程办公能够建立起虚拟世界里人与人之间足够的商业信任,那么,就像中国明清时期的江南,不需要有企业而只存在发达的市场一样,现代企业将大量减少,低成本的个体家庭通过网络实现参与经济生产服务。否则,远程办公或线上业务的普及度就仍然处于探索中或建设期。

经济活动方式的选择是群体问题,或者说是群体选择,不是个体选择,也不是一个自上而下的整体安排,是群体内相互影响后形成的结果。笔者在此将"政府或国家"作为一种提供经济秩序、社会秩序的主体,并不是作为和"市场"对立的概念(一种以规划、行政力量代替交易配置资源的方式),而是强调其作为参与经济活动的组织属性。靠市场交易多一些,还是靠把组织边界做大来内化解决多一些(例如中国曾经较普遍的"单位制"),这个"比例"是经济活动中政府、企业、消费、生产乃至进出口等诸多方面互相选择平衡后的结果。

7.3 协同创新的"行为选择"框架

我谈工业的逻辑,前面一路下来说了很多"创新"的话题,包括技术、产业与创新的关系,从宏观的历史话题逐步细化到数字化、数据问题等,并且大致讨论出一些道理。到了这一章,我再次谈到一些相对宏观的话题,又参考了一些历史尺度的情况——这是我比较强调的一种学习和理解概念的方式。《工业讲义》里我也是这样叙述的,还介绍了一些不同学科角度的前辈们研究的例子。到这里,我试着继续引入一点理论框架做讨论,看是否可以解释创新的社会机制。不喜欢理论叙述的读者可以跳过本节。

顺着案例的开头和大致的理论概念准备、交易成本理论、资源组织模式等，本节我试着提出一个解释框架，包括关系结构、主体元素、动力来源三个方面。这个框架还称不上是理论，就称它为"行为选择"的解释框架吧。

从交易成本理论的框架来看产学研融协同创新模式，首先在于各种参与主体分工的功能，其次在于是组织（更加内部化的关系）还是市场的合作形式选择（更加交易化的关系）。

在第 7.1 节的例子中，协同创新模式的参与主体包括企业、高校、个人（发明家）和政府，除了政府有法律法规的发布和执行作用外，其他主体间的关系均为市场关系（基于各方意愿一致的资金、服务、产品、权利之间的交换关系）。

我们讨论的创新是产品技术创新，其本质在于能够从经济活动中产生有价值的技术或设计，因此，选择企业作为协同的中心主体。也只有企业会从事生产、销售活动，才能实现各种创新的最终经济价值，其他主体均很少或者完全不参与商品服务市场的供给侧。基于同样的原因，其他一些组织类型在最开始的模型中也没有全部加进来，包括行业协会、公益组织、国际公约组织、工会、社区等。

那么，在以企业为主体的框架中，如何更高效地获得创新（以专利为代表的知识成果）就是接下来要讨论的了。企业需要决策：一是通过组织内部资源配置来完成创新活动；二是通过市场与其他主体合作或交易完成创新。当然，实际上并不排除这两类方式相结合，但仍然要进行有分析的决策过程。

如果选择前者（组织），那么机制上，企业内部的功能和资源齐全就非常关键，否则无法实现必要的分工。因此，较为合适的典型形式就是企业实验室。一个企业内部,通过企业自筹资金的投资建设实验室来进行创新研发乃至基础理论的研究,再加上企业内各部门间的合作,可以把试生产、生产投产、销售、售后反馈等完整的项目周期运转起来,资金和资源的配置决策只需要在企业的管理层就能够解决。企业将创新活动的链条全部内化为一个企业组织内部管理决策的框架之内,与经济绩效和企业整体融资联系起来;连续的部门之间的协作,沟通成本也是较低的。

如果选择后者(市场)则需要更大范围的交易保障机制。通常是一个国家内的法律和司法体系会发挥这一作用,于是更多类型的机构能够以不定向的方式,互相尝试联系合作。它们通过多轮谈判、博弈、契约、执行反馈形成可行的合作关系。每个参与主体需要:一是有独立决策权的(包括融资来源、管理决策权),二是有选择权可以选择任意其他类型机构的,而不必在企业内部以特定部门为首选或唯一选择。在满足这两个条件的交易中,因为有充分选择空间以供理性决策,所以定价是关键。而估值方法、参考价格的信息,以及价格接受的决策模式,都是与之对应的必要因素。市场方式意味着更大范围的资源配置,信息的完善和及时成为一个关键,这也是交易成本理论提出并发展为博弈论的信息不对称问题。在市场分工的框架中,专业的中介组织是促进效率提高的重要方式之一,也就是除直接从事研发、生产、销售的企业之外,还有只提供信息居间服务的企业(或个人)。

在这个框架下再来看美国的例子,我把前面章节的美国创新生态体系的四个阶段分别标识出 A、B、C、D,并把体系分解为一个示意图(图 7-2)。20 世纪初,企业在工艺、工人、工厂的模式建设上基本成熟，但美国本土高校培养的工程专业毕业生还没有全部成为研发力量。这一时期的发明专利文件也都相对简单，对于企业而言，从发明家个人处直接采购所需的专利是最有效的方式，可以快速交给自己的生产线投入使用。之后，随着产品技术的复杂化，一项技术往往和其他大量技术背景相关，企业尤其是大型企业必须积累自己的技术体系、专利库才能实现技术创新、解决技术问题。而美国高校可胜任技术创新的人才都是专家教授们，他们有着自己的学术追求，以及教学任务，并不容易进行长期技术交易，也不能长期专心为企业持续服务，所以较为有效的方式就是企业索性将所需专业的教授请到企业全职研究，并投资组建企业内部的实验室，为教授提供研究条件。再之后，随着研究型大学的蓬勃发展，除了知名教授，一些优秀的毕业生也可以胜任领衔前沿的创新，他们要么加入了巨头企业的实验室，要么创办新生代小型企业。而企业面对反垄断的法律要求，以及并购的实际可行性有限，这一方面使得大企业的实验室继续占有内部效率优势而存在，另一方面使得小企业也不得不继续发展，而不是选择早早"卖掉"。20世纪80年代，反垄断法规的放松和美国联邦对于政府经费支持项目的转化限制降低之后，大企业负责生产销售，来自研究大学孵化的新锐小企业从事前沿研发的格局逐渐形成。大企业投资内部实验室的绩效不明显，开始衰落。如，2016年杜邦中央实验室关闭改组的标志性案例。市场主体间的协作具有胜过组织内部的优势，创新本身的高风险，更多被风险投资基金承担而变得社会化，大型企业以成熟稳健的生产能力和销售营销能力来承担产品化和经营的职责。

在图7-2中，我还是做了一些抽象的概括，来区分企业、大学、

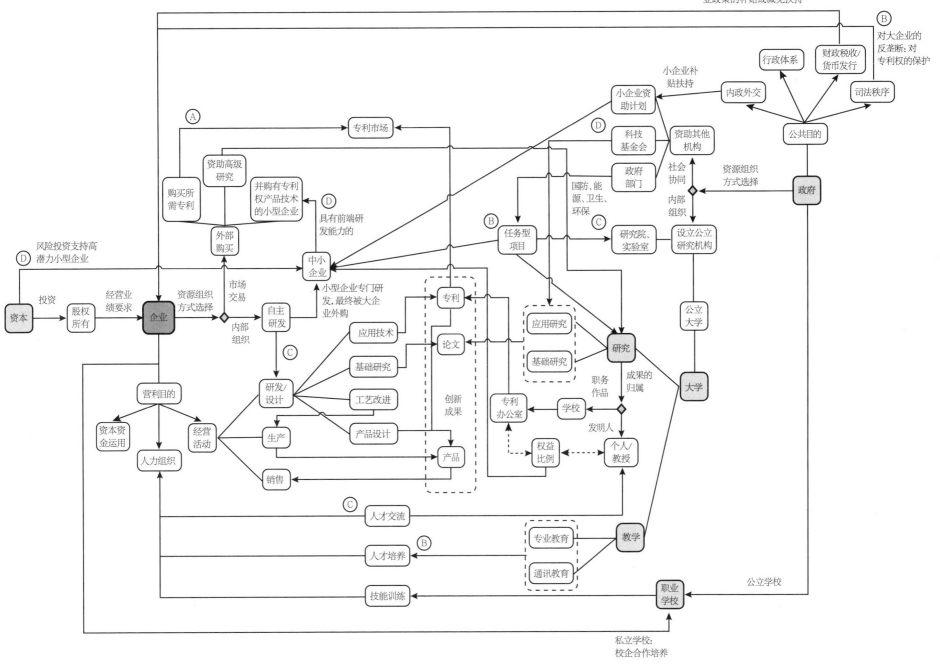

图 7-2 创新生态体系演化示意图

政府三个基本主体类别，并把四个不同阶段的字母符号标记在相应的阶段线路上。这就把前面利用历史来解释偏向动态的创新生态体系的做法，描绘成了一张相对静态的示意图，可以更为抽象地归纳这个解释系统。

企业为中心的部分，企业以营利为目的，通过资金运用和人力组织来开展经营活动，具体包括：研发设计、生产和销售等，经营活动最终是提供特定的产品（实际上提供服务也是如此）。企业的资源组织，尤其是研发设计能力的获得来源，包括自主研发和外购两类，外购包括小企业并购和专利出售经营。这里涉及了美国案例中的早期阶段和近期阶段的情况，即前述表 7-1 的 A、C、D 类型。

政府为中心的部分，政府是以公共目的来运作的，包括：金融货币体系、司法体系以及国家运行等方面（这里我做了一般性的讨论，不同国家整体不同，"政府"包括了行政、立法、司法等各类公共职能组织）。在创新相关的活动中，政府出于维护市场竞争秩序，会对中小企业扶持、对大企业进行一定的反垄断限制，还会进行一些政策补贴或行业、区域间的转移支付安排。政府也会出于公共责任、安排资源对基础性问题进行研究，包括任务型的项目资助及出资设立常设研究机构，这就是表 7-1 中的 B 和 C 两种不同创新模式的情况。

公立研究机构一些是专门的研究院、实验室，另外一些是兼有教学和社会人才培养职能的机构，也就是大学、培养其他职业技能人才的公立学校、为社会提供职业培训的公共服务机构。大学身兼教学和研究两类功能，一方面承担国家经费支持的基础研究和应用研究课题工作和任务型项目，产出的成果在不同时期或政策条件下形成不同权利归属的专利和论文，然后直接或间接地成为支持一部分小型创新企业的基础种子型禀赋资源。另一方面，大学在研究中培养的人才也会进入企业，教学培养的专业人才也大部分在毕业后进入企业就职，再加上职业学校体系的技能训练，产学研之间的人才互动架构，在表7-1 的 B、C 类型中尤为显现。

这样的一个体系说明了，企业、政府、大学三类主体之间，形成了资金、技术、人才的多元多向互通，生成了最核心的论文、专利、产品三类创新成果。这个体系从静态的拓扑关系来看似乎是运转良好的一个"完美"架构，但是不可忽略其生发演化而来的历史环境条件。其一，这个架构（图 7-2）本身就是在试图"理顺"各个主体和要素之间的关系，意在展示其中良性互动的部分，而没有将阻碍性的因素、限制性的因素都能描述进来。其二，虽然我试图将表 7-1 里的不同阶段的核心要点用 ABCD 的字母图示标入图 7-2 中，但毕竟这不是一个有时间轴的演化流，并不容易直观感受各种要素互动的历史变迁。其三，不同的文化、社会、政治背景系统，对于创新而言，其影响是不同的，也是一个耦合、相互作用的过程。

美国的过往历史并不是创新模式发展的绝对"正确答案"，美国自身的创新模式也是在不断调整变化的。我们对美国历史的分析，是在试图以一个较为完整的案例探究创新模式可能的规律，而不是认为我找到了创新的"定律"。如果可以把市场 / 组织的选择作为创新模式不断调整的基本框架，每一个国家、社会在特定时期的创新体系都要分析特定的要素。这个演化图示中归纳了一些较为通用的要素，我们可以把中国、日本、澳大利亚、荷兰、英国、马来西亚、阿根廷、印度等不同国家的情况丰富进来，扩展一些元素，标出不同时期的不同位置。假如有充分时间来扩展研究，也许未来我会继续尝试这个方向。

我来试着进一步抽象创新中的元素。

创新是产业问题,是经济需求拉动的一类活动,无论是从基础科研出发向应用端转化,还是从实际问题出发来工程化拆解以解决方案,这些都离不开产业(企业)的组织运营、科研/技术的综合研发和资本这三个基本要素的助力推动。至于政府、教学、媒体等环节都是在此基础上衍生的。政府是市场环境、政策引导的一方,教学是人才培养和科研基础实践的环节,媒体是交易中介或信息中介。这如同红黄蓝三原色和橙绿紫三间色一般,共同构成多彩的整体。

这里的"元素"更准确地说是"行为"而不是"主体",这是一个较为关键的概念。整个市场或经济活动是由人群分工的大量行为交互构成的,行为是最小的"单元"。生产、研发产品、营销、人才培养、价格传递这些是基本的,在不同的环境条件下,可以由不同的主体来完成。例如,研发环节是要解决生产的功能问题或成本问题(通常限定成本下的功能也可转化为成本问题,所以可以说技术要解决的就是成本问题),要衔接产品销售的需求和生产组织的投入约束,满足条件即可。至于相应的研发工作,是由企业的研究部门、工艺部门来完成,还是聘请高校科学家来做,抑或付费与专业公司合作、购买外部专利自行转化。通过这些不同的方式或引入不同的主体,是否能解决,这是企业要决策的。当然,这也是企业基于自身认知,寻求投入产出最佳或限定条件的成本最低的一种选择。同样,其他的"行为"环节也都存在不同的主体可以来执行(进行)的可能性,就要看最优化的成本了。"教学"的核心是后备人才的培养和训练,既可以在学校来完成,也可以在企业内部进行,并不是只有颁发文凭的正规院校可以进行。"资本"的环节可以区分不同规模和期限,各类社会上的资金资源都可能成为产业的资本元素。例如，企业可以自行用结余资金投入，政府可以通过产业政策引导投入，院校还可以用科研经费投入，金融投资机构更是以投资企业项目作为主业。

于是有了这样的一个基本概念框架：创新是为了解决经济需求，解决的方式就是在几个核心行为环节中寻找成本最优的方案。

在静态关系、抽象要素之后，再来看创新的生态系统。我来试着提出一个"动力学"的解释。从产业、研发、资本三个基本行为要素出发，各自之间的互动可以是"基础互动"，在创新体系活动中最为重要，他们之间的互动可以说决定了一种特定创新生态体系的主要特征。我以此作为划分的依据，做一个示意图（图7-3）。

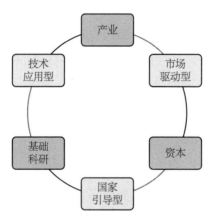

图 7-3　产业创新驱动力来源示意图

- 市场驱动型：资本将优质的企业或者企业的部分资产、标准化的变体工具（股票、债券、证券化的应收款或专利、出让的单项资产包等）作为投资标的进行投资、价值运作和交易。资本方输入资金到生产经营企业，促进其创新活动的开展，并通过对企业相应资产的市场交易获得回报。市场交易是这种模式驱动力的特征,资本和企业是最主要的元素,美国的创新生态体系很多都是这种驱动模式。

- 技术应用型:产业需求向基础科研寻求转化成果,面向产品技术问题期待有规律性的研究成果来应对。这里的基础科研行为,包括了企业内部自建的研发部门或团队,企业投资的项目或公司形态的技术包,以及非营利目的的科研院所。企业带着实际问题提出要求,基础科研原理不断被应用于解决方案,这两个元素的互动,驱动创新生态的形成。德国、瑞士等国的创新模式都接近这种模式。

- 国家引导型:政府以资本引导方式、产业资金、转化资金等承担早期技术转化的运营风险,培养产业。是资本通过科研院所等渠道更直接进入基础科研的支持,以及对早期技术转化的支持,当形成一个更稳健的产品技术项目库后,市场需求、逐利资本的进入使风险大大降低;而不够成熟的产品技术则终止或改造调整,达到可以"孵化"而出的标准。东亚国家是较为典型的此类模式。

上述我归纳的关于创新驱动的三个模式,即驱动力来源的类型。但也不是决然地按照国家来划分归类的,同一国家的局部地区、特定市场、特定历史阶段也可能存在不同的驱动类型。

7.4 "制造"创新:只能培养、无法计划

产品技术的创新,按前一节的归纳,资本元素的支持是必要的,

面对不同规模的机构主体配置不同的资本资源。在国家引导型创新生态中，政府通过城市规划来主导建设科技园区、集中科研资源，并以政府资本支持基础建设为主；同时，通过专利的集中投资购买，形成一定的规模优势。在技术应用型创新生态中，以平台转化为主，企业资本与院所科技研发共创，各方从早期合作就开始共同成长，直到解决实际问题并实现应用转化，这是一个水到渠成的结果，而在这个过程中，技术使用者和发明者经常是合为一体的。在市场驱动型创新生态中，使用者和发明者相对较为分离，采用独立主体间的交易方式，依靠市场提供充分信息以促进交易。按照资源组织模式来看，技术应用型更典型的是采用组织的方式，将院所科研机构和企业这两种不同的组织，通过研发转化平台尽量进行组织融合，将沟通交流乃至资金、人员都通过内部化来解决；而市场驱动型则采用组织外部化的方式，使信息交流达到交易的效果。

由于各国金融体系各具特点，各国在针对创新的资本组织模式倾向方面也不尽相同。仅就本书选取的成例来看，在扶持企业运用知识产权融资，进而促进全周期运营方面，各国政府都是积极参与的。差别只在于政府参与的程度，以及具体参与的形式。各国比较普遍的做法是：由政府提供资助、设立产业基金及建立运营平台，推动外部社会金融机构、风险资本介入，为有需求的企业提供创新的创业运营服务。

美国小企业管理署（Small Business Administration，SBA）的小企业投资公司计划（Small Business Investment Company，SBIC），具体是由 SBA 授权的具有小企业投资公司资质的私营风险投资者运作的。而且 SBA 的定位是以扶持小企业为主要目标，在促进创新创业之外更重要的还有一层普惠金融的属性。这就给 M-CAM 公司、高智公司等企业通过市场化手段建立专利基金、专利池，以及知识产权交易平台留下了空间。

德国政府在推动技术应用方面的成效有目共睹。不过，即使是像弗劳恩霍夫协会这样已经获得联邦和政府资助的产业发展中介组织，其运营资金来源的绝大部分，仍是通过市场化手段获得的。

在促进创新方面，日本、韩国无疑更具有进取性，两国政府均通过出资与吸纳社会资本相结合的方式，直接参与到构筑产业发展基金和技术、知识产权交易平台中，从而起到在微观上推动企业发展，中观上促进技术、产业进步，宏观上贯彻国家产业政策、知识产权政策的作用。这种模式既与两国产业集团作用重大有关，也与此前其知识产权（尤其是专利）积累不足需要靠国家强力引导以便发挥后发优势有关。

在创新模式的道路方向问题上，结合各自的实际情况做出了合适的选择之后，搭建创新生态的框架是中观层面的核心问题——如同选好了地址之后开始构建房屋的结构框架。

● 治理结构是最基础的内部要素。

高校或科研机构是产生科技研究成果和培养人才的基地，无论是公立高校、私立高校，都有着较强的公共事业属性，其可调动的资源也都是有限的。因此，集中目标才能发挥出充分的资源效能。慕尼黑工业大学定位于创业型大学、筑波大学将以支持筑波科学城作为目标及北卡罗来纳州立大学面向"三角园区"互动产业发展都是这样的案例。

组织的效率基于特定目标的结构适应。高校的目标清晰之后，治理结构的设计是最基础的一步，在此之上设计院所机构、职能部门再来解决科研、教学、募资、公共事业服务等组织使命。

慕尼黑工业大学的管理委员会以及校董、执委会的类似董事会主义公司治理结构形成该校的基本治理结构和权力序列，在企业的运行目标之下才有了以心理学为重点的学科构建，与企业合办的知识互换中心和成果转化平台等特色组织形式的安排。筑波大学在东京教育大学等院校的基础上由政府主导组建，政府以大学支撑科技城配套的目的得到了贯彻，在 2004 年完成大学法人化之后，进入更为自主灵活的阶段。北卡罗来纳州立大学将政府、校友、企业的投资支持用于建设森特尼尔校区，使得组织结构更加开放，将企业、孵化器、研究中心都引入校区，共同生长，交融发展。

● 分工合作促进协同效应。

产学研融的结合与互动，最大的优势就是利用各种组织的优势互补来协同进一步提高效率，将基础科研成果和社会需求、产业实践相结合。在这个过程中，多个类型的众多主体长时间持续互动，依靠学校的积极推荐是必须的，但也是不够的。各类组织明确分工、各司其职，才是高效率协同成果的关键，因为没有分工就没有合作。这个道理很容易懂，似乎创新系统中更需要的是合作，分工成为创新系统的掣肘。但操作中的道理在于，分工不只是知道自己该怎么做，还需要知道其他各方的主要职责和目的，这是互相理解和沟通的基础。对分工的认知更完整，才可能通过分工达到协同的目的，高校能够理解企业需要更快的节奏和严格的时间表，企业能够理解资本投入的产业方向和价值提升要求，资本也要理解科研和生产经营的进度艰难。这样，需求到一致的利益方向，分工才能促进协同效应，不断得到创新的产出。

高校和科研机构作为人才和研究成果的输出方，组织科研项目和理论探索是其基本职责，在这个过程中培养人才；企业是向社会提供产品服务的营利性组织，分析和满足社会需求，相应形成对工艺问题、材料问题、技术解决方案、生产管理等方面的需求，对创新的投入是换取所需要成果的长期成本；政府是地方或一国经济的引导者，维护市场的公平环境和各类公共基础设施，促进不同机构之间的良性关系，进而为社会提供适当的各类产品服务、就业机会、教育机会是其职责；投资机构是以资金资本的保值增值为目的的，配置不同的资产维持其合意的期限、风险－收益回报比，对活跃的科技项目的投资，在确定的知识产权边界前提下，可持续进行并获得概率性的资产溢价。

在这样的基本分工前提下，高校积极输出科研成果给企业，换取企业向学生提供实习或就业机会、对企业捐赠或投资。慕尼黑工业大学与西门子深度合作的研究中心是典型的局部合作；筑波大学则是与科学城从设立伊始就保持一体两面的互动关系，大学是科研、教学一侧，科学城是政府、企业一侧；北卡罗来纳州立大学与地方企业多点互动，为拥有校内学生身份的人员提供交通、图书馆等资源。获得更多企业、校友的文化认同和资金支持。这也是在操作运行层面，产学研融结合进入良性循环的典范。

当然，仅就对于创新生态模式的归纳总结还可以有很多的模式、观点、分类方式等。例如，美国学者莱斯格提出过[①]，他认为创新的生态要保持中立、自由的环境。尤其在互联网经济中，从物理层、代

---

① 莱斯格. 思想的未来［M］. 李旭，译. 北京：中信出版社，2004：3.

码层、内容层的框架来看，无线电频谱资源免费共享、软件开发代码、知识产权的有限保护甚至完全开放，只有这样才能保持创新活动不会被控制的资源阻碍。只有充足的资源免费开放——公共资源具有无排他性、非竞争性的特征，软件不会因为一些人的使用而导致其他人无法使用——创新的成本才能足够低，才能广泛、充分地被利用和承接应用。中立和自由的环境，既不是完全由政府管制和分配，也不是彻底由个人或企业私有，通过市场价格交易的方式来使用，任何形式的控制都将带来资源的限制。这样的观点在现实中虽然说明了创新的自由基础十分重要，但完全脱离控制的公开资源也缺乏可持续的完整体系——开源代码的分享社区是至今仍在活跃的免费资源，其他的设想也仍未实现。

的确，知识分子对于社会的批评是值得重视的，但要解决问题还是需要合适的结构来搭建体系，将所有参与主体安排到各自认可的位置上，才能保证一种体系的持续运作和进行预期产出。

我国是一个经济体量大、产业门类全的经济体系，近年来高速发展，资本活跃、创新活跃。但 21 世纪初叶，我国高技术、前沿科学方面的成果还主要限于部分领域，工业体系的普遍精益制造能力还在提升之中。这一节，我来结合前面归纳的分析框架对其做一下梳理：

- 工业体系甚至经济体系的基本运行原理是：需求拉动生产、控制成本要求技术创新。
- 政府推动制度改善，使得企业、科研、资本三大基本元素需按照最低成本的优化方向来创新以满足需求。
- 在家庭、市场、组织之间，人们不断根据变化的需求、条件来选择合适的资源组织模式。

● 三种典型创新驱动类型的实际场景不同，适应不同的资源禀赋，形成特定的创新相关的生态体系。

我国已经初步有了数量巨大的知识产权，尤其是专利。但知识产权运营的有效需求不足，中国特色的创新生态体系也在逐步演化前行。根据本章前述的框架，我试着进一步分析，中国在企业内部创新组织发展和创新转化市场发展两方面的情况。

在 20 世纪 80 年代之后，中国经济进入蓬勃发展的新时期，多种资源组织形式被调动起来，带来了活跃地生产和创造。家庭联产承包责任制、个体户，激发了家庭经济生产的功能。企业组织形态开始发挥作用，成立了 2000 万个乡镇企业，国有企业进行了几轮改革、实现了政企分开，外资企业、中外合资企业、民营企业，股份制企业、公开发行股份的上市公司，乃至"协议控制特殊目的主体"（VIE）等阶段性、过渡性的企业的法律形式都被尝试和实际运用。企业的利润导向、经营考核，从"打破大锅饭、铁饭碗"等早期改革，逐步到艰难时期的"下岗、再就业"，企业探索自己的供应链、产品战略、资本结构、股权激励等方面的问题，企业的制度真正全面成熟起来，涌现出了很多优秀的代表性企业。以市场的方式"计划"向"市场"的转轨，商品、贸易、劳动力、金融、固定资产、知识产权等各个领域都开始了市场化进程，如今零售消费市场的极大丰富，人才、资本的适当有序流动，形成了较为良性的经济要素循环，家庭、企业、市场，都在发挥作用。

在这样的背景下，再来聚焦到与创新有关的企业、政府、科研院所的交互框架里，尤其关注创新技术成果、人才的流动与作用。

无论怎样分期，历史都是连续不断的，加上各个子系统之间互相

知识窗	我国出国留学人数变迁

以国家统计局发布的出国留学人员数量看，1952 年为 231 人，1956 年一度达到 2401 人，1978 年下降到 861 人，1985 年达到 4888 人，其后逐年下降。1991 年达到最低 2900 人，之后再度不断提高至每年 2 万人左右，到 1998 年为 1.76 万人，1999 年为 2.37 万人，2000 年为 3.89 万人，2001 年为 8.4 万人，2002 年为 12.5 万人。

另外，据统计留学回国的人员数量，1978 年为 248 人，1981 年达到 1143 人，1983 年为 2303 人，其后保持在每年 2000~3000 人的水平，直到 1993 年提高至 5128 人，一路快速增加到 2001 年 12243 人、2003 年 20152 人、2005 年 34987 人。1978—1999 年学成回国的留学人员总数为 6.88 万人，其中 1990—1999 年累计达 5.12 万人。而 2000—2005 年的 6 年累计学成回国的留学人员约 12 万人。虽然与拥有十几亿人口的庞大社会相比，这个数量极其微小，但如果这些人能够迅速进入较为重要的机构任职，则能发挥出相当强的创新效能。与此同时，国内研究生的招生数量也在 1998 年开始快速增加，从 20 世纪 80 年代每年招生两三万人不等，在 20 世纪 90 年代稳步增加，到 1997 年达到 6.37 万人，1998 年招生扩大到 7.25 万人、1999 年 9.22 万人、2000 年 12.85 万人，到 2005 年达到 36.48 万人；相应的研究生毕业人数也在 2003 年首度突破 10 万，达到 11.1 万人。

作用的关系，在不同角度的分期又会是"横看成岭侧成峰"。

20 世纪 80—90 年代，社会的主要人才都在国有机关单位参与科研和企业工作，还有一部分逐步"下海"创业。专利法自 1984 年立法, 但真正的专利申请、审核、商业化在 20 世纪末仍不普及。社会的需求主要来自票证供应制改革后的巨大消费释放, 产品销路以价格竞争为主, 品牌和品质方面都还不够强。这个阶段, 中国的改革开放使得经济再次进入初始工业化阶段, 产品力普遍不足, 参与国际竞争主要以制造成本低廉为优势。成本型的技术、仿制、生产加工提效是主要的创新要点, 这里的仿制不是简单的假冒伪劣, 以次充好。工业的实现能力是需要积累的, 在没有模仿的情况下, 凭空创新反而是不可持续的。这个初始工业化的阶段, 农村集体经济在转移农村劳动力方面发挥了很大作用。城郊乡镇企业是一个重要的组织形态, 它促进了基础工人群体的快速扩大。但由于工程师的培养周期长, 优秀企业家需要大量的商业实践来成长, 资本运作的人才更是因为没有足够规模的市场和资金而无从谈起。各类核心人才的不足, 人才本身也都是从之前的厂矿、政府、院所单位转来, 不断探索和成长起来。这一时期的创新生态, 是人才、市场、企业都在逐步积累的时期, "学习"是主题词, 需要模仿和自发探索。

20 世纪末至 21 世纪初, 我国先是开展国有企业改制, 随后又加入世界贸易组织 (WTO), 正式全面参与国际贸易体系, 不再仅仅充当加工单位, 还将消费市场更加充分地敞开。与此同时, 住房体制改革启动, 稍早建立起来的社会保险制度也开始实施, 这成为加速城市化的前奏, 也掀起了中小企业兴起的浪潮。社会需求要求更多面向竞争的优质产品, 参与生产的专业化程度要大幅提高, 城市建设相关产业的需求也加速涌现。创新面向产品和应用技术, 一些经历多年历练成长起来的制造业企业要应对海外竞争, 此时专利开始变得重要, 已不只是科研发明的标志, 更是在国际化竞争中的自我保护武器。大学也开始更为重视应用技术的研究；国家开始吸引海外人才归国，使其进入科研机构、企业甚至政府部门；校企合作增加，并且深入到技术项目委托。创新生态中高水平人才不足的问题开始得到国家重视，并通过留学培养和人才引进等方式来解决。

随着人才引进和人才培养的快速积累，以及相应的持续增加投入的国家科研经费，高校和科研院所在我国创新生态的地位显露出来，并且不断提高，高校在专利申请等方面的积累也持续增加。这个阶段中国的创新体系，同步伴随着城市化热潮、房地产快速增长、进口与消费增长，无论是企业还是科研机构都从模仿"学习"转向自主研发的"研究"，都试图提出自己的成果理论或者产品体系。虽然其间不乏一些机构弄虚作假，但总体上创新体系更为主动地思考和前进。同时，也对创新体系，尤其是学术体系中的规范性也提出更多的要求。

近20年，随着我国品牌企业逐渐获得稳固的国际市场地位，自主专利的数量和质量的积累呈现优势。我国的创新生态体系又面临科研学术规范提升、更具实用效果的应用研究、企业内部组织研发力量的新情况，呈现了民间资本参与产业投资、校企合作的技术转移转化逐步开放、鼓励科学家参与创业等一系列新的现象特征。

近10年来，中国以高速铁路和航空航天为代表的重装备制造成为重要的技术发展领域，以住房、道路为主的城市基础设施的投资强度逐步降低，互联网经济异常活跃，对社会生活尤其是城市生活产生巨大影响。另外，还有很多正在解决的问题，如互联网平台垄断问题、数字化伦理问题等。中国面临这样的基本环境，创新的需求要点转向更为复杂和艰难的问题，企业作为创新主体的地位逐步得到认同。资源组织的模式，从基于人才的各自发展、企业集群，转变为核心企业搭建庞大内部创新生态的组织化模式，并且开始要求形成具有互信机制和稳定标准的要素市场，使得人才、技术乃至数据能够适当交易，面向未来进一步提高创新效率，以市场和组织来共同降低成本。

各个行业的领军企业，随着业务规模的扩展，积累的利润和各类资源，都在寻求将自身的"产供销"组织体系升级为创新能力引导的需求解决方案系统，实现可持续发展。这不是靠关注社会和行业热点可以解决的，必须通过一步步的技术积累和生产配合将自身切实从"做大"转到"做强"。行业龙头企业们自建研究院，机械、冶金、化工、能源等传统行业将原有的工艺设计部门扩展更多职能，或者购买外部战略咨询服务。20 世纪末新兴的电信、房地产、银行等行业则新设机构或部门，负责调整内部的转型；最年轻的互联网企业则甚至从早期业务就始终离不开创新的组织架构、激励机制和产品互动体系，以及在业务和资本扩张后需要通过并购拓展产业生态来补充内部创新生态的不足。

中国的科学研究与试验发展支出^① 已经从 1995 年的 348 亿元持续快速增长，2001 年达到 1042 亿元，2009 年达到 5802 亿元，2012 年达到 10298 亿元，2021 年已达 27864 亿元。其中，企业资金占经费支出的比例，从 2002 年的 55% 逐年提高到 75%，并从

---

① 科学研究与试验发展（research and development，R&D）经费支出合计，指调查单位用于内部开展 R&D 活动（基础研究、应用研究和试验发展）的实际支出，包括用于 R&D 项目（课题）活动的直接支出及间接用于 R&D 活动的管理费、服务费，以及与 R&D 有关的基本建设支出和外协加工费等。不包括：生产性活动支出、归还贷款支出及与外单位合作或委托外单位进行 R&D 活动而转拨给对方的经费支出。

2012年开始稳定在这个比例，2020年占比为77.5%。根据国家统计局的指标解释，这里的企业经费是指R&D经费内部支出中来自本企业的自有资金和接受其他企业委托而获得的经费，以及科研院所、高校等事业单位从企业获得的资金的实际支出。可以看出，我国的创新生态中，研发的主体驱动已经主要来自企业和产品技术转化的要求。

从资源组织模式选择的角度来看创新生态体系特征。改革开放初期以家庭为主、集体企业兴起，消费缺乏的社会需要大量产品。于是，各类计划体制外的分配和交换渠道自发形成并运作起来，这属于市场驱动型。之后，随着企业逐步成熟，主要经济需求由贸易和基建投资拉动，政府政策成为配置资源的关键要素，尤其是政府投资、进出口和配套的金融政策。大量通信、道路、电力城市化的基础设施建设阶段，企业的行为、市场的方向要跟上政策的方向，这一阶段属于较为典型的国家引导型。在2004—2018年，虽然房地产的高速增长成为重要的经济拉动力量，但本质上土地和金融资源都是政府调控的，和制造业的自由发展不同。近些年，随着信息获取能力和分析能力的普遍提升，越来越多的企业能够充分理解国内外市场需求；政府开始向维护市场秩序（反垄断、反洗钱、保护消费者权益、生态环境保护等）转向降低政府公共投资的影响比例；企业群体逐渐可以主导对需求的判断，通过规范建设的市场实现商品服务供应，获取人才、技术、资本支持，这正呈现了企业从国家引导型创新转向新一阶段的市场驱动型。同时，科研机构，一方面持续响应国家大型科研任务工作，另一方面鼓励人才和技术市场化，也在通过专利转让授权、人才孵化、技术受托开发等渠道与企业内部的需求衔接，努力尝试从国家引导型转向技术应用型，一些模式创新开始出现，例如，李泽湘教授和松山湖机器人产业基地、21 世纪 10 年代以来建立的南方科技大学（坐落在深圳市南山区西丽大学城）、上海科技大学（坐落在上海市浦东新区张江高科技产业园区）、中国科学院深圳理工大学（规划建设在深圳市光明科学城）等前沿科技研究型大学也是技术应用性创新生态的典型。

现阶段可以说，我国正在对国家引导型创新体系进行调整和探寻，鉴于市场驱动型的主动性更强，开始有"双型"并进的探索。在技术研发积累较深厚的地区也开始探索技术应用型的模式。这里，我的意思并不是说生态模式有三个类型，全面兼顾才最完美。以总特征来说，当前中国正处在国家引导型比例下降、市场驱动型比例上升、技术应用型开始占据一定比例的阶段，但国际格局的不断变化，新冠疫情对社会生活的冲击，都使得这一趋向又不那么明显了。而美国、日本也并不能简单地说是一个类型而已，这种三分类型主要说明创新生态体系的特征不同，要测度每种"成分"的比例还需要更多数据的实证分析。或者说，这种概念并不适合以严格的数量来计算，这些都有待验证。

最合适的创新生态是一种演化的结果，是实践的积累，是"走出来"的路，是踮步之积，并没有一种"正确答案"能够在短时间内照搬。创新的生态本身也是一系列创新。

第8章
热潮不热，冷门不冷

21世纪以来，全球的资本投资遇到过生命科技热潮、互联网热潮、高端制造热潮、智慧经济热潮……举凡"热潮"，似乎都不过是三分钟热度，名字重于概念、概念重于定义、定义重于内涵、内涵重于实效的逻辑。或者说，至少是先提出概念和名字，把热潮和社会需求的感知结合起来，并没有从实践中逐渐把事情都走通。让我们来想一想，20世纪初汽车在美国的兴起，也是时髦消费的宣传推广起了重要作用；更早的荷兰郁金香投资热，也是如此。不过历史为后人所写，价值观难以重现当日，也就难免出现一切历史的文本书写出来都是"成王败寇"的样子，一些做成了的广告就是成就改变人类历史的创造，一些没做成的就成为骗子的帮凶。

"热潮"，通常都是一系列媒体、商业公关的趋向。当然也有其他要素的，不太从生产、日常生活需求出发的，这里就不多提了。热潮似乎都是在指引人们生活方向的，但究竟谁有这样的权力呢？在市

知识窗　　　　　一百年前的美国汽车业

从 1903 年福特汽车公司成立，到 1913 年流水线汽车生产工艺投入使用，美国的汽车生产成本从此快速下降，豪华昂贵的代步工具开始走向正在兴起的城市中产阶级——一个比贵族豪门大得多的人口群体。

生产成本的降低和有购买能力阶层的扩大是基础，但为什么不选择买留声机或者家庭钢琴，而要买汽车呢？20 世纪 20 年代的美国汽车业，投放了大量的广告，1920 年 1 月的《国家地理》杂志上就刊登了通用、福特、克莱斯勒等多家汽车厂商的广告。汽车消费和很多社会话题进行连接，如女性独立、现代时尚、美国梦、自由平等，等等。

另外，就是和金融的结合，汽车分期付款的推出吸引人们更快地做出购买决定，使人们觉得汽车似乎更加"便宜"了。1919 年，通用汽车率先建立通用汽车债券承兑公司（General Motors Acceptance Corporation, GMAC），在接下来的 10 年时间里，使用分期付款购买汽车的家庭比例从 4.9% 提升到 15.2%。

场经济活跃且思想观念多元的社会环境中，每个商业创业者都希望获取公众话语权，媒体也往往有其导向理念，由此形成了公众看到的商业"热潮"。这些热潮未必来自对社会需求的调查和归纳，而是概念的口号指向在前，将商业策划出来的概念或现象以较高的频次展现给公众，使公众对其形成特定的印象。这里我不是在发牢骚、批评社会，更多的是在描述消费主义倾向带来的销售、商品、消费的热潮，并扩大到投资、产业乃至科学技术方面的状态，这在19世纪、20世纪层出不穷，英国、美国都是典型的有过这种阶段的社会。前面章节中我提到的哲学家鲍德里亚的《消费社会》等作品就是在反思这些。消费的习惯、购买的欲望固然在一定程度上促进了经济的增长，形成了消费，拉动了经济需求。但是，很多消费需求是"被制造"出来的，是商人、企业通过大量的广告概念引导公众造成的。而当一些消费观念进入公众的常识之后，也就不会再被质疑，也就成为消费的原因。例如，汽车，它是私人所有的乘用小型汽车，是身份的象征，是财富的配置。如果没有购买限制的话，我们非常需要这种机械吗？在公共交通较为发达的大型城市中，我们也很需要私人汽车吗？那么，我们最早是怎样开始"觉得"私人汽车是方便的、有用的、象征社会进步和个人财富的？

投资热潮的过程中，会不断有新的概念被提出，热潮也会过时，时间短的不够10年，有的甚至不够3年。互联网的流量模式，虚拟世界的资源估值替代利润核算的估值，这样的资源竞争中，有效的结果是市场占有率，或者说垄断地位，也就是未来的定价权。通过大量融资来支撑铺向市场的大量营销（无论线上或线下实体），以广泛的占有率和价格优惠吸引用户，这已经不是"开业大酬宾"的老模式，而是在创办初期就直接挑战市场现有主体、全面争夺客源的"打法"。占有了足够多的用户，并使其建立使用习惯之后，再开始逐步减少赠送、取消优惠，乃至服务收费。这一商业逻辑本身并不完全错误，薄利多销是传统的商业策略之一，但在大量融资以占有率资源量为估值基础的资本支持下拓展，使得这一需要几年或十几年积累的商业过程，要在一两年甚至几个月内就见到成效，做出"一鸣惊人"的效果才算合格。这样的市场竞争，持续免费或低价争夺用户，是否属于故意以低于合理价格的方式进行不正当竞争呢？

知识窗　　　　　　　　　　**互联网流量平台**

互联网广告"需求方平台"（Demand-Side Platform，DSP）。当广告主有在互联网中投放广告的需求时，那么他就需要流量资源，此时他就是流量需求方。DSP 系统就要预估当前网民对什么商品更感兴趣，然后对其进行计算匹配和广告分发，帮助广告主获取收益。DSP 平台是实时运营的，会不断进行竞价和广告分发更新，不同的广告被推送出去，这使得网民在访问互联网时每次看到的广告都可能不同。一些规模较大的 DSP 平台包括：百度营销投放平台、阿里旗下的阿里妈妈、腾讯广告、字节跳动的巨量引擎、谷歌的 Google Ads。

相应地，在投放内容侧也有供应方平台（Supply-Side Platform，SSP）。各种线上媒体提供互联网流量，那么媒体就是流量的供应方，其中服务于媒体进行广告位管理及流量变现的平台就是 SSP 平台。国内常见的 SSP 平台有：百度的百度联盟、腾讯的优量汇、字节跳动的穿山甲。

DSP 和 SSP 都是基于线上广告的衍生交易，是为发布广告的平台，如各大门户网站、各类视频移动应用等能够吸引大量网民驻足的站点或应用程序提供流量交易服务。

互联网商业的流量模式，是对此的一种抽象化，即将市场占有率及用户注册、关注、浏览的频率当作资源，再以此为基础销售给其他商户、推销其产品。本质而言，流量的售卖是为宣传和营销服务的，是一种广告业务，也就是互联网媒体属性的商业化。互联网企业需要提供一些功能性的免费服务来吸引用户，即"场景"，从而形成流量，最经典和成功的移动支付、线上社交、影音播放都是如此。随后，在向用户提供免费服务的基础上再提供收费服务，获取收益或者以其媒体性质推广其他合作方的产品服务，以及收取"广告费／流量费／获客提成"。与报刊、广播、电视为代表的上一代媒体相比，"新媒体"的互联网平台模式，提供的不再只有阅读、收听、观看的内容，此外还增加了支付、通信（交互交流）、购物等多种功能和形态。这些是对人们生活服务的创新，满足人们更多的消费需要。

因此，当追溯到商业活动的原本状态时，互联网行业也是通过创新来提供产品服务，和制造业的运行目的类似。这种"热潮"的兴起与衰落，在于更多的资本注入及人们希望加速发展。当"热潮过热"时，这种本来是助推的辅助力量（非控股的财务投资）就成为拔苗助长。于是，企业实体发展中把产品销售环节做好，结果会规模越做越大的逻辑顺序发生了变化，以做到足够大或做到某一领域最大为目标，来分解需要什么样的过程和手段。规模效应，在这里不是驱动单位成本的下降，而是以驱动边际成本为零优先，将市场占有率当作利润之前的商业目标。某种意义上，这已经不是在谋求商业利益，而是在谋求权力。

于是，面对市场秩序，公众、政府就会要求反不正当竞争、反垄断。互联网用户的流量是不是一种基础需求？如果已经成为基础需求的话，那么重要的免费互联网站点、应用软件，就成为一种自发形成的社会基础设施，如同自来水、电力一样。这是自然垄断行业吗？还是需要进行强制拆分以打破垄断行业呢？以我国为例，2020年以来，国家对互联网行业开展了反垄断、反不正当竞争等多项调查，以保护国家数据安全、用户个人隐私。市场对于这些举措的预期和理解，多是基于对实体层面的考虑。到 2022 年年初已感到热潮迅速退去，互联网企业的上市放缓、估值降低。例如，滴滴出行 2021年在美国上市，2022 年 6 月便自愿退市，以及更早的 2020 年 11 月蚂蚁集团上市暂停，2021 年"双减"政策禁止教培行业上市融资[①]，等等。

而"冷门"呢？制造业的厂房、工人、库存、运输看起来普普通通，如果没有"概念"进来，恐怕并不那么惹人关注。然而实体经济的"样子"通常也是这么"普通"。制造业中的精进包括：销路不断扩大，成为细分领域龙头企业的"隐形冠军"，还包括积聚效应突出的特色产业小镇，也包括科技转化的孵化器、产业园区。在新闻媒体的话语中被公众所知较少的，称其为"冷门"。这种关注度的高低，和产业重要性有一定关系，但和产业的发展地位、产出、吸纳就业等作用就未必有直接关系了。

互联网行业提供的大量服务使得我们的生活更为便捷和舒适，这是对社会很大的贡献和改善。前面的讨论，我不是在否定互联网行业存在的意义，也不是要提出制造业比互联网行业更重要。我要说的在于："冷"与"热"的差别是媒体宣传对大众触达的差异，互联网行

---

① 指 2021 年 7 月 24 日，中共中央、国务院办公厅印发的《关于进一步减轻义务教育阶段学生作业负担和校外培训负担的意见》。

业本身是媒体，更容易触达大众，其他被媒体所发现和关注的产业类型也因此而成为"热潮"。这种区分不是产业演化的需求拉动逻辑的结果，不能代表一种行业的必要度有多高、协同性如何，对于产业的认知要保持实体经济的分析逻辑和实践态度。新闻媒体是重要的信息来源和我们认识社会的中介，但其本身也是一种现象和意识认知的集合，不是截然客观独立的。因此，通过不同新闻媒体的影响来理解产业问题时，仍需要结合机理规律、产业需求规律、生产成本分析等方面，不能只靠"热度"。面对"热"与"冷"，经济管理的分析者们恐怕要避免盲目跟风，要面向社会需求来经营和决策，追求可持续的长期发展，更不必通过"制造"风潮来获利，短期获得的暴利往往是难以为继，甚至会得不偿失。

8.1 问题与矛盾：我国当前的创新生态现状观察

再来看我国的创新生态，前面，我对近几十年范围内产业演化的大致脉络做了概述。那么，面向未来，我们需要解决哪些具体的问题呢？演化的过程是每一个个体面对环境的各种资源与压力，逐步积累行为经验形成社会性变迁的过程。

国家知识产权局发布的《中国科技成果转化年度报告2020（高等院校与科研院所篇）》显示：虽然2019年以转让、许可、作价投资方式转化科技成果的合同项数比上一年增长了32.3%，但以作价投资方式转化科技成果的合同项数反而下降了41.9%。《2022年中国专利调查报告》显示：2022年，我国企业发明专利产业化率48.1%，较上一年提高了1.3个百分点；其中，大、中型企业的发明专利产业化率超过了 50%，且近 5 年来保持提高或持平。但小、微型企业的发明专利产业化率在 2020 年之后连续下降。2022 年，高校发明专利实施率经过 2021 年的下降后再次上升回到 16.9%。从笔者的市场感受、投资实践和了解到的一些行业评论来看，这个统计数字或调查结果大致是合理的。这里面的"悖论"在哪里呢？

科技成果转化的常见方式主要有三种：一是，现金转让专利，"一手交钱一手交货"的"卖掉"资产，权利完全转移；二是，付费授权使用，专利所有权不变，合同约定排他或普通授权，按年度付费或产出价值分成等形式获利；三是，专利作价入股，资产转移进入标的公司，同时获得公司股权。三种方式的复杂度依次提升，卖资产的话，交割之后双方"一拍两散"，授权的话，双方按合同办事，但要定期结算，入股就是一起做事情了，各方是长期合作关系。

一个典型的场景（图 8-1）是这样：大学 X 的一项技术专利 T，在某个具体领域有一定的新颖性、领先性，他想要寻求转化。创业者 A 募资成立了公司 M，并组织了团队，开始逐渐探索产品、渠道，渐渐摸索出了市场的方向，企业发展起来了，如果获得专利 T 可以有助于公司发展。（A 可能是大学 X 的教研人员，或者是毕业的研究生，抑或只是一个外部合作者，这些影响都不大。）这个过程中，A 开始创业时，大学 X 通常会担心 A 失败，会要求以现金作价转让 T，可是 A 或公司 M 都拿不出太多钱。但当公司 M 成长起来有了资金，希望继续和大学 X 合作时，大学 X 通常会要求必须作价入股。而大学 X 是事业单位，入股的实际操作一般会批文授权其直属的国有资产公司 Y 来代表持股，而遇到需要股东表示意见的时候，公司 Y 并不会独立决策，要先在公司 Y 内部部门报批、公司审批、"领导班子"

审议，然后呈文报大学 X 的知产管理部门、金额大的还要报大学校务领导审核①。

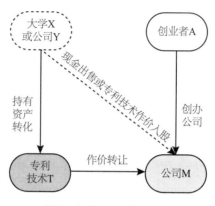

图 8-1　常见科技转化方式

这还是只是审批阶段，前期还要从公司 Y 认可的供应商名单里指定资产评估机构、专利机构、审计机构来给出综合估值意见，过程中还可能应评审要求补充材料。这样的股东决议流程相当漫长，担心承担国有资产流失责任的领导都非常紧张，不敢轻易批准。所以，A 和公司 M 都非常不欢迎公司 Y 入股，这会成为市场募资时其他投资人的顾忌，甚至成为未来上市的一个很难处理的持股主体，在出资人穿透、持股身份证明等资料的配合程序都会非常烦琐。虽然没有什么规定上的阻碍，但"玻璃门"是非常耽误时间的；市场实践中，延误时间导致整轮次的融资都无法办理股权登记，最后临场更换股东主体，重新召开全体股东大会的情况也是有的。当前，在市场监管局

① 随着 2020 年前后不断深化的校企改革，校属企业通过股权划转其他地方或政府部门所属国有资产平台，国有企业持股的方式预计也会有更多变化，也许转为高校直接持股或更多地采用现金转让技术。

（工商行政管理部门）的实际操作中，有限公司的一份股东会决议，只有在全体股东签章的情况下，才被接受备案登记，无论决议中表决的持股比例如何。也就是说，不论公司章程对有效股东会的召开约定了怎样比例的股东数量或股权比例，或者约定了怎样的投票比例，办理工商登记时都必须全体股东签章。决议的内容中可以记载：某股东投了反对票、某股东不同意哪一个议题，但是即便他们反对，还是满足了通过决议的投票比例。可是，这份股东会决议文件上，反对者也要签章确认，否则是不予办理工商登记的，只能公司自己存档。但涉及股权变更等事项时，未经工商行政管理部门登记的话，其效力是受影响的。工商登记部门的这种操作"规定"，可能可以防止公司股东间出现纠纷的时候，行政管理部门处于被连同诉讼的问题，也有保护股东平等权利地位的用意，但是，这也相当于从行政登记的意义上赋予了小股东（哪怕只有 0.01% 的股权）一票否决权。正是一些类似这样的机制，使得企业非常担心程序极其繁杂的校企入股（如果高校以事业单位身份入股则更加麻烦）。由于他们的决策流程相当漫长，会使被投资公司的一些行政审批登记程序无法进行，一定意义上损害了其他股东的利益。

这样的场景在市场人士看来是一种资本结构的缺陷或者至少是一种瑕疵。久而久之，创业公司有了经验或者投资人的指导，也都会尽量避免国有资本，尤其是校企的参股，以免未来治理结构上的效率羁绊。对于项目初创期必需的高校专利，尽量采用融资购买的方式，后期尽量采用项目合作、知识产权共享共建的模式，这样就会相对保障企业利益。

可是，如果企业尤其大企业在知识产权上较为强势，事情又会走向另一个极端。学校的应用研究项目，往往没有充足的经费，又不像基础研究可以申请到国家科研项目经费支持，因此，主要靠企业捐资或者校企合作来完成应用研究项目。但如果企业方要求比较高，对科研人员的贡献就会缺乏认可，一些企业甚至会要求知识产权完全归属自己，按照委托研发的模式来签订合同，这样一来科研人员只是拿到了项目劳务费（不同学校的财务制度还有不同的限制）、实验设备和实验费用，并不能以第一负责人名义报请奖项，甚至不能以第一作者发表成果。这样，科研人员就凑不够"材料"通过评审职称之类的获得学术荣誉，反过来，也就不会愿意很积极地参加产学研联合项目。尤其在专利转让出去后，经过几年、几十年，企业以当初的成果为基础获得了巨大商业成功，科研人员会觉得，自己花心血培养的"孩子"怎么就是人家的了呢？

2020 年 5 月，科技部等 9 部门印发了《赋予科研人员职务科技成果所有权或长期使用权试点实施方案》（以下简称《方案》），在《方案》中正式提出了"树立科技成果只有转化才能真正实现创新价值、不转化是最大的损失"。

在理念上提出这个原则，是非常了不起的。其实，我国不论怎样学习美国的经验、斯坦福的各种机制，都要结合本土来适应与改造自己的机制，想要有一个对科研成果的认可的机制，需要先形成社会共识。现在产学研过程中的矛盾很多，互相理解很难，各方面都觉得机制不公平，相互之间也不完全信任、对各种效果也都不太满意。说到底就是，还没形成较为一致的基础认同。这就是我在前一章花了很多篇幅讲述"生态"的目的，美国模式不是绝对先进，德国模式也并不是科研转化的"正确答案"。他们都是经过一个特定的演化过程后，适应了国内外各方面的需求，从而找到了适合自己的结构和动力机制，能够持续产生优良的创新成果。因此，我国不仅需要，而且正在不断探索和调整出适合本国的创新生态。

具体的问题来说，高等院校的科研成果是属于谁的？（这里不包括涉及国家保密的成果）科研人员觉得这是自己的劳动成果，院所事业单位觉得这是职务作品，所有权应该归属单位。从著作权、劳动合同等法律规定来说，各有各的道理，那就要看具体的规定和合同条款约定了。但这背后的精神和社会原则呢？大学是公共机构（私立大学，只是筹款方式不同，但仍然是公益的非营利组织），其目的是为社会提供知识和思想，以及培养人才。所以，大学的研究成果应该归属社会，极端点说，应该全部公开，免费授权本国国民和企业使用。

同样，国家支持的科研项目形成的专利成果、技术内容，这是属于谁的？属于国家的。无论从出资方式还是权利登记而言，都是如此。但是国家是社会公共事务机构。那么，归属国家的话，又和将科研成果列为国有资产、狭义到国有资产经营管理机构的报表内专属资产，是不同的。既然国家代表人民管理整个社会事务，国家所属的科研成果，公开交给本国企业和国民使用也是国有范围的应用。前面治理结构的困局，归根到底就是，"国有是谁有"的问题，把国有专利都等同于大学下属的那一家国有企业所属，这相当于把一类公共财产不断缩小概念范围，压缩到一家企业了。国家所有，是一国之内的公共用品，不是一家国企所有。专利是具有外部性的，一旦形成发布后没有维护成本的"资产"，所以，国有专利和国有高速公路、国有土地不是同一类的资产，不必落实到非常具体的产权主体上。这个意义上，既然是国有专利，就不必"专"其利了。这相当于回到了近代早期，法国主张的专利不应保护，英国主张应该保护商业专利的讨论中来。

然而，国家是有边界的。国有专利是基于本国财政税收支持产生的项目成果，本国之外的企业、机构、个人要想获得使用权限，需要通过付费方式获得授权。这个区分和监督授权使用主体的职责，可以交给国有主体去承担。

另外，保护技术还要鼓励创新，只有让发明人、团队有权利，才能更多地发挥科研成果的社会意义，更多的授权应用才能推广更多的商业利益。除了军事涉密技术，其他应以较为快捷的审批流程来准许专利的授权或转卖。专利价值的资产评估，除了规范性技术要求评价外，市场化的谈判也是一个重要的环节。发明人往往是科学家，虽然很熟悉专利甚至对所在领域的市场也有不少了解，但未必是可以进行专业商务洽谈的人选，这就需要合适的中介服务机构——大学设立的专利办公室或技术转化办公室，这往往是一种不错的方式，外部的独立专利事务所可能在交易中介方面的作用不大，专利运营基金在国内更是罕有。

校内机制方面，近些年很多高等院校开展了有关的制度改革，从忌惮"国有资产流失"而不愿转化，到"大方"给予科研人员非常高的奖励比例，并赋予完成人一定的转化自主权。2015年修订的《中华人民共和国促进科技成果转化法》是一个标志性的法律，将科技成果的处置权、使用权、转化收益权下放到各高校院所，并明确了交易双方市场化自主定价的合法性，彻底摆脱此前主管部门、财政部两级审批的约束，让科技成果走出国有资产评估"算小账"的拘泥，走向创新带来经济社会效应的良性循环。此外，高校在鼓励人才评价与经济奖励两条激励路径上下功夫，明确要求主管部门与各科研机构，建立可促进成果转化的绩效评价与职称评定制度，并将给予成果完成人的最低奖励比例先后提升至 50% 与 70%，突破"唯论文"的单一评价导向，增强投身技术转化的科研人员的获得感。但这些变革，都还需要一个坚持的阶段，形成社会各方的认知与认可，才能发挥运转的作用；并且只有在足够频率的市场交易谈判中才能逐步建立一个合适的价格形成体系。

创新的生态是由多个主体协同关系构成的，各种主体的"分量"不同就构成了特征不同的生态。在我国现阶段的创新生态中，企业的主体性正在得到更多的重视，但由国家引导的高技术、重工业的基础性研发仍然在发挥其规模大、投入充足的效率优势。技术应用型的成长还不够，以公立事业单位为主体的科研机构主要承担科研和教学任务，与企业的合作关系还需要探究。一方面，这类科研机构将科研成果介绍和普及给更多企业，从而起到启发发明创造的作用；另一方面，在获得实际产业问题后，以技术咨询充分参与解决问题，这更加遵循需求引导技术方向的工业逻辑和理顺创新生态。

8.2　模式与探索

从我国的创新生态现状来详细分析企业、科研院所、投资方（国有和社会投资）三个方向，在科技项目成果、创新人才培养、企业技术问题解决／效益提升、创新／研发资金解决四个领域的协同中，我试着归纳了两个典型的问题：一是各方的沟通问题；二是利益协同的模式问题。

在第 1.2 节的讨论中，我提出，工业发展史中有两个要点：一是技术方向来自商业需求；二是在科技知识的传播中，主动的信息交互十分重要，无论是当年的公众演讲、专业协会、培训学校，还是今天的信息平台、咨询服务，都是如此。需求拉动这一逻辑是工业发展的根本动力，在今天仍然如此。虽然我们不必完全停止一切基础科研，让教授专家们坐等企业需求，但是对应用问题要充分尊重来自市场、生产第一线的实际问题，再运用研究去解决。另外，科研侧主动向全社会、企业、公众去介绍科研成果，而不是仅在自己的学术圈甚至本学科的圈子里发表和讨论。

沟通的问题，是一切的基础。不同角色的机构，其诉求和出发点都不一致，如果不能有效对话，那么一切都是白说，更谈不上合作，也不容易有可持续的效果。虽然，不能说所有的企业都是一个目的，所有的大学教授都是千人一面，但总有些受制于机构特征的共性，我试着做些概括，希望能有助于各方的协同理解。

沟通清楚了的话，具体问题怎么解决呢？还要先有合适的模式，分工、合作、利益、条件都得说清楚。在我参与过的项目实践或者调研中，看到了很多针对具体问题的模式设计，可以归纳出来作为参考。但关键在于，这不是可照抄的，因为每一个"样本"都有很具体的环境条件和各方特点，所以并不那么容易通过整体"迁移"来直接使用。因此，将前面的各种模式不断微观化到具体问题的理解中去，才可能创新出合适的模式。

8.2.1 沟通问题

前几年我受托组织了一项清华大学的产学研融调查项目，项目历时一年多。完成后我将其整理出版 ①，还加入了笔者近些年从事股权投资过程中对能源、制造业、互联网行业的一些研究和调查了解，在此做一些归纳。

近年来随着中国经济的发展，高校体制改革不断推出新举措，产学研融结合已经有了越来越多的成果，但在产学研融四个主要关系中仍存在一些问题，通过有关调研的总结，我试着做了一些归纳，如图8-2所示。

- "产"和"教"在实践中不易建立行为上的信任。学校和企业的合作主要是学生实习实践，但企业通常无法直接对学生的行为进行评价，学校不会给企业提供评分考试的权利，实践实习都以简单的"考察通过"来评价。所以，企业对实践教学的介入不深、对学生的激励或考评不足。我这里说的主要是大学本科阶段或硕士研究生阶段，职业院校的"产"和"教"反而融合得会好一点。企业也担心实习学生缺乏足够的责任心和约束而不敢将相对重要的实际任务交由学生来执行。本来学生没有足够的工作技能，却占用工作场合和岗位，就会给企业增添培训负担，以及承担因交付的任务不合格而导致产品品质受影响的风险。企业又无法通过绩效考核、劳动责任等方法，对学生进行管理，这也是大部分企业往往不愿意投入校企合作的重要原因。反过来，通常大型企业或巨型企业才设立实习实践项目，并对学生还要进行一定的选拔。而随着社会舆论不断强调这种实践应该被视同劳动关系、认为学生应该获得与正式职工

① 叶桐，刘颖，金韬. 谁主沉浮："石榴计划"产学研融协同创新调查研究（第一册）[M]. 北京：化学工业出版社，2019：12.

工业的逻辑——创新与演化

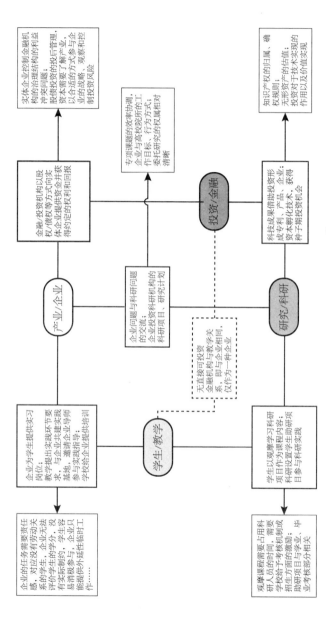

图 8-2 国内产学研相互关系现状 [1]

① 叶桐, 刘颖, 金辑. 谁主沉浮: "石榴计划" 产学研融合协同创新调查研究（第一册）[M]. 北京: 化学工业出版社, 2019: 112.

260

相当的待遇，指责企业低价雇工甚至有"剥削"的意味。但舆论反过来又对企业要求产出，顾客会对实习生来操作的服务或产品不满意、质疑其品质。这样两头要求责任的环境压力，让大部分企业无所适从。这样的压力之下，即便有少数企业不够规范合理，大多数企业也会觉得多一事不如少一事，不要惹麻烦为好，于是使得学生的实习实践更不容易被安排。另外，2020 年以来，人们感受到大城市院校里的应届生、在校生，对就业岗位、待遇甚至对实习岗位的企业承诺要求越来越高，青年失业率高、毕业生就业压力大和企业招聘难同时存在，这种类似摩擦性失业的情形十分明显。如前文所介绍，我国最近几年已经开始高度关注职业教育的发展，我也参与了多个省份的多个院校的产教结合实验，深感前路不易，但对于未来十分重要。

- 营利组织与非营利组织的认知差异。营利组织的目标性、应用性特征使得其结果导向很强，更在意投入产出比（包括时间和资金的投入）；非营利组织的研究机构在时间观念、人员考核管理上都要柔和得多，更适合探索性工作的科研项目，对科研人才的容错机制也是保护科研创新很重要的环境。研究院所与企业、投资人之间的交流障碍主要来自目的的不同、认知的不一致，或者是在看似有关的领域合作，但在执行中因为各自机构的"节奏"不同，无法形成统一的计划时间表，执行目标脱节。

- "实"与"虚"的不同。企业与投资机构的矛盾在于二者的关注点不同，实体经济关注管理和实务运行，投资机构关注总体的指标、估值、趋势等更"宏观"的问题。因此，企业更关注经营现金流的稳健、经营利润，而资本投资为了企业控制权、资本估值价格等目标，更多是把企业当作一个资产或项目，对于经营中的生产、组织、人员等细节并不关心，更关注有市场号召力的产品创新。有时候，会出现资本"推着"企业去上市、去做并购的情况，其中一些是各方利益的一致，还有一些是被迫妥协。"虚"的成分多了就会出现企业重"概念"轻运营的问题；而"过于务实"的企业，又因为没有兴奋点，不容易获得资本的支持。

- 教学与科研的分离。不参加科研项目的学生不能体会到研究的责任和目的，学习过程只能走马观花；参与科研项目的学生，需要从基础的、"简单、重复的劳动"开始做起，有的学生没有耐心磨炼，存在好高骛远的情况。另外，在科研团队中，也存在有的指导者负责不足的情况。但总体来说，科研和教学因为大部分都在高校或院所内，融合得相对较好。科研与教学之间分离的问题，往往是因为教学需要一个从基础做起的循序渐进的阶段，科研是探索研究的阶段，二者的差异相比其他关系之间要少得多，也很少达到无法沟通对话的程度。学生在校期间，除学习之外似乎有"太多"事情要做，"花花世界"可以选择的太多，所以能够花在研究训练上的时间就不一定能够保证，前面谈到的企业实践也是如此。每个学生往往都想面面俱到，让自己的简历丰富而完美，又不想在同一个地方"浪费"太多精力。于是，被一刀切的两段时间在任何一边都显得不够，无论是指导教师还是企业项目都难以保证质量。

产学研融四个要素（这里如果不单独突出"学"的要素，可以和

第 7 章一样，按照企业、资本、科研机构三要素），本身是社会的分工，分工是为了专业化提高效率，能够通过"结合"提升教学方面的人才培养的综合性与实践性，解决企业面对技术困难的视野拓宽和解决方案，研究面向应用的转化率及投资机构在组织中获得的良好回报。

分工之后无法有效合作，就是沟通的问题：各说各话、盲人摸象。比如，同样一个"科技创新"的概念，科研工作者关心课题成果评奖、自己评职称，教学方面重视总结创新的规律，企业关心专利的利用和成本问题，投资机构看到的是资本市场的估值热度。没有有效的沟通，就无法形成共同目标，大家不进行有效的、项目框架范围内的讨论，不共同工作，是无法有效形成合力的。那么，创新生态体系中需要建立的良好沟通机制，需要解决两个方面的问题：一是"听得懂"，二是"管得住"。

解决"听得懂"的问题的办法有两个：长期而言，不同的主体在同一个可交流的空间环境里不断合作，形成默契，也就是形成一个共同的对话机制，即"语境"；短期而言，可以利用一批专业的中介组织、信息平台、咨询机构来充当"翻译"，将交流的效率本身也专业化。

空间环境，是物理化的空间，我感觉还是很有意义的，互联网空间的聚集对于人们之间默契的形成是非常不充分的，或者说需要花费大量时间来通话才行，反而效率低了。各种"众创空间""工作站""创新基地"的房屋、场所在全国各地、各个高校、园区都不鲜见，但能让创业者们入住，该进的能进、该出的快出，像学校的教室一样有效利用，这就不容易了。这些地方大量空着的有之，鱼龙混杂的也有，看起来也未必是科创的氛围，而追其原因而论，项目和房产对接不上、招商引进达不成计划、为了房租成本压力不得不改变经营对象、投资人急于要经济回报等原因不一。我感觉还是经营者比较"着急"，他们未必是急于求成，因为毕竟都是有价资产的运营，对面子和里子来说都是有要求的，无论是股东还是主管单位都要看成果，所以也难以一步步来实现良好的环境。而另一类"野生"的自由空间，往往初具规模又会因为种种不规范被综合治理，规范有时很难和限制区分得那么清楚，有些时候是理顺关系，毕竟消防安全之类的还是非常重要的，有些时候也是容不得失败，看不惯"小打小闹"。

信息中介也是一种中介，而居间服务的核心从来都是信任、一手托两家，但毕竟是隔行取利，那么信任从何而来呢？品牌，是陌生关系中建立信任最简单的一种方式；熟人介绍则是最为普遍的信任传递的中介方式。后者的问题往往是覆盖范围太小，而且受介绍人专业所限、可以服务的领域不足。但如果是专精一个产业的园区专员，其实恰恰应该将自己塑造成为熟悉行业的技术经纪人，将熟悉各类政策、行业总体情况和熟悉的企业、研究机构的技术专家衔接起来，发挥引介、辅助甚至促成的作用。

品牌信任度的缺点是需要具体落实的场景，以及品牌之下具体参与人员的不确定性，参与实质合作的各方还是要落实到人，虽说机构合作认章不认人，但又担心人走茶凉。而企业一方小心谨慎，即便合作也更倾向于将付费条件后置，技术拿到手并实现应用、销售产生效果后才进行支付。一方面，前面谈过的工业实现能力不足导致很多事情更难做成，企业自身缺少完整的评估能力，而这部分能力还很难信任外包服务，这就形成死循环；另一方面，即便事情能做成，太过保守的合作机制使得服务方前期投入周期太长、缺少合适的回报，所以没有形成商业模式。因此，这种长期陪伴的中介服务非常需要国家、有行业背景的非营利组织来提供，因为它们既是无利益相关方的身份，又不担心商业回报的失败或推延。

前面介绍过的各类较为成功的创新生态中，都能较好地解决沟通的问题。美国北卡罗来纳州的科研三角科技园、慕尼黑工业大学等都是采用共同协同环境的方式，弗劳恩霍夫协会、专利基金等都是采用典型的专业中介机构的方式。

有了良好的沟通对话，第二个问题就是约束机制，也就是"管得住"，是指能把一个良好的沟通机制保持下去的方式。对话是为了在合作中正确分工，需要在每一个具体的项目上形成职责，各方背后的组织层面达成治理的共识，从各自的奖惩绩效来支持参与项目的人员，形成有效、有执行力的约束机制。一个项目上，负责人如果来自企业，高校的教授只负责局部的技术方案，那么，无论这个教授的资历多深，在组织意义上，既然参与进来就要服从组织计划的协调。在讨论项目时间表时，企业负责人可能会考虑产品的推出时机、应用用户的喜好等问题，这个时候教授不能只强调自己高校的社会角色、说这些与自己无关、自己的研究不考虑这些。同时，背后的高校也要支持这个项目，不能让教授遇到困难就退出，否则对其他人就没有足够的承诺，会给其他各方带来损失。企业这方的约束承诺也如此。当然也不是说不允许退出，这是一个基于协商和共同对事情发展的判断，如果一致认为困难无法解决、项目宣告失败或中止，为了避免无休止的投入，当然也是可以退出的。我所强调的约束，不是随意的单方面退出，这种约束机制是一种相互承诺的默契。说到底，还是需要"沟通"。同样，如果将主体设立为一个高校内部的研究机构，那么按照学校的体制来运作就是主要的，企业提供配合或者也提供经费，对于课题内容可以建议、沟通，但不可以干预主要研究方向。分工基础上的配合十分关键，但明确唯一一个来主导很重要，"大家商量着来""合作方互相尊重、互相配合"在实践中不能取代明确分工的基础关系，否则运行效率会受损，这是管理上最要不得的。

8.2.2　主体问题：市场的力量

《中华人民共和国国民经济和社会发展第十四个五年规划》多处提到发挥企业的主体作用，尤其是谈到科技创新的部分。这是一个非常符合市场规律的重要洞察，也是下一步解决我国创新生态演化前进的一个关键。

我曾归纳过市场活动中常见的一些问题[①]，转引在这里并做出一些修订和补充。

● 新技术在哪里？

有的企业认为，新技术都在高校院所，只要给费用，尊重知识归属就能商业合作。这里所说的"新技术"还处于原理性为主的科研成果的阶段，也许称为应用技术理论更为合适，与能够直接应用的技术还存在较大差距。这个道理虽然简单，但并不是很多企业都能明白，更不能都做到。很多企业不舍得给教授们提供必要的经费，觉得学者的经费由国家承担，自己最好可以搭便车，但实际上往往没有那么凑巧。何况本来大部分学者都有自己的研究兴趣方向，也并不是什么企业的需求

---

① 叶桐，刘颖，金韬. 谁主沉浮："石榴计划"产学研融协同创新调查研究（第一册）[M]. 北京：化学工业出版社，2019：115-117.

都要满足。至于知识产权的归属，尤其是署名权，本来就是知识分子比较关心的。一些企业在合作后，竟吹嘘自己是 100% 自主研发之类的，对高校学者的贡献却只字不提，使得未来合作无法继续进行。这里说的不是知识产权法概念所界定的委托开发的权属问题，而是关乎合作双方如何建立交流合作关系的问题。

● 并不是每项好的专利技术都可以成为一个项目

　　一个好的项目，由一个团队运营形成一个产品业务的核心，随着业务的扩展而成为一家公司，也就是资本投资的法律主体。资本要投资的是团队，是有技术的团队。那么团队在哪里？既然是科技为特点的项目，那么最基础的团队当然有技术牵头人。不论技术专家、高校教授们是否有经营企业的能力和精力，在一个项目型企业或者一个技术研发型企业早期，管理运营的效率还不是第一位的，研发的持续能力是关键。所以，保持技术牵头人必要的主导地位，是资本比较重视的治理结构的平衡点。

　　从科研院所孵化的项目，技术牵头人往往身兼科研、教学甚至行政职责，不能专注于投入单个项目的技术的持续开发，再加上其所带团队的人员组织情况也往往偏于师生关系为主、缺少适当的商业人才，这成为资本方最担心的问题。资本方希望项目能够形成解决一定场景需求、成体系的产品，从而获得市场认可，产生利润，拥有稳固的市场地位、上下游产业链关系，这样才能形成估值，无论是独立上市还是股权转让、哪怕是持有分红，都是个好项目。但科学家身份更重的技术牵头人，未必有很强的经营之心，这时，能否引入全职的项目经理来撑起商业化，这就成为一项（或几项）好的技术能够转化成好项目的关键。

人才交流方面，很多校企人才的互相兼任已经在国内非常普遍，很多高校采用"双导师"机制，从最早的研究生学位论文多元评审，到现在在本科生职业引导、研究生产业实践乃至一些专项实践课程共建方面都有各种项目。近些年来，越来越多地看到互联网、软件行业的一些在国内外行业巨头任职的专家，加入国内顶尖大学的人工智能研究院、电子工程系、计算机科学与技术系成为全职的院长、教授、副教授（任副教授的往往是中青年技术专家，也就说明产业和科研有着多层次的互相转化流动机制，并非只有企业里功成名就的大专家才能来到学校任教），以及一些高校教授全职加入企业研究院、研发中心。这是一种很有益的互动，全职专心在一个环境里从事工作，目标一致，但不同类型机构之间不要故步自封可以互通接纳专家流动，这是一个开放心态的环境、是非常有益的。其他工程专业也有不少这样的案例，效果期望也都不错。全职人才的流动，不是兼职的共建交流，也不是挂职锻炼设定的短期互通。这几种类型各有优势，我并不是说全职就是终极形态，要大力推广一个多元的生态体系需要多种形式的组合，只有包容不同的类型才是最佳的。

● **科研院校可能把好的技术转化为企业和产品吗？**

科研院所的教授认为，还是企业有动力去实现产品，教授们关心的还是论文发表、课题申报和完成，最多是申报取得技术专利，这对于实际完成技术转化而言还是有比较大的差距。科研单位的体制驱动主要在于基础研究。由于科研院所、高等院校的科研人员往往兼任教学及其他事务，他们对于需要大量结合商业需求的设计整合工作，既缺乏足够的专注力，也没有相应的组织和团队职能流程来交流以形成产品需求，更没有统一的、约束的决策结构来加以推动。

因此，通过企业实现技术转化是必要的过程。只有技术方案、发明专利，而没有完成产品化和营销组织的项目，是难以将技术应用到社会生产实践中的。有学者甚至提出，技术转化本身都是不成立的概念，大量的政府科研费用投入应用技术项目以及技术创新基金的大量"成果"，如果被学者做出来的应用技术没有市场需求（和基础科学问题不同），必然不会有市场能够接受[①]。这也是工业逻辑的问题，要有需求才能拉动生产，进而对技术提出改进要求，从科研机构方面立项的研究成果完成后广泛地寻找市场需求，这的确存在供需匹配的困难。很多时候，即便组织了双选会、技术路演等活动，一项成果直接被企业接纳应用是很不容易的，找到相关领域的专家来进一步解决问题，或者采用"揭榜挂帅"模式（提出企业问题等待专家来报名解决）会更有效一点。花力气宣传科研成果，也许有利于让更多企业知道，擅长解决应用问题的专家可以了解到，更多相关领域基础科研的新原理、新方法，但是实际问题必须一事一议的探究分析才能得到解决。

虽然科研机构、国家基金在支持和评审项目立项时，会考虑社会总体的技术发展需求、国家战略需求等技术应用需求，项目也不期望有应用前景，但是在面对无数技术项目和技术类型时，进行具体的应用性、市场性筛选，采用选题评审也的确是有困难的，要是考虑太多因素让机制变得复杂后，也就不容易保证评审的公平性了。

① 黄少卿. 颠覆性技术创新与产业政策范式转换［M］// 吴敬琏. 比较：第 118 期. 北京：中信出版社，2022（2）：206-219.

● 信息平台是太少了还是太多了？

就全社会而言，每年各类科研成果无数，但企业遇到生产技术问题时，可以用得上的技术似乎很缺少。另外，大量的技术项目都在寻求投资转化，大量的资本都在寻找投资标的。众多科技园区、孵化器、信息平台及信息中介似乎满足不了需求，数量远远不够。但实际上，大大小小的产业园区、孵化器、街道办事处等各级单位都要统计企业情况，都要建立网站平台，但企业并不容易获得其所需要的信息，甚至只感到被各种收集信息的单位不断打扰。这样看信息平台似乎又是太多了。

这里有两个问题：一是信息中介是有规模效应的，信息越多、查询和匹配利用的可能性越大。所以大家都要建设自己的信息平台，反而效益不足。二是信息互通的目的是企业与资本的投融资关系，是一种供需配合的市场关系。而各类基层政府、园区、管委会在汇集信息时采用了一种"管理者"的视角，对于自主交易的内容而言并不能有效地解决沟通的关键。

● 科技园区、信息平台怎么解决从 0 到 1？

每一个园区，都希望自己的入驻项目和企业能够更多地成长壮大，成为有影响力的公司和品牌。那么，这个从单项技术到成型的企业的"创新死亡谷"怎么跃过？通常，园区都希望利用"搭建生态"的模式来营造一个良好的氛围，促进更良性的企业成长。例如，一些园区的地方国有投资平台、高校进行校地共建，以技术项目为基础，再投入一定量的启动资本，做出一批示范项目的实体企业。

　　这个逻辑，相当于要想做资本、产业的管理人，先用自有资金投资，做出项目业绩证明自身的投资判断和投后管理能力，再召集更多的信息提供者和项目。这样的做法，我不能说没有效果，但这样的做法已经不只是信息平台的主体作用了，混入了带有奖励性质或者资助性质的资金，实际运行中，会有企业在成长中不希望国有资本的进入，也会有企业为了获得这种补贴性质的投资而入园，这可能是一种扭曲市场化的机制。

　　其实，这个问题本身也许就是个"伪问题"。"创新死亡谷"的 0 到 1，企业要面临的问题，是竞争的选择。信息和环境服务之外的事情，也许有利于招商引资，但未必利于企业成长，可能会拔苗助长。这里的问题在于，某些上级政府对园区内企业的利税规模进行"考核"，导致园区把自己视为企业的"管理者"。企业竞争的成败有很多因素，其中产品服务的模式、产品路线选择是风险很高的，但往往也难以改变，失败了只能停下，这是企业经营的主线，也是外部园区、政府不容易扶持的原因。提供公平的环境，减少行政权力对企业的干扰、摊派是更加重要的，其实这些也非常难以做到，毕竟基层政府如何完成一些压力很大的"任务"。

　　说到"伪问题"我很想提一下著名的"李约瑟问题"。大致而言，如果我们把现代科学技术当作一种历史的必然，那么追寻中国为何没能出现现代科学技术，这似乎永远似是而非，总是隐隐约约得到一个因为中国不是欧洲所以不够"先进"的"原因"。其实，"李约瑟问题"可能是个"问错了"的问题，不应该站在一个有点欧洲中心主义的角度来提问。从更广阔的人类历史来看，现代科学技术是一种同时兼具了理性与理论化的思想体系，是并不常见的，反而是一般化的、

> **知识窗**　　　　　　　　　　**李约瑟问题** [1]
>
> 　　英国学者李约瑟（Joseph Needham，1900—1995）是剑桥大学的一位生物化学家，偶然的机会接触了解到中国古代大量的技术史，从此转向研究中国古代科技史，并在其编著的《中国科学技术史》（1976）中正式提出问题："尽管中国古代对人类科技发展做出了很多重要贡献，但为什么科学和工业革命没有在近代的中国发生？"包括两个方面的叙述，一是为什么前现代社会中国的科学技术非常发达？二是为什么现代社会中国的技术落后？
>
> 　　对此问题的解释出现了大量的研究，包括从文化角度认为中国古代文化中匠人地位太低、地理决定论认为中国民族缺少创新精神、制度方面科举考试限制技术发明且没有现代专利制度和产权制度、宋明两代因战争而丧失人才精英，等等。
>
> 　　但对李约瑟问题本身的质疑也很多，是否超出了欧洲中心论、夸大了中国古代技术的影响力、将古代技术与科学混同，等等，基于这些李约瑟问题本身是否成立也仍然值得探讨。

非理论化的，更多基于直接经验的、常识的各种思想认识才会更容易被人们接受和广泛通行于社会。所以，欧洲出现现代科学是由于文艺复兴、古希腊哲学重新兴起、实验和工具理性等一系列特殊背景的"巧遇"才耦合产生的结果，这才是特殊情况。更合适的发问应该是欧洲为什么能够出现现代科学，再宽泛一些，也是道格拉斯·诺斯的

---

① 林毅夫. 中国经济专题［M］. 北京：北京大学出版社，2008：32-59.
　　刘青峰. 让科学的光芒照亮自己：近代科学为什么没有在中国产生［M］. 北京：新星出版社，2006.

问题"西方世界如何兴起"。

这对于我们的启示在于：错的问题，顺着挖掘下去寻求答案，往往是不断陷入更多的困境，甚至投入大量精力和资源也难以解决。

● 保护小企业、建立健康创新生态

这几个常见的问题谈过后，都指向一个结论：在今天，产品创新、技术创新要确立企业为主体的体系，其他主体"过于积极"的参与未必能够给企业助力，甚至会给企业增加负担。

这背后的道理就是工业的逻辑：产业问题的需求拉动是最真实的力量和原因，技术的发明要结合这个需求而不是凭兴趣而已，技术的实践要有完整的工业实现能力、商业组织能力和投融资能力之间的融合。以小见大，企业要想具备一定规模就必须有这一"整套"的能力，而这是一个企业的架势，依靠市场采购来分工组合的话效率不足，往往不能达成应用的实际目的。

工业的逻辑和生物演化论是非常接近的，供需关系之间创新能够涌现需要的条件是：各类创新活动能够被允许出现，以及需要大量的尝试性、探索性活动作为涌现的基础。所以，一个国家创新生态的健康演化，一是要保持大量企业或其他自由市场主体从事经济活动（无论他们采用家庭、市场、企业哪种方式来组织资源）；二是要始终给小企业、个体者留有生存的空间。创新，是非常容易失败的，从 0 到 1 是"死亡谷"这件事未必要竭力改变，企业希望提高跨越率，也许顺应规律、保持"死亡率"，但减小"死亡"的代价也是一种社会改善。小企业、个人试验项目和孵化器中的方案，都没有用到很多社会资源，失败了而终止掉的代价不大，而作为行业领军者的巨型企

业，既要顾及现有市场的用户，又要面对的情况则完全不同。

小项目可以成长为企业、可以吸引投资、可以形成工业实现能力后，再独立发展或并入已有大型企业，无论路怎么走，都有一个生命周期。伟大的创造，需要大量的、层层递进的基础工作，以及有充分的信息互通为保障。保护小企业的生存空间，让更多创新有生长的机会，而不是被既有市场实力作为潜在竞争对手消灭掉，这是有序发展的关键。信息的互通要让更多资源优势不足的小企业可以知道和获得其他有关想法的进展，互相启发和借力，从而提高创新效率。

在这个过程中，如果演化论只依赖环境互动，而不是人工强制干预，那么对小企业的保护更重要的就是"生态环境"和"营商环境"，诸如公平交易、社会秩序、税费合理、流通便捷等。而不在于靠管理者、政府、协会来选取、推荐、评审最优秀者，然后给予更多补贴和支持。这个做法，未必是错的，但会使作为评审和补贴的制定者承担很大的责任，如果选出的有潜力企业没成功，这是否说明政府的补贴给错了对象呢？如果为了让选出的企业"一定"要成功而倾注大量资源来"扶持"，是否本身就违背了市场公平竞争的原则，甚至可能会诱导企业寻租而放弃创新呢？又如，专利本来是商业行为中的创新成果，也是阶段性保持商业有限垄断利益的一种激励机制；每一项专利未必就是卓越的创新。前面章节我讨论了，专利的商业成功转化还需要很多的工业实现能力、投资等要素。但是，如果政府评选出"区级优秀专利""市级优秀专利"，那么，这对于商业内容就要承担一定的支持责任。如果被评选的专利发生了纠纷，那么是否政府就被迫必须站在获奖者一方，无论他在纠纷中是对还是错。即便是国家引导型创新体系，也不必将全国的资源内容都聚集在政府自己身上来担负，容许一定的市场自由、市场错误、市场失败，控制住秩序规范底线才是更为关键的。

8.2.3　资源配置的问题

在谈了"沟通"这个本质问题和企业为主体这个操作形式的核心选择之后，我来提供一些在近几年的实际考察中见到过的更为具体的模式，并对其归纳整理。其实，看来看去平衡各种复杂的多方利益都是充满难点的，我在一些调研中曾经试着归纳过更多的模式[①]，但在实践中还是最为简单的模式才有效。在创新体系中，尤其是早期的新项目、新技术、新工艺的涌现与问题的解决过程里，组织结构的治理等问题最好不要干扰创新的团队。随着单项技术或产品充分获得市场验证、营销资源跟上来、资金需求提高之后，再探讨运作模式的改进也还是有余地的。

● 平行模式

资本投资企业，企业与科研机构合作，研发团队与企业平行发展，知识产权资产运营与企业运营平行，当然核心的主线还是要集中资源做出市场认可的产品、打开销路、理顺供应链，但上述的战略架构是对通常的创投布局的补充。

资本投资创业公司，这是最常见的模式。资本投资企业的股权，就是创投的方式，科研机构作为企业背后的资源，不参与资本的投资过程。企业与科研机构采用委托课题、专利付费或受让等合作方式进行科技成

[①] 叶桐，刘颖，金韬. 谁主沉浮："石榴计划"产学研融协同创新调查研究（第一册）[M]. 北京：化学工业出版社，2019：119-123.

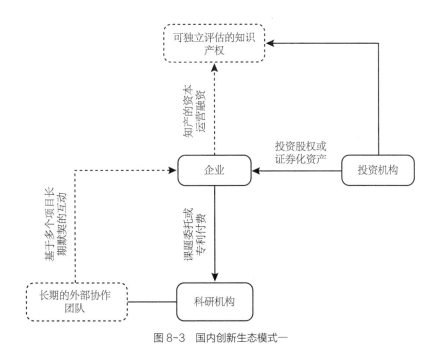

图 8-3 国内创新生态模式一

果转化，这是较为松散的一种形式，生产应用方面以企业为主体。

在该种模式下（如图 8-3 所示），一些企业会与科研机构的专家团队进行长期合作，包括多种角度和方式的合作共赢：①企业向科研机构提供经费、实验设备和材料方面的支持；科研机构则通过接受委托课题来完成研究，实现研究成果。②企业尊重专家的研发成果和专利权，科研机构则通过成果的产业化完成对社会的正向影响，实现成就感。③企业采用规定的成果转化协议模式获得专利授权，科研机构则能够完成对科技成果转化率的考核指标。

在标准模式的基础上，有两点可以扩展：一是企业利用长期与科研机构专家保持良好的合作关系，将自身的研发团队部分"外部化"，也是研究资源的综合配置。如果企业能进入这样的良性循环，持续有效的科研力量的支持可以带来大量可用的技术和产品，企业的经营也会因此受益。如果机会合适、产品方向对路，那么，一定可以得到投资机构的青睐。投资机构通常会选择具有良好的技术储备和发展潜力的企业，在这一过程中其看重的是企业的研发能力，包括：是否有长期的、稳定的科研机构作为依托，是否具备强大的产品研发能力等。如果能得到投资机构的资金和战略资源支持，企业可以进一步在产品研发、市场扩展、产研合作中加大投入，同时获得的经营利润也将再上一个台阶。二是企业可以在自身技术不断市场化积累中形成适当的体系，如果能够将一部分专利等知识产权拿出来独立证券化，那么就成为另一种不影响公司治理结构的融资方式。采用知识产权资产证券化或者专利质押融资等渠道，也可以成为投资机构较为简单的投资标的。但这一类方式目前可融资的体量还不大，对于企业而言进行评估、发行的交易费用和成本还未达到让人足够满意的水平。

● 科学家创业模式

第二种常见模式是科学家创业。一般是从事科研的专业机构成员（通常是具备独立能力的青年研究人员，但也有成名的学者）独立创办企业，并获得天使投资，然后逐步融资发展。而创业者之前工作的科研机构，很多时候还成为创业者的合作伙伴，提供顾问支持，尤其是学生毕业后的创业，其院校的教授成为技术顾问，这是最为常见的形式，如图 8-4 所示。最为简单的模式是：企业为核心，科创人才直接进入，并占有治理结构的主导地位，感兴趣的资本机构以股权形式参股投资。这个模式最大的优势就是简单，最需要坚持的也是简

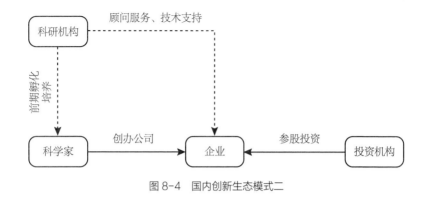

图 8-4   国内创新生态模式二

单，否则就失败了。核心人员一定要全职投入，创业过程中最关键的一两个人要完全占据控股权，资本投资只是辅助占 5%~20% 的比例，避免重技术轻市场的情况，创业者自己跑市场，后期逐步引入各类专业人才、持续保持专业分工。

这种模式也有很多变体。例如，科研机构因为涉及知识产权的授权和转让等原因，占有企业部分股权。如前面章节所谈到的，这些看似合理的股权安排，会给企业的治理带来非常多的复杂性，一是对专利等无形资产非现金入股的评估，价值公允性对每次股权投资的影响都带来不确定性；二是国有股权的决策效率不能完全跟上市场企业的节奏。再如，投资机构为国有招商引资的产业投资、科研机构下属全资国有平台企业以项目引进形式出资，结果占股比例较大，超过主要科学家个人，甚至超过团队持股。由于科学家多为兼职创业，且国有资金也希望能更多地留住企业在本地发展，因此会出现这种格局。但这样的治理结构就偏离了一个本来十分简单的治理体系，使得公司的所有股东都不能主导企业，这对于成为公众公司之前的企业而言并不是太好的状态。"家有千口、主事一人"的模式对于创业早期阶段往往是更适合的。

　　科学家创业的模式在美国的创新体系中较为常见，并且不乏成功案例，在我国也是值得参考的一种项目市场化的早期模式，但一定要保持企业的股权和治理主导性明晰。更复杂的治理结构可以在企业的成长中不断丰富和调整，随着企业的扩展也需要科技之外的经营人才加入，并对其给予适当的股权激励。而更为传统的模式下，依靠自有资金滚动发展的企业路线，还可以采用银行贷款等债权资金助力周转、降低股权上的分散性和复杂性。

　　社会生活最丰富多彩、活灵活现，我这里的归纳可能很快又要过时，一些担心和提醒，会成为尽人皆知的"废话"，那样才是更好的未来。我无法保证自己所见的广泛、所说的权威，但总是想把从大历史而来的工业逻辑用在产业、技术、创新、投资的方方面面，让它们不是束之高阁的"学问"。

　　写到这里，工业的逻辑也就讲完了，似乎戛然而止、言犹未尽。需求拉动技术进步、创新慢慢尝试和积累，一切道理似乎都挺简单，而难的恰恰在于保持那份简单。

第 9 章
创新与工业：无尽的前沿

在工业的逻辑的"正传"讲完后，我再把一些相关概念、内容做一些补充介绍。创新和工业的主题，诸如创新模式、垃圾、暗数据等。在大家读完了主线内容后，可以更多参考展开概念的外延理解。

9.1 创新模式：布什报告到巴斯德象限

● 创新的理论框架：线性模式还是四象限？

1945 年，美国著名的电子信息科学家、曼哈顿计划的领导者之一、罗斯福总统的科学顾问范内瓦·布什（Vannevar Bush，1890—1974）提交了一份《科学：无尽的前沿》的报告，论述了基础科研对于国家的重要性，这份报告是较有影响力的，从第二次世界大战时期布什主导的美国科学研究局（Office of Scientific Research and Development，OSRD）到 1950 年设立的美国国家科学基金会都受到这份报告的影响。而这份报告的基本理念就是基础研究自动引发应用技术创新这一科学发展理论，即认为国家要先投入基础研究，才能让技术创新有理论可引用，进而促进面向应用的研究发展。这种线性模式形式简单清晰，意在希望政府重视基础研究的资金投入，因为这对政府最关心的经济发展是有明确作用的。这种线性模式的缺点是容易出现一种误解，即技术创新必须通过建设基础研究的路线才能形成，认为一个国家的基础研究出色，则技术创新必然很强，经济发展才能很好；反之，基础研究不足的国家，则技术创新不强，经济发展也必将落后。布什作为科学顾问官员，其论述重点就是要凸显科学的重要性，这是因为在当时的他看来，美国政府一直未对基础科学足够重视，美国的国家投入是需求主导而不是"科研引领"，无论是战争需要的核科学、导弹工程、航空工程、宇航工程还是应用中的半导体、药物研究、通信技术等。

虽然，美国对基础科研的投入比例一度提高并保持在了国家总研发支出的水平至今，但是，近几十年来美国的科技政策似乎并没有完全按照持续重视基础研究的路线进行。在思想观念上有关基础研究、应用研究、促进技术创新和经济发展的关系，则有了更多反思和讨论。普林斯顿大学政治学和公共事务学教授唐纳德·E. 司托克斯（Donald E. Stokes，1939—1996，美国艺术与科学院院士、普林斯顿大学伍德罗·威尔逊公共与国际事务学院院长）提出的"巴斯德象限"是最为著名的学说之一。

虽然许多研究都完全由认识目标或应用目标驱动，但是一些重要的研究表明：研究过程中不断进行的选择活动往往同时受这两个目

标影响。路易斯·巴斯德（Louis Pasteur）从沉醉于酒石酸的研究
开始，到探寻相应的微组织，再到针对甜菜酿酒的应用技术研究，以
及发现某些微生物可以在无氧条件下生存，这些研究和发现直接导
致微生物学的建立。巴斯德之后继续进行微生物学研究，例如，拯
救被疯狗咬伤的孩子，开发出处理牛奶的巴氏灭菌法工艺，通过培
养菌株实验使病人获得免疫力。巴斯德几乎从未进行过没有应用性
目的的研究，但同时又开创了科学的诸多全新研究领域。但巴斯德
的类型在布什从基础到应用的科学发展"线性模型"①中找不到相应
位置，这并不符合现有基础研究再延伸出应用研究的发展方式。于
是，司托克斯给出了一个四象限模型，对探究性研究做了是否考虑
应用和追求基本原理性知识的两个维度判断，从而得出了纯基础研
究（玻尔象限）、技术引发的基础研究（属于应用基础研究的巴斯德
象限）、纯应用研究（属于技术创新研究的爱迪生象限）及认识目的
和应用动机都不明显的探索性研究（皮特森象限）四个类型，如图
9-1所示（参照原图笔者绘制）。司托克斯强调，因为巴斯德同时投
入认识和应用研究，极其清楚地表明了这两个目标的结合，这一类别
完全跳出了布什报告的框架，即进行应用研究不必先完成基本理论和
认知的研究，二者可同时进行。另外，图中左下角的皮特森象限既不
是认识目的激发的研究，也不是应用目的激发的研究，但也不是空
的；这一类型的活动，是由好奇心驱使的，但不关心玻尔所追求的
一般性的规律，例如，鸟类观察家们那些载入《皮特森北美鸟类指

---

① 基础科学到技术的过程被称为"技术转化"，按照基础研究、应用研究、（产品）
开发、生产经营四个阶段的先后顺序发展，布什所描绘的这个线性顺序发展过程，
被称为"线性模型"。

研究由应用考虑引起?

否　　　　　　　　是

玻尔象限
（−，＋）
纯基础研究

巴斯德象限
（＋，＋）
技术引发的
基础研究

是

皮特森象限
（−，−）
无目标探索

爱迪生象限
（＋，−）
纯应用研究

否

研究由追求基本认识引起?

图 9-1　巴斯德象限模型示意图

南》[①] 的高度系统化的研究。虽然巴斯德象限是非常关键的，但司托克斯也强调了皮特森象限的意义，不像是英国、美国、法国等国家的科学观点、更像是德国的科学（Wissenschaft）概念[②]。虽然巴斯德象限打破了布什的线性模型，但其框架背后仍然是技术发展在先，"推动"经济发展在后。所以，似乎在司托克斯的逻辑上都不太能较好地解释技术创新的问题，直到最近仍有大量的研究试图在这条道路上不断修正。

　　我认为，四象限的区分虽不尽然，但清晰地指出了"研究不等同于科学"和"科学不必然产生技术"两个很朴素的观念，是非常有价

① 《皮特森北美鸟类指南》是一部著名的博物学鸟类著作。作者皮特森（Roger Tory Peterson，1908—1996）是美国鸟类学家、作家、环保主义者和野生动物艺术家，曾荣获世界野生动物基金会金奖章（1972 年）、瑞典皇家科学院的 Linné 金奖章（1976 年）和美国自由奖章（1980 年）。

② 司托克斯. 基础科学与技术创新：巴斯德象限［M］. 周春彦，谷春立，译. 北京：科学出版社，1999：8-12，60-76.

值的。巴斯德象限是借力科学的方法论，它大幅加速了实际问题的解决，结果的普适性强是科学与技术的结合。爱迪生象限是传统的归纳法，是实践不断尝试、修正总结的工程方法论，有着最广泛的应用场景，对研发和使用理解的要求都要低得多，是一种工程思维。玻尔象限是科学方法论，但思维上可以说是一种古典人文思想，是探寻世界终极状态的"自然哲学"。皮特森象限是最古老的"学术"，是归纳法的博物学思想。所以，我试着重新画一下这个四象限（图9-2），也许可以避开将基础科学作为技术发展的必然问题（那样反而坠入了"线性模式"）。

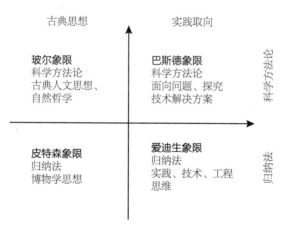

图 9-2 笔者修正的巴斯德象限模型示意图

根据前文所述，只有承认是经济需求"拉动"技术创新，才更容易理顺工业的逻辑。

线性发展模型，虽然对全世界的科技政策都产生了深远影响，但是过去几十年又在不断调整与纠正。我从演化论出发理解的工业的逻辑，是更接近"需求拉动"论而非"科研推动"论。技术是试出来的、是积累的结果，创新是为了解决困难。科学是积累知识和运用知识的一套效率很高的思维体系，而不是产生技术的必然途径。其实，在司托克斯之前，斯坦福大学教授克莱因（Stephen Kline，1922—1997，美国工程院院士）在 1986 年就曾提出链环－回路模型（链环模型）来解释需求拉动的技术创新[1]。哈佛大学工程学院首任院长那拉亚那穆提教授提出的发明－发现循环模型，也是反对"基础－应用二分"的概念[2]，他认为，强调产品结果的发明和以理论概念为特征的发现，是循环的、相互促进的[3]。这些理论在科技社会学范畴内也都值得读者做更多了解。

● **从经济数据来看，中美的科研投入，不"那么"重视基础科研，却高度重视技术应用**

　　我国的基础科研投入占比，从 1998 年至 2021 年一直在 5% 左右。而从"试验发展经费支出"[4] 来看，"技术"占我国研发投入的比

[1] Kline, Stephen J., Innovation is not a linear process [A]. Research Management, July-August 1985, Vol. 28, No. 2, pp. 36-45.

[2] 那拉亚那穆提，欧度茂苏. 发明与发现：反思无止境的前沿 [M]. 黄萃，苏竣，译. 北京：清华大学出版社，2018：22-48.

[3] 那拉亚那穆提，欧度茂苏. 发明与发现：反思无止境的前沿 [M]. 黄萃，苏竣，译. 北京：清华大学出版社，2018：49-70.

[4] 按照国家统计局的指标解释：试验发展是指利用从基础研究、应用研究和实际经验所获得的现有知识，为产生的新产品、材料和装置，建立新的工艺、系统和服务，以及对已产生和建立的上述各项做实质性的改进而进行的系统性工作。其成果形式主要是专利、专有技术、具有新产品基本特征的产品原型或具有新装置基本特征的原始样机等。在社会科学领域，试验发展是指把通过基础研究、应用研究获得的知识转变成可以实施的计划（包括为进行检验和评估实施示范项目）的过程。人文科学领域没有对应的试验发展活动。主要反映将科研成果转化为技术和产品的能力，是科技推动经济社会发展的物化成果。

例，在 1998 年已经达到 72%，之后一路增长到 80% 以上，2021 年为 82.26%，这个比例是科技投入重视技术应用为主的重要证明。这 20 年是我国经济增长速度最快速，科研投入相对最多、最快的阶段，详细数据如表 9-1 所示。

表 9-1　中国近年研发支出统计表

年份	研究与试验发展经费支出[①]/亿元人民币	基础研究经费支出 / 亿元人民币	基础研究支出占比	应用研究经费支出 / 亿元人民币	试验发展经费支出 / 亿元人民币	试验发展支出占比
1998 年	551.12	28.95	5.25%	124.62	397.54	72.13%
2001 年	1042.49	55.60	5.33%	184.85	802.03	76.93%
2005 年	2449.97	131.21	5.36%	433.53	1885.24	76.95%
2012 年	10298.41	498.81	4.84%	1161.97	8637.63	83.87%
2019 年	22143.60	1335.60	6.03%	2498.50	18309.50	82.69%
2020 年	24393.11	1467.00	6.01%	2757.24	20168.88	82.68%
2021 年	27956.31	1817.03	6.50%	3145.37	22995.88	82.26%

　　其实，看一看美国的科研投入数据，就可以发现，美国似乎也没有"那么"重视基础科学。按照美国官方发布的《科学与工程报告》披露的数据来看，计算出的基础研究支出占比在 1970 年是约 13.7%，2010 年最高达 18.7%，而试验发展占比则一直在 60%~65%，如表 9-2 所示。而据美国上述报告整理发布的数据，法国、瑞士、意大利

[①] 研究与试验发展经费支出，这个科目按照支出分为三个部分，基础研究、应用研究和试验发展，这个分类也是国际通行的，可以和美国等国家的统计数据进行直接对比。美国 NSF 发布的《科学与工程报告》也有同样的指标。

等欧洲国家相比美国则更重视基础研究，相关的基础研究支出占比很多时候要超过 20%[①]。

表 9-2　美国研发费用支出

年份	研究与试验发展经费支出总额 / 亿美元	基础研究经费支出 / 亿美元	应用研究经费支出 / 亿美元	试验发展经费支出 / 亿美元	基础研究支出占比	试验发展支出占比
1970 年	263.00	36.00	58.00	169.00	13.70%	64.30%
1980 年	632.00	87.00	137.00	407.00	13.80%	64.40%
1990 年	1520.00	230.00	349.00	941.00	15.10%	61.90%
2000 年	2679.00	240.00	565.00	1694.00	15.70%	63.20%
2010 年	4066.00	759.00	793.00	2514.00	18.70%	61.80%
2011 年	4262.00	730.00	821.00	2710.00	17.10%	63.60%
2012 年	4336.00	733.00	871.00	2733.00	16.90%	63.00%
2013 年	4540.00	785.00	883.00	2871.00	17.30%	63.20%
2014 年	4754.00	821.00	919.00	3015.00	17.30%	63.40%
2015 年	4951.00	835.00	972.00	3145.00	16.90%	63.50%

数据来源：美国科学基金会《2018 科学与工程指标》，其中 2015 年部分数据原报告备注为估算。

这样来看，20 世纪末经济实力最强的美国，并未完全依靠长期

---

① 笔者注：本书写作后才发现上海交通大学的科学史家江晓原教授在 2021 年年末到 2022 年年中曾发表过文章提出了同样的数据来源和相似的观点，使我倍感鼓舞。在此也列出有关文献：江晓原. 百年后重新审视，技术与科学是两个平行系统 [N]. 文汇报，2021-8-5（11）.

江晓原. "美国重视基础科学"神话的现实意义 [N]. 晶报，2022-7-18.

高比例倾斜基础研究支出而获得科技创新，至少仍然是维持一个以技术应用为主体的研发投入体系的；但其长期持续保持了相对较高的基础研发投入也是事实。只是，很难通过某些著名的科学案例或者论文数据来简单证明"基础科研是技术进步带动经济发展的推动者"。这个命题之所以难以成立，至少存在三个方面的挑战：①科学原理的发现是需要公开的，而将科学原理应用到工业技术的路径很漫长，一个国家要想更多地利用科学来促进技术发展，进而推动产品和生产，并不需要提供大量"原创"的科学发现。非发现国只要有足够的工业实现能力和投资，仍然可以转化为本国的经济绩效。20世纪，美国经济快速发展，重大的创新科技都是技术类的，它们的科学原理均来自欧洲。②科技发明人才的培养未必需要以本国的基础科研为前提。首先，各国的产学研融面临着不同体系、目标，不易协调，如本书第8章有所介绍的，用基础科研培养应用人才并不有效。其次，技术比理论对经济更重要，但操作人才的培养也非常重要，这是通过职业教育体系来实现的，而不是通过科研体系。研发人才有了基本的训练技能，更需要实践机会来提高解决问题的能力。最后，人才是流动的，英国、俄罗斯、美国、中国在一定的发展阶段都曾经大量引进人才，尤其是科研人才。另外技术操作人才往往是本土化的，因此对于经济发展而言，工业教育、职业教育可能更为重要。③科学是人文活动。如同我在图9-2中提出的，科学对基础研究的追求，本质是古典主义的、人文性的，而非应用的。那么，一个国家在基础研发上的投入比例较大，其目的是提升本国的文化影响力而非经济绩效。20世纪40年代之后的美国恰好在这样一个塑造全球文化影响力的时代，在艺术和科学方面的大量投入可以完全服务这一国家战略，而未必要得到专利和产品。例如，河清曾在《艺术的阴谋》中论述过，美国政府为了战后艺术话语权的提升而大量鼓吹后现代艺术的情况。

上述的质疑是批判性的，在于提醒读者不要简单认为"美国就是因为重视对基础科研的投入，而成了经济最强的国家"，但同样也不足以得出其他结论，也不能就此而说"经济发展根本就完全不必投资基础科研"，至少要分阶段来看，应用路径、人才培养、文化影响力三个方面也是需要兼顾的。历史进程的可能性有很多，是一个时间的"光锥"汇聚在了此刻，我们不能仅从回头看去的一条路径而忽视曾经整个存在的全部集合。

● **创新的社会体系有多种驱动力，科研努力来自需求**

创新需要一个社会体系持续运行来实现，正如本书前文介绍的，这并非用简单的基础科研投入必然形成科技创新的线性逻辑来解释，更不能按此来规划社会资源，那样会是一个效率较低的创新体系。

我试着归纳了三种不同驱动力的创新生态模式：市场驱动型、技术应用型和国家引导型，它们分别表述了企业、投资机构、高校和科研院所、政府等主体类型常见的合作方式，是如何驱动一个国家或地区的持续创新。

美国是较为典型的市场驱动型创新生态，在高校孵化器园区、专利投资、扶持中小企业等方面都是颇具特色的。以企业需求或资本投资推动为主导，利用公立的基础科研资源，政府的投入以较为间接的企业担保、社会资本共建高校院所等为主，起到补充的辅助作用。

德国政府一直致力于推动科学发现、技术创造发明和企业实践、市场应用的有效衔接，完善产学研互动机制。正是在政府的支持下，德国科研机构、高等院校等成了技术发展的重要动力来源。同时，得益于联邦和州政府的资助，像弗劳恩霍夫协会（Fraunhofer-Gesellschaft，于1949年在慕尼黑成立，一直致力于诸多领域的应用科学研究）这样的协会组织也得以在推动技术进步、技术产业化等方面发挥着日益重要的作用；慕尼黑工业大学等高等院校，根植于产业气氛浓厚的区域，注重创业导向的技术研究和人才培养；德国职业教育体系也是配合这一体系的重要组成部分。

在20世纪下半叶，日韩两国的现代产业创新生态先后取得较为显著的成绩，其总体呈现了政府以政策引导、资本支持推动为主要特征的体系。为帮助中小企业（尤其是创业阶段的中小企业）克服贷款融资难的问题，日本政策投资银行（Development Bank of Japan，DBJ）积极推广知识产权质押贷款业务，为拥有专利等知识产权的中小创业企业贷款提供支持。日本政策投资银行的前身是于1951年成立的日本开发银行，全部由日本政府出资。2008年以后，日本政策投资银行改组为日本政策投资银行股份有限公司（株式会社），仍旧由政府资本控股。此外，日本具有代表性的产业扶持发展基金与专利基金包括于2010年成立的"生命科学知识产权平台基金"（Life Science IP Platform Fund，LSIP）和2013年的知产桥基金（IP Bridge）。这两家基金由日本产业革新机构（Innovation Network Corporation of Japan，INCJ）、日本经济产业省（Ministry of Economy，Trade and Industry，METI）的公共融资部门，以及多家商业公司联合组建而成。韩国大部分知识产权投资资金来自三家基金：由韩国风险基金投资公司管理的母基金（Fund of funds）、由知识探索基金（Intellectual Discovery，ID）、知识探索风投基金

（Intellectual Discovery Venture，ID Venture）等机构管理的发明
资本基金（Invention capital fund），以及由韩国产业银行等政策性
银行与基金会管理的阶梯式成长基金（Growth ladder fund）。①

9.2　制造问题的根源是工业教育问题？

　　工业是经济体系，无论自动化或数字化程度多高，仍然需要人工
参与。而一国的工业人才中，由于高等教育背景的通用性更强，科研
型人才相比于操作型与管理型的基础工匠而言，后者更需要本土化培
养，难以大量跨国引进。因此，工业体系的发展，工业实现能力的提
升，需要工业教育作为基础。

　　德国、瑞士是机械制造业等传统行业的强国，有着很高的产品
整体品质水平和持续创新能力。关于双元制教育分流的培养体系和产
学研结合互动的职业教育体系，很多专家学者都有过研究和第一线
的实践观察。李泽湘教授是机械、电气工程领域的专家，也是知名的
科创人才教育家，对机械制造领域的问题做过很多的研究、分析和
实践。

　　关于并联结构在机床领域的应用，即使我们在最近 20 多年已具
备大量的研究经验，却一直没有突破性进展，应用案例极少。作为后
起之秀的威力铭公司，利用洛桑联邦理工学院（École Polytechnique
Fédérale de Lausanne，EPFL）在这方面的基础研究，在瑞士创新
计划项目（InnoSwiss）的支持下，把直线 Delta 并联机构（Linear

---

① 张惠彬，邓思迪. 主权专利基金：新一代的贸易保护措施？——基于韩国、法
国、日本实践的考察 [J]. 国际法研究，2018（5）：35-50.

知识窗　　　　　　　　　　　**李泽湘**

李泽湘，香港科技大学电子与计算机工程学系教授。

1979年作为中华人民共和国首批公派本科生赴美国卡内基－梅隆大学留学，并获电机工程及经济学双学士学位。1989年获加利福尼亚大学伯克利分校电机与计算机工程博士学位。1992年加入香港科技大学，创办了自动化技术中心和机器人研究所。

自1999年创办中国首家运动控制公司固高科技，先后与学生创办大疆创新、李群自动化、逸动科技等知名科技公司。2014年，创办了松山湖机器人基地（XbotPark机器人基地），至今已孵化60多家科技企业，包括云鲸智能、海柔创新、卧安科技、正浩创新、希迪智驾等多家独角兽或准独角兽企业。2021年，创办深圳科创学院。

Delta Parallel Robot）与高精密的表芯加工结合起来，配以新颖的装夹系统，成功推出了极受高端钟表企业欢迎的701S机床。反观我国机床行业，一线工人大部分学历较低，虽然在实际工作中获得了一定的实操经验，但当碰到问题时，则缺少追根究底、创造性总结和提升的能力，只能无奈地照搬照抄。而到装备企业工作的大学生或研究生在校学习时接受的是考试的训练，缺少动手能力和理论联系实际的能力，愿意从一线工作做起的大学生或研究生很少。企业提拔机制往往更倾向于学历，会把一些没有实操经验的人提升到管理岗位，这种机

制下企业所生产的产品质量可想而知。

图 9-3 左边显示的是瑞士产业人才结构，企业员工主要是职业技术学校的学生。他们的创新能力跟常规大学生的创新能力是互补的，能很好地进行衔接。而我国的主要问题是"一不顶天（技工的基础薄弱），二不立地（学院派实操能力差），三不衔接"，如图 9-3 右边所示。①

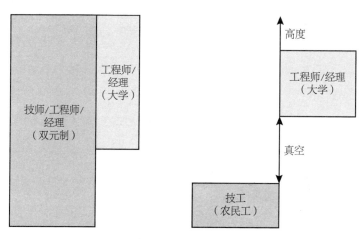

瑞士产业人才创新能力　　　　我国产业人才创新能力困境

图 9-3　瑞士与中国装备产业人才创新能力对比

国家如何构建一个科学的产业创新体系，一直是一个极具挑战性的问题。计划经济时代，我们学苏联建立的产业创新体系（主管部门—部属企业—部属研究院所—部属大学／职校），改革开放后在市场经济的大环境下基本解体。企业的技术产品必须随着科技的进步不断更新迭代。从大学的基础研究到最后的产品有很长的、艰险的路要走。为此，很多国家通过建立技术创新中心试图

① 李泽湘. 瑞士机床产业的启示［OL］. 知识分子，2020（05）.

来衔接中间这条"鸿沟"。著名的技术创新中心：弗劳恩霍夫协会（Fraunhofer-Gesellschaft）、比利时微电子研究中心（Interuniversity Microelectronics Centre，IMEC）、日本产业技术综合研究所（National Institute of Advanced Industrial Science and Technology，AIST）、新加坡科技研究局（Agency for Science，Technology and Research，ASTAR），以及中国香港应科院（ASTRI）等。这些技术创新中心通过衔接企业的需求与大学的基础技术，把原型的技术成熟度提升到一个新档次，让企业去完成产品化的"最后一公里"。

在相当长的时间里，以瑞士、德国为代表的欧洲制造业取得的产业成就，也是社会演化的结果。将市场、科研、人才培养、生产等几方面以较有效的方式组织起来，耦合成良性运转的系统。这是连续的、偶然的机遇中做出的选择的叠加，所以意味着，虽然选择的方式中有值得参考的因果逻辑，但机制的结果在基础社会历史条件不同的情况下却是难以模仿的、更是不能直接照搬的。

从19世纪初，瑞士及周边各国开始兴办各种工业技能学校。1869年北德同盟（North German Confederation）发布了《工业律例》，规定各地方须强制学徒入工业学校，并令雇主须许可学徒入学。到20世纪初，普鲁士在建筑、金工、采矿冶金、纺织、手工美术、陶瓷、木工、制鞋、金银匠等专业都设有数十所专门学校，还有多专业合设的学校。除了中等工业学校，大学也关注工业研究[1]。

职业教育体系配合工业生产体系，这是一个经济需求拉动社会结构的结果。职业教育体系是社会教育体系的一部分，无论是19世

---

[1] 杨鄂联. 工业教育［M］. 上海：商务印书馆，1931：6-7.

纪后公众学校教育的普遍开设，还是传统社会时期的世界各地，都是如此。

从近现代社会的教育体系来说，促进社会分流、家庭分流、职业分流是学校教育非常重要的社会功能。较早分流的核心"动作"是发展职业教育，减少"打算"参加高等教育的人员数量，同时由职业教育对接职业岗位，从而缓解毕业生就业压力。21世纪初，中国和美国是不分流或晚分流的典型，英国和德国是早分流的典型。

德国从1806年开始开创了双轨制教育。一是与大学衔接的文科中学、综合中学。二是与训练平民子弟的国民学校和职业学校衔接的主体中学、实科中学。1920年德国颁布法律规定：所有儿童接受四年基础教育，四年之后开始分轨。三是全覆盖的义务教育及职业教育体系使德国成为文盲率最低的国家，培训出了优秀的工人，从而托举起德国精细传统和锐意创新兼具的强大制造业。另外，德国的大学和学术研究在第二次世界大战之前几乎保持世界第一，教育的持续优势也是对其最基础的支持。[1]

德国式的职业教育体系或者说整个教育体系的架构，我以为最值得借鉴的是：明确学校教育体系主要是，培养社会人才、社会人力资本既要学会基本的政治生活、社会秩序、历史文化等常识，也要学会语言文字、科学、操作技能等就业基础知识。在这样的总体目标下，教育依据经济体系的需求来培养人才，才能既不是唯利是图地将人工具化，又不会令教育和个人的生活脱节，不是只说大道理的高头讲章。而至于如何形成科技的生产转化，如何提供更完善的社会就业，

---

[1] 郑也夫. 吾国教育病理 [M]. 北京：中信出版社，2013：29-49.

如何让企业与院校合理结合，这些都要在各国、各地区自己的社会历史环境中来探索与尝试的。

9.3 中国的工业教育

● 早期，工业教育为初建工业培养工人

20 世纪初，中华职业教育社总干事杨卫玉曾提出："工业教育不限于机械用马达，凡能造就直接生产之能力者皆得谓之工业教育。"他认为今后之工业学校应注意的要点有："实习钟点，应占学业全时间之半数以上。制作之品，须有生产价值，而复有教育意味。材料方面，力求节省，广为利用，并避免浪费。工厂设备，力求完全。教师应以有工业技能为标准。使学生与工业界常接触，并随时参观各种工场。农工有密切关系，有联络注意之必要。"[①] 可见，我国早期的工业教育、职业教育是以操作为主的、完全实践就业导向的。

● 改革开放，职业教育人才供给适应经济发展需求

1976 年，我国中等专业学校、技工学校在校生 91 万人，而普通高中在校生则有 1483.6 万人，职业学校仅占该学段学生总数的 6.1%。1979 年，我国中专毕业生 18.1 万人，技校毕业生 12 万人，而普通高中毕业生 726.5 万人，但高中毕业生的升学率只有 3.8%，这对于就业的压力很大。1980 年，国家开始着力解决中等教育的结构问题，以适应就业和经济建设。当年中国有 3314 所农业中学及职业中学，

---

① 杨鄂联. 工业教育 [M]. 上海：商务印书馆，1931：15-18.

加上 3069 所中等专业学校，3305 所技工学校。高中阶段接受职业教育的在校学生数达 226.2 万人，较前一年增加了 22%，普通高中在校生 969.8 万人，较前一年下降了 25%。随着改革开放的全面展开，20 世纪 80 年代，中等职业教育在校生占高中阶段在校生数量的比例持续升高，分别为：5.7%（1976 年）、18.9%（1980 年）、35.9%（1985 年）、44.8%（1989 年），如表 9-3 所示。

20 世纪 90 年代，中国进入了全面推进社会主义现代化阶段，在经济快速发展的社会需求拉动下，职业教育更加蓬勃发展。职业学校在校生占高中阶段在校生的比例，从 1991 年的 45.7% 进一步上升到 1990 年的 46.7%，人数达到 685.5 万人，之后比例持续上升，1992 年为 49.2%，1993 年为 53.7%，1997 年为 60.4%，如表 9-3 所示。

表 9-3　中国中等职业教育占高中阶段在校生比例统计表

单位：%

比例	1976 年	1978 年	1979 年	1980 年	1985 年	1989 年	1990 年	1991 年	1992 年
职业教育在校生占比	6.1	7.6	12.4	18.9	35.9	44.8	45.7	46.7	49.2
比例	1993 年	1994 年	1995 年	1996 年	1997 年	1998 年	1999 年	2000 年	2001 年
职业教育在校生占比	53.7	56.1	56.8	56.8	60.4	60.0	56.5	51.0	44.5
比例	2002 年	2003 年	2004 年	2005 年	2006 年	2007 年	2008 年	2009 年	2010 年
职业教育在校生占比	41.0	38.8	38.6	39.7	41.7	43.9	45.6	47.3	47.8
比例	2011 年	2012 年	2013 年	2014 年	2015 年	2016 年	2017 年	2018 年	2019 年
职业教育在校生占比	47.0	46.0	44.0	42.1	41.0	40.3	40.1	39.5	39.5

数据来源：中华人民共和国教育部网站历年教育统计公报。

| 知识窗 | 职业教育人数的统计口径 |

2021 年，根据国家统计局发布的数据来看，中等职业教育在校生统计调整了口径，不再加入技工学校的人数，只计算普通中专、成人中专和职业高中三类学校的在校人数，在校学生总数1311.81 万人，同口径比上年增加 43.98 万人，增长了 3.47%，而普通高中在校生快速上升至 2605.03 万人，同时也不再计入成人高中的人数（2020 年大约 5.2 万人，对我们计算职业教育占比影响不大）。这样，2021 年统计口径调整后的高中阶段的职业教育占比从 40% 左右调整到 33.5%。这一水平按照可比口径调整的话，和2020 年的 33.7% 比大致相当，持续小幅下降。而从人力资源和社会保障部的公报中，仍然可以找到技工学校的情况，2021 年技工学校在校生数量为 426.7 万人，相比 2020 年的 395.5 万人继续增长，几乎达到了 2011 年历史最高峰的 430 万人，如图 9-4 所示。如果把技工学校人数加回到中等职业教育在校生总数中，那么调整后2021 年的职业教育在校生占比也是 40%。

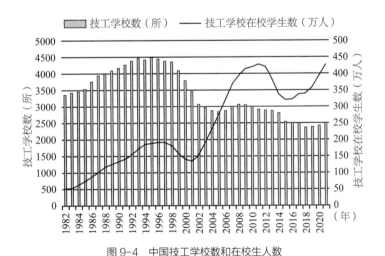

图 9-4　中国技工学校数和在校生人数

数据来源：国家统计局。这里的技工学校是在人社部管理和备案的单位，企业的内训机构等不在其范围之内，还有些会归入民办培训机构学校的统计范围。

● 适应经济转型，职业教育总量保持、比例下降

1993 年 2 月颁布的《中国教育改革和发展纲要》提出建立多层次、多形式的职业技术教育体系基本框架。在国务院关于《中国教育改革和发展纲要》的实施意见中，进一步明确提出了，根据中国国情，教育结构调整提出了实行小学后、初中后、高中后三级分流方针，因地制宜发展初等职业教育，大力发展中等职业教育，积极探索发展高等职业教育。

分级分流，结合教育、就业、职业的体系建设在实际执行中一度发挥了非常积极的作用，配合经济社会发展的人才、劳动力供应作用。但随着 20 世纪末大学扩招及"普高热"明显冲击了中等职业教育的结构地位，中等职业在校生比例开始不断下降，虽然经过教育部等部门的努力引导，但中等职业教育的在校生比例仍持续下降到 40% 左右，如表 9-3 所示。从数量来看，中等职业学校在校生的人数在 2010 年达到 2238.5 万人的顶峰，之后才开始绝对人数下降到最低的 1555.26 万人（2018 年），2019 年为 1576.5 万人，2020年为 1663.37 万人，开始连续回升，而相比于职业教育占比最高的 1998 年，中等职业教育在校生共 1467.8 万人，绝对数量仍是有所提高的。在结构的变化之外，进入高中教育阶段的学生人数的增加也是一个基本背景。

● 求人倍率看岗位供需关系的总体不足、结构不平衡

有研究显示，2001—2021 年，我国的求人倍率（岗位需求量与劳动力供应的比值）从 0.65 增长至超 1.0，最高时达 1.62，如图 9-5

（求人倍率）

图 9-5　中国季度求人倍率（2001—2021 年）

数据来源：中国人力资源和社会保障部各季度城市劳动力市场供求状况分析报告。其中，2008—2010 年及 2013 年、2018 年、2019 年部分季度未披露，绘图中采用两端点平均值替代。

所示。我国职业教育的供需结构按求人倍率测算，商贸与旅游类、能源类、加工制造类、资源与环境类、土木水利工程类的职业教育人才存在结构性不足，而农林类、财经类、文化艺术与体育类、社会公共事务类、医药卫生类的职业教育人才则存在结构性过剩。从地区结构来看，2001 年以来，随着劳动年龄人口总量下降，不同地区的劳动力市场求人倍率都出现明显的上升趋势，"技工荒"现象更是呈现从点到面的发展态势。从 2010 年开始，我国主要省份的劳动力求人倍率基本保持在 1.0 以上，并且区域间的差异开始下降，劳动力供给相对不足以常态化，这较难通过大规模的地区间流动来改变。①

① 张原. 中国职业教育与劳动力需求的匹配性研究［J］. 教育与经济，2015（3）：9-14.

从全国劳动力的供求对比看，2017 年以来，求人倍率连续保持在 1.2 以上的高位，呈现持续上升的趋势。2020 年第一季度受新冠疫情影响，进场求职人员减少，求人倍率上升至 1.62 的高位。2021 年第二季度以来求人倍率环比持续回落，但仍处于较高位[①]。全国岗位空缺与求职人数的比率，2019 年第四季度该比率为 1.27，2020 年第四季度该比率为 1.52，2021 年第四季度约为 1.56，均呈现人力资源市场用工需求大于劳动供给，供求总体保持平衡的状态。[②]

2016 年年末，对我国制造业十大重点领域的人才总量预测显示[③]，到 2025 年制造业人才缺口约 2985.7 万人（表 9-4），这个总数是包括研究生、高等教育、高等职业教育、中等职业教育几个阶段的总人数。关于制造业人才建设的几个核心问题包括：①制造业人才结构性过剩与短缺并存，传统产业人才素质提高和转岗转业任务艰巨，领军人才和大国工匠紧缺；②制造业人才培养与企业实际需求脱节，产教融合不够深入，工程教育实践环节薄弱；③企业在制造业人才发展中的主体作用尚未充分发挥，参与人才培养的主动性和积极性不高；④制造业生产一线职工，特别是技术技能人才的社会地位和待遇整体较低、发展通道不畅。

---

① 数据来源：中华人民共和国人力资源和社会保障部，2021 年第三季度百城市公共就业服务机构市场供求状况分析报告。

② 数据来源：中华人民共和国人力资源和社会保障部，各年度人力资源和社会保障事业发展统计公报。

③ 2016 年 12 月教育部、人力资源和社会保障部、工业和信息化部联合下发《制造业人才发展规划指南》（教职成〔2016〕9 号）。

表9-4　制造业十大重点领域人才需求

单位：万人

序号	十大重点领域	2015年	2020年		2025年	
		人才总量	人才总量（预测）	人才缺口（预测）	人才总量（预测）	人才缺口（预测）
1	新一代信息技术产业	1050.0	1800.0	750.0	2000.0	950.0
2	高档数控机床和机器人	450.0	750.0	300.0	900.0	450.0
3	航空航天装备	49.1	68.9	19.8	96.6	47.5
4	海洋工程装备及高技术船舶	102.2	118.6	16.4	128.8	26.6
5	先进轨道交通装备	32.4	38.4	6.0	43.0	10.6
6	节能与新能源汽车	17.0	85.0	68.0	120.0	103.0
7	电力装备	822.0	1233.0	411.0	1731.0	909.0
8	农机装备	28.3	45.2	16.9	72.3	44.0
9	新材料	600.0	900.0	300.0	1000.0	400.0
10	生物医药及高性能医疗器械	55.0	80.0	25.0	100.0	45.0
	合计	3206.0	5119.1	1913.1	6191.7	2985.7

　　自20世纪50年代以来，美国等发达国家的专业性高级技术人员，即有自主创新能力的高级技师等，占比基本稳定在20%左右，实用技术型人才（中等技术工人）保持在65%左右，初级工人则为15%[1]。2001—2014年，从我国的状况来看，拥有职业资格的职业教育劳动力供给中，初级技能者一直保持在50%~60%，中高级技能者在30%~40%，而技师和高级技师的比重则仅占6%左右。职业技术人才的精细化和高端化结构提升缓慢，不利于原创性发明和前沿技术革新的产生。到2020年，我国职业技术人才的结构和总量问题都处在亟待解决的状态了，而此时党中央也及时作出了重要部署。

---

[1] 梁国胜，李波. 职业学校能否承担技术创新的重任［N］. 中国青年报，2006-08-17（4）.

● 高度重视职业教育，形塑中国工业的未来

2021 年 4 月 12 日至 13 日，全国职业教育大会在京召开，中共中央总书记、国家主席、中央军委主席习近平对职业教育工作作出重要指示：强调在全面建设社会主义现代化国家新征程中，职业教育前途广阔、大有可为。要坚持党的领导，坚持正确办学方向，坚持立德树人，优化职业教育类型定位，深化产教融合、校企合作，深入推进育人方式、办学模式、管理体制、保障机制改革，稳步发展职业本科教育，建设一批高水平职业院校和专业，推动职普融通，增强职业教育适应性，加快构建现代职业教育体系，培养更多高素质技术技能人才、能工巧匠、大国工匠。各级党委和政府要加大制度创新、政策供给、投入力度，弘扬工匠精神，提高技术技能人才社会地位，为全面建设社会主义现代化国家、实现中华民族伟大复兴的中国梦提供有力人才和技能支撑。此后，国务院、各部委、各省市、各行业都纷纷结合自身情况开始了贯彻中央这一重要部署的具体举措。

应该说我国中央高层的重视和指示，是我国职业教育的重要发展契机，能够将基础的产业人才培养和大量社会就业基础能力结合，解决产业发展和家庭教育方向的矛盾和困惑，也是未来中国城市化、城乡关系深度重构的重要基础。

9.4　工业浪费与资源利用

针对第 4 章所谈的"垃圾""循环经济"等概念，我有必要在此做一些资料的补充。

垃圾的概念是我们消费观念中被定义为"无用"之物，在工业生产中，除了设计中产生的边角料，还有一种"无用"就是投资过度导致资源被集中组织后闲置未投入生产，这种现象就是"工业浪费"。

● **工业浪费问题的提出**

20世纪20年代美国工程师协会联盟（FAES）成立，在各方一致推举下胡佛当选为主席。在胡佛的带领下，美国的工程师开始职业化，工程在公共服务等方面的作用都得以发展。胡佛还强调工程师适合于解决国家问题的素质就是那些与企业高管相同的素质：提前规划能力、协调能力及团队意识。[①]

美国工程师协会联盟成立之初，胡佛试图通过关于工业浪费及12小时工作制的研究来实践其工程进步主义的改革理念，虽然项目启动得并不顺利，但仍有大约50名工程师每人花费了近2个月的时间收集了6个行业（五金业、纺织业、印刷业、制鞋业、建筑业和男装业）228家工厂的信息，得出一份调查报告。

这份调查报告中首先提及的问题是浪费的定义和测量，减少浪费委员会基于常识把浪费定义为，每个行业中样本公司的平均效率与同类中效率最高的公司之间的差额。虽然这份报告受数据所限而缺乏精确的结果，但在结构和功能的分析方面，指出了工业浪费的四种主要原因：①由于工厂、设备、材料或人员管理存在缺陷而造成的低产；②人员或机器闲置所造成的间断性生产；③由业主、管理人员或者工人故意造成的限制性生产；④由健康问题、身体缺陷和行业事故所造

---

① 莱顿. 工程师的反叛 [M]. 丛杭青，等译. 杭州：浙江大学出版社,2018：208-212.

知识窗　胡佛（Herbert Clark Hoover，1874—1964）

胡佛，美国第31任总统（1929—1933），毕业于斯坦福大学，从事采矿业约20年，并曾在中国获得开平矿务局的股权。1914年从政，担任美国救济委员会主席，帮助"一战"中的贫困侨民。1917年之后任美国粮食总署署长，1921年起任美国商务部部长，1929年当选美国总统。

在商务部任期内，对美国无线电管理权提出疑问，推动了1927年《无线电法案》的更新，美国的无线电频谱资源成为政府许可的资源，不再由公共所有。总统任期内遇到美国"大萧条"，任内开工兴建了著名的"胡佛水坝"（1931—1936）。捐资兴办了斯坦福大学胡佛研究所（1919），现在该研究所已发展为"有关20世纪政治、经济、社会和教育方面变化的国际性资料研究和出版中心"，并获得众多大型财团的资助，成为重要的保守派智库机构。

成的低产。[1]

该报告中最具争议的是那些追究低效率责任的分析。削减浪费委员会认为，50%的工业浪费归咎于管理责任，而工人所要承担的责任不到25%。对纺织业来说，管理责任占到50%，这是最低的比例了。在男装业中，管理责任占75%。而在五金业中，管理责任占81%。由于委员会评估方法的内在主观性，这些数字实际意味着什么

---

[1] 莱顿. 工程师的反叛［M］. 丛杭青，等译. 杭州：浙江大学出版社，2018：222-224.

并不清晰。[①]

这是工业浪费问题的一个较早的、正式探讨的案例。从中我们可以比较容易地理解"工业浪费"的实际概念，即工业生产中造成的浪费。而工业浪费的形成原因则比较容易受到关注的，因为这牵扯到如何控制或减少工业浪费，从而提高生产效率或整体资源利用效率。

● **中华人民共和国建设初期我国工业界的反浪费：针对计划过度、设计冗余**

有了基本成型的工业体系，才会更多关注效能效率问题，我国的工业在进入中华人民共和国建设初期也开始关注效率问题了，工业浪费的问题也逐渐被提及。

在中华人民共和国成立之初，国民经济战后重建的过程中，《人民日报》以社论的形式对存在的浪费类型进行了归纳：①财经工作中，由于管理不善、运用不当而产生的现金、物资与人力的浪费；②工业生产中的浪费；③某些公务人员和经济工作人员不爱惜国家财产、贪污腐化或铺张浪费。在政府通过集中提升资源管理、打击腐败风气之后，已经得到了很大的遏制，而工业的浪费成为要引起重视的关键。对于存在的工业浪费，主要有五个方面的原因：①工厂的生产设备未被充分利用。例如，去年（1949年，下同）华北各发电厂的平均利用率只占设备能力的24.8%，今年（1950年）计划提高至34.5%，而华北还是关内最高的[②]。②工厂没有建立技术定额，或虽有

---

① 莱顿. 工程师的反叛［M］. 丛杭青，等译. 杭州：浙江大学出版社，2018：224.
② 笔者注：此处引用的是1950年《人民日报》的原文。当时山海关外是指东北人民政府，山海关内包括华北、华东等地区。

定额但不合理。例如，齐齐哈尔 31 个国营、公营工厂，去年在原料、材料、劳动力的使用、采购、运销、水电燃料等方面共浪费东北币 274 亿余元。③产成品质量低、废品多。例如，济南工业局洋灰厂盲目生产，去年 11 月至今年 4 月生产洋灰 6000 吨，均不合规，须全部返工。④生产事故频发带来损失。例如，广东纺织厂损坏了透平发电机，每月损失 1.1 亿元。⑤基本建设过程中，以空想代替计划的状态严重，不进行调查研究，不做科学的技术设计与计划，即盲目建设。例如，西北公路局去年 12 月制造无轨电车，耗时近 4 个月，耗资 3000 万人民券，结果失败。对于工业浪费问题的剖析，社论文章认为有两个基本原因：一是许多工业部门的负责人还不懂得为了工业化积累资金的重要意义，习惯于向上级伸手要钱；二是许多工业部门的负责人还没有学会管理企业，特别是没有认识到经济核算制的重要性，对于非常复杂的现代化工业还在实行着非企业化的、落后的管理方法。对于从战争时期转向和平建设的初期，思想上的"军工作风"、负责人不学习科学知识和技术、采用官僚主义管理企业，是工业浪费普遍存在的根源。除了端正思想，实行经济核算需要解决的问题一是定额管理，二是生产责任制。①

随后，我国进入社会主义工业建设时期，对工业浪费问题保持了一定的关注。我查到一份 1958 年的甘肃统计局的报告摘录文章，从响应全国"反浪费反保守运动"的角度，介绍了甘肃省 99 家重点企业 1957 年 1—11 月的生产情况。第一，生产产值的完成存在"前松后紧，最后突击"的问题。虽然完成了全年计划，但也说明生产

---

① 人民日报社论. 克服工业生产中的严重浪费 [J]. 山东政报，1950（08）：65-67.

| 知识窗 | 1950 年的人民币 |

从 1945 年开始，各个解放区发行的货币逐步统一。我国的法定货币在 1949 年中华人民共和国成立后，逐步统一为今天的人民币。因此，文中谈及 1949 年、1950 年的经济状况，会采用不同的货币单位。

- 东北币，东北地方的流通券，于 1945 年由东北银行发行的货币。

- 人民券，华北地区于 1948 年设立中国人民银行发行的货币，即今天的人民币。

- 冀南币，1939 年冀南银行发行，流通于晋冀鲁豫边区。1948 年，冀南银行与晋察冀边区银行合并为华北银行，冀南币成为华北解放区本币。

- 西农币，1940 年西北农民银行发行的纸币，流通于晋绥边区，后成为西北解放区本位币。

- 北海币，1938 年北海银行在山东地区发行的货币。

- 华中币，华中银行在 1945 年发行的，同时收兑了大江币、江南币、淮南币、淮北币、江淮币和建设币六种地区性货币，后被北海币替代。

1948 年 12 月 1 日，华北银行、北海银行、西北农民银行合并，在石家庄成立中国人民银行。1951 年 3 月 20 日，中央人民政府政务院发布《关于统一关内外币制的命令》，分阶段逐步停发、兑换回收人民币之外的货币，东北币收兑比价为 9.5 东北币兑 1 人民币，2000 西农币兑 1 人民币，100 华中币兑 1 人民币。

中的潜力还有很大。第二，11 个月的全日停工工日数平均达到实际
工日数的 2.63%，全日缺勤工日平均达到 8.13%。经初步估算，相
当于 3202 名工人 11 个月没有参加生产，减少产值 3744 万元，说
明存在很大的劳动力浪费。第三，从技术经济定额来看，如果每个
行业都按照季度先进水平来比照，都还有很大的产值提升空间。按
照消耗定额来看，突出反映了生产中存在着严重的浪费现象。例
如，甘肃天水农具厂、兰州机器制配厂、兰州汽车配件厂等 12 个金
属加工企业，第 1 季度至第 3 季度铸件废品数量很大，即：第 1 季
度 36.91%、第 2 季度 25.52%、第 3 季度 17.75%。如果按照各季
度先进水平计算，则多耗费生铁 968 吨，价值约为 20.30 万元。用
这些钱可购买单价 13.50 元的山地犁 15058 部，用这些材料生产
山地犁，最低可以生产 88000 部犁。第四，关于企业非生产人员
的分析。1949—1956 年，甘肃全省工业企业职工总数每年平均递
增 20.80%，而从职工构成情况和增长变化中分析发现：①工人和
学徒在全部职工中的比例总体下降，1949 年占比 81.74%，1956 年
只有 63.65%；②工人、学徒、工程技术人员之外的其他人员占比
总体上升，1949 年占 15.19%，1956 年上升到 32.89%；③增速来
看，工人、学徒的平均年递增速率为 16.50%，其他人员的年增速
率为 34.70%。这表明，企业管理还不善于精打细算、好讲排场，无
论企业大小，都是"五脏俱全"，形成了"生产规模小，管理机构
大，非生产人员多"等不良现象。1956 年，如果把工人、学徒以
外的人员减到占企业职工总数的 10% 左右，则非直接生产人员可
以减少 22447 人，节约的投入或转为大量的产值。第五，加速流
动资金周转率是弥补流动资金不足，节约国家资金最有效的办法之

一。[1] 这份资料中谈到的浪费已经不只是费料、费钱，还较多地指出了冗员问题，即编制的浪费、人员的浪费，并且指出了背后管理观念的错误。

20 世纪 60—70 年代，虽然我国自身的经济发展受到一些影响，但工业界仍关注工业浪费问题。我查到一篇 1972 年的简报，翻译介绍了当时苏联在机械工业中钢铁材料浪费的问题。根据 1965 年的统计，苏联每 1 亿吨钢的机械产品产量是 4300 万吨，而美国则为 5500 万吨，苏联的工业浪费巨大。分析原因主要有四点：①钢铁工业生产指标和价格政策不当。生产指标主要用吨位衡量，产品价格不能反映实际劳动量，因而企业管理人员不关心扩大品种、提高产品质量。机械工业材料消耗量偏高，不仅和金属的生产结构有关，还与生产管理方面的经济与组织措施、材料供应制度、制订产品价格方法不完善有关。②钢铁工业产品品种结构不合理。苏联生铁产量较成品钢材高 4% 左右，而技术先进国家的成品钢材较生铁高 8%~10%。苏联生铁中铸铁比例高，铸造生铁产量相当于美国、英国、西德和日本的总和。而炼铸造生铁时，高炉效率低 26%，多用焦炭 30%。苏联钢材中板材比例低，仅占 36.5%，美国为 61%。③机械制造厂和设计人员因循守旧，不愿多用板材，担心板材供不应求时得不到奖金。④机械工业工艺水平落后。铸工车间几乎完全沿用 20 世纪 30—50 年代的冲天炉炼铁，感应电炉炼铁只占 0.5%；冲天炉生铁含硫量高、强度差，所以不得不把铸件造得又重又大。此外，提高毛坯的精度，推广精密铸造，用更先进的、由钢材焊接和模锻的零件代替铸件和自

---

[1] 甘肃省统计局. 从统计资料看工业生产各方面存在的浪费现象 [J]. 统计工作，1958（6）：24-25.

由锻件。[1]

曾任中国经济史学会会长的董志凯教授，在 1988 年有过一篇论文综述了"一五"时期（1953—1957 年）的工业基本建设中的浪费问题。据该论文收集整理的资料来看，浪费的问题主要包括：

（1）实报实销，高估预算，浪费和积压国家资金。1954 年以前，我国的建设单位没有周密的预算，采用实报实销，直到 1955 年 5 月，仍有一半左右的建设单位没有预算就拨款施工。根据建设银行 1954 年、1955 年审查预算的情况来看，项目预算高估部分平均占项目建设投资的 7% 以上，截至 1955 年 11 月底审查的 11.7 多亿元的预算中，高估部分有 8700 多万元。而这还是国家建委、各省市一再削减后的预算。1956 年建设预算质量虽然有所提高，但是在当年由各主管部门或建设单位和建设银行共同审查过的 127.9 亿元建设预算总值中，经审查发现甲乙双方同意核减的预算高估部分就有 8.3 亿元。

（2）盲目的国家调拨或从市场采购物资和设备，造成市场短缺、工地窝工待料与库房积压并存的浪费。在生产资料实行计划供应，无偿调拨的体制下，不少企业片面追求建设进度，忽视节约国家资财，片面强调"以大量储备来保证供应"，形成"定额大于实际，计划大于定额，采购又大于计划"的现象，造成物资大量积压、腐蚀、损坏甚至被盗。据统计，1953 年基本建设中积压的建筑材料占全年材料预算的 30% 以上。1955 年的基本建设投资中，将近六分之一的资金可以通过内部资源解决，其中有的部门可以动员的结余资金，甚至超过全年投资额的四分之一。建筑工程部、冶金工业部等部门 1957 年

---

[1] 一机部情报所. 为什么苏联机械工业钢铁材料浪费大？[N]. 科技简报，1972（6）：45-50.

年初的钢材库存比 1956 年半年的实际耗用量还多。1957 年年初，建筑工程部的直属工程公司的钢材等黑色金属库存有 1.2 万多吨，比 1956 年年初增加了两倍多。积压造成的短缺局面，使得各部门、企业画地为牢的做法加剧，有的部门规定结存器材只在本系统内调剂不得外调，还有的部门故意加大申请配给的数量。有一个部门 1956 年第一季度实际急需的工字钢、槽钢和角钢只有 5500 吨，计划却列了 29000 吨。

（3）引进技术设备、项目规划和设计中存在脱离中国国情，生搬硬套和不敢学习资本主义国家先进技术两种倾向。1957 年国务院法制局统计，在过去 7 年里，国家建设征用土地在 2000 万亩以上，建筑面积只占全部征用土地的 20%～30%；工厂建筑面积常常不到用地面积的五分之一。生产性建设中，某些项目存在安全系数过大，经济技术定额过宽，强调"大而全"，忽视区域内部配合、平衡、协作等问题。1955 年日本引进奥地利的氧气顶吹转炉炼钢技术后使钢产量急剧增长。1956 年奥地利主动向我国推销这项技术，我国却未接受，而是在新旧钢厂继续使用落后的平炉。

（4）基本建设各个环节衔接不够紧密，施工质量不高造成的浪费。由于计划频繁变动、口径不一，各方责任不清、手续繁杂，施工中经常出现停工待图、停工待料、一边窝工一边赶工的情况，浪费人力材料和延缓建设期限。1954 年仅工业部各建设单位的窝工费就达 670 万元。狮子滩水电站工地共有工人 1.3 万人，即使在施工紧张期，每天还有 400～500 人窝工，有时达到 1000 人，工时利用率一般在 7 小时以下。据建筑工程部系统的各建筑工程公司统计，1954 年发生质量事故 5160 次，返工的损失达 840 万元。其中，从华北地区的 2014 次事故中分析得出，属于管理不善、技术人员不负责任的占 44.7%，违反操作规程的占 35.2%。[①]

这个时期的文献可以反映出，我国工业界对工业浪费的一些看法。新中国成立初期，企业重视管理，对缺乏技术的干部提出更多要求，关注的不只是材料问题和设备利用率问题，还关注安全问题和质量问题。但 1958 年甘肃统计局的分析是以行业领先水平要求全行业企业，是一种较高标准界定"浪费"的角度，对非生产人员比例的问题提出失之粗糙、人数比例的提高不意味着低效或浪费，给出的非生产人员占比 10% 的标准也属于非常高的要求。这种分析方式略有求全责备的意思。对于苏联生产问题的关注、分析和借鉴是比较客观的，关注的是产业链的整体效率，从产品结构、工艺等角度系统地来看待，是一份比较有质量的翻译观察资料。董志凯的研究是在距离 20 世纪 50 年代相隔 30 年之后的历史研究。改革开放 10 年之际，学者的视野和论证方式也与第一手调研不同。总结而言，董志凯对于工业浪费的反思包括：固定资产投资体制的问题、国家统一拨款、企业缺乏依靠发展生产的能力和动力，而财政的监督也不严格，计划统得过死，变化过多，受政治影响和冲击较大，物资供应渠道不够协调畅通。

在"一五"计划的过程中，中共中央和国务院及时发现了浪费的弊病，开展增产节约运动，虽然缺少经济理论的指导，但全国性、大规模、广泛的群众运动还是取得了一定效果。工业基本建设方面的主要节约措施包括：①限期按比例削减基本建设投资。国务院《关

① 董志凯.《一·五》时期工业基本建设中的浪费问题与节约措施辨析 [J]. 中国经济史研究，1988（4）：136-146.

于 1955 年下半年在基本建设中如何贯彻节约方针的指示》中要求：
"1955 年先削减基本建设的投资和费用总数的 15% 左右。"中共中央
《关于 1957 年开展增产节约运动的指示》再次提出：适当调整基本
建设规模问题，要求按比例降低投资，主要是降低建筑费用，设备费
用一般不动，其中又以削减非生产性建设项目和附属工程为主，还包
括改进劳动定额，不得随意举行开工典礼和剪彩等。但由于没有在准
确定额的基础上预算，以及严格的核算和监督，削减投资的比例只能
大致估计，采取群众运动"一刀切"的办法。这种做法虽然普遍动员
范围广泛，但也助长了高估冒算的风气，所谓"头戴一尺帽，不怕砍
三刀"说的就是这种现象。②提倡经济核算和财务监督。1954 年起，
国家各级财政部门加强了对基本建设的预算编制、计划用途监督和企
业监督。1957 年 3 月，中国人民建设银行进一步加强了拨款监督工
作，不仅要掌握资金拨付情况和保证供应，还要了解各个建设单位是
否及时按期完成计划，并注意增加的固定资产是否及时发挥了生产效
益。③提倡自力更生。在大力引进外国技术的同时，加强消化吸收，
提高自给比例。例如，1952 年动工、1955 年投产的哈尔滨量具刃具
厂是由国外设计援建的，投资金额为 4969 万元。国内用该厂图纸翻
版建设的成都量具刃具厂，于 1956 年 5 月动工，1957 年投产，投
资金额为 3249 万元，工期缩短了 2 年，减少投资 1720 万元，其中
设备改用国内制造减少投资 465 万元、设计费与专家费减少投资 408
万元。④号召艰苦奋斗和服从计划的思想教育。在普及思想观念的同
时，项目工作坚持审查论证流程，重视生产准备工作再投产，这些做
法都是切实做好节约的关键。1955 年 8 月中国人民建设银行对 1482
个建设单位进行统计，通过节约运动，节约投资 3.6 亿元，较原投资

计划减少了 15.7%，其中非生产性建设节约 1.64 亿多元，较原计划减少了 25.49%。1957 年，中央部门通过适当降低设计标准节约基建投资 10%~15%，中央工业部门仅削减办公室、学校等非生产性建设就节约了 3 亿多元。这些节约成绩的取得，与新中国成立初期全民高涨的热情有关，也和工业基础薄弱、改造见效相对明显的"后发优势"有关，但比较重要的原因还是宏观体制上的调整和及时注重科学管理的决策。①

● 21 世纪以来的工业浪费研究

除了"一五"期间的反浪费运动，近年来，针对工业浪费的全国性专项大型活动并不多，一般有关内容都是和提高管理效率或节约资源等混合在一起来谈的，浪费的概念在社会话语中更多侧重于生活中的浪费现象，尤其是对节约水、电、粮食来谈的。直到现在，工业浪费不再作为专题讨论，而是融入了循环经济等概念，企业的管理也从市场竞争的绩效出发、控制成本、厉行节约，工业浪费最主要的是长期行为短期化、投资冒进后长期闲置资源。

2006 年，据国家统计局河北调查总队对省内 11 个市的 718 家工业企业的调查，针对企业的能效做了评价。调查发现：生产设备利用率综合水平在 85% 以上的企业有 344 家，占调查企业总数的 47.9%；在 70%~85% 的企业有 186 家，占 25.9%；在 55%~70% 的企业有 67 家，占 9.3%；在 30%~55% 的企业有 92 家，占 12.8%；在 30% 以下的企业有 29 家，占 4.1%。市场供求基本平衡或供过于求的行业，如

---

① 董志凯.《一·五》时期工业基本建设中的浪费问题与节约措施辨析 [J]. 中国经济史研究，1988（4）：136-146.

采矿业生产设备的利用率不足三分之一，若将长期封存的设备也算入其中则闲置更严重。究其原因，与产业布局调整缓慢和产品结构扭曲关系较大。例如，2002年钢铁价格上涨迅猛，国内和国际市场铁矿石价格由80元每吨飙升至1100元每吨，受到利益驱使大量资金涌入采矿行业，于是增加了大批设备。经过3年多宏观调控和行业治理，一些小铁矿企业面临关闭，导致大量设备闲置。[①]

我国的工业浪费主要在节能和资源能源的综合利用方面。例如，2013年一份关于工业浪费的采访文章，主要是针对循环综合利用煤炭开发的，包括对煤炭开采端的原煤洗选、避免矸石的运输和丢弃问题，以及水煤浆技术、地下煤炭可控燃烧气化技术，设备再制造，等等。提出了对于煤炭这种不可再生资源要高度重视避免浪费，尤其在供过于求、煤炭进口量较大的市场供需背景下，煤炭价格下行，清洁、安全、高效就是非常关键的了。[②]2013年，对我国工业浪费的关注，在经济增长面临经济动能转换的需求当口，很多专家都提出了这个问题，包括几个方面的问题：一是产能过剩，设备利用率不足，大批设备使用寿命过短就进入淘汰期；二是资源配置不当，有些领域超负荷运转，有些则闲置；三是资源能源过度消耗、污染排放严重。中国工程院院士高金吉指出：我国在交通运输中每年因为超载超限造成的损失超过300亿元，也就是"小马拉大车"带来的风险。然而在我国工业制造业领域，存在大量"大马拉小车"现象，与实际工艺流程所需并不匹配的设备配置，不仅浪费了能耗，更产生了巨大

---

① 李诚祥. "大马拉小车"隐性浪费惊人——河北省工业企业生产设备闲置情况调查分析[J]. 中国统计，2006（9）：25-26.

② 张娜. 卜昌森：工业浪费更甚于舌尖[J]. 节能与环保，2013（4）：18-24.

的污染。我国高耗能动力装备，尤其在石化、冶金等行业，机组能耗占工业总能耗 15% 以上，仅炼化行业在役机组达 9700 台，未来 10 年的需求是 1 万余台，管理这些设备的安全、能耗、排放至关重要。然而，近期美国能源部关于空压机负荷率调查数据显示：新加坡达 90%，美国达 83%，法国达 81%，中国仅为 66%，世界平均水平为 79%，能效浪费问题非常严重。①

工业浪费问题，是制造过程中的资源利用率问题，除了在制造业和工业中不断应用该理念，如果把"浪费"扩大到"不能达到目的的无效资源投入，或者因为运营管理无法实现功能的资源投入"，那么，在"设计事理学"意义上的"浪费"也许还有很多值得讨论和改进的。

在工业生产中，资源的利用效率通常通过结果来评价，而能通过良好的、可持续的设计理念在资源投入前进行改善才是最重要的行动。

● 铜的综合利用：不仅不浪费，还要变废为宝

工业资源的综合利用，在使用中要避免浪费，在报废的环节通过整体的设计进行循环利用、实现资源回收，才能形成完整的资源循环。

国家发展和改革委员会对我国"十三五"期间的统计数据显示：2020 年主要资源产出率②比 2015 年提高了约 26%，单位国内生产总

---

① 新华社. 院士呼吁：工业领域亟待"光盘行动"遏制资源浪费［N/OL］. 中央人民政府网站，2013-12-16［2023-03-25］. http://www.gov.cn/jrzg/2013-12/16/content_2548957.htm.

② 主要资源产出率（元 / 吨）= 国内生产总值（亿元，不变价）÷ 主要资源实物消费量（亿吨）。
主要资源包括：化石能源（煤、石油、天然气）、钢铁资源、有色金属资源（铜、铝、铅、锌、镍）、非金属资源（石灰石、磷、硫）、生物质资源（木材、谷物）。

值（GDP）能源消耗继续大幅下降，单位国内生产总值用水量累计降低 28%。因为，有色金属在工业产品中都是发挥功能性作用、改善产品性能居多，且矿物产量低，是较为昂贵的资源，尤其随着全球城市建设、人口不断增长，所以，有色金属的需求强劲，价格始终较高。我国 10 种主要有色金属 2021 年产量合计已经达到 6477 万吨。再生有色金属产量 1450 万吨，占国内 10 种有色金属总产量的 23.5%，其中再生铜、再生铝和再生铅产量分别为 325 万吨、740 万吨、240 万吨[①]。

以铜为例，我国的铜资源循环利用经历了不同的历史阶段。1950—1959 年，中国的矿山铜产量总共不足 16 万吨，而通过铜资源循环利用生产的铜产量达到 30 余万吨，占全部铜产量的 65% 以上。从 20 世纪 50 年代末到 70 年代初，随着社会废杂铜积蓄量的减少和我国大型铜矿山、冶炼厂的建设，铜资源循环利用量占比呈下降趋势。改革开放后，中国的铜资源循环利用快速发展，资源循环利用的铜产量从 20 世纪 70 年代的 19% 左右增长到 90 年代中期的 33% 左右。进入 21 世纪以来，我国的铜资源循环利用量逐年增加，从 2000 年的 30 余万吨上升到 2015 年的近 230 万吨，2019 年更是达到了 300 万吨左右。可以说，我国铜资源循环利用在铜工业中占有举足轻重的地位，其作为工业化进程中的物质需求保障，为经济建设做出了突出贡献。[②]

---

① 数据来源：国家发展和改革委员会，"十四五"循环经济发展规划。

② 赵凯. 我国废铜资源循环利用的昨天、今天和明天 [N/OL]. 中国有色金属报，2021-05-10 [2023-03-25]. https://www.chinania.org.cn/html/jienengxunhuan/xunhuanjingji/2021/0510/43618.html.

● **复杂产品的回收再利用体系：新能源的新挑战**

从产品侧来看，由多种材料组合而成的产品，如何分拆出有用的部分进行回收，以缓解资源紧张的生产成本和供货压力。这里，我举例再大致说说动力电池。

2021 年新能源汽车产、销分别完成了 354.5 万辆和 352.1 万辆，同比增长 160%，市场占有率达 13.4%，高于上一年 8%，而新能源汽车销量在 2015 年才只有 33.1 万辆，市场占有率仅有 1.4%。其中纯电动汽车产、销分别完成了 294.2 万辆和 291.6 万辆，同比分别增长 170% 和 160%。[①] 这样高速的电动汽车产、销量，需要大量的动力电池配套支撑，同时，也意味着大约 5 年后将迎来电池的更新替换高峰。

目前（2022 年）我国动力电池的主流类型是锂离子电池（三元电池和磷酸铁锂电池），相比于碳负极和电解液，含有锂、钴、镍、锰、铝等金属元素的正极更具回收价值。动力电池的回收利用能够一定程度缓解上游资源紧张，尤其是钴和锂。

如果金属都是从"地里"挖出来的话，我们有多少可以挖呢？中国地质调查局通过系统采集了全球 3168 个矿山项目数据后，发布了评估报告，该报告显示，截至 2020 年，全球锂矿（碳酸锂）储量 1.28 亿吨，资源量 3.49 亿吨，主要分布在智利、澳大利亚、阿根廷、玻利维亚等国。钴矿储量 668 万吨，资源量 2344 万吨，刚果（金）、印度尼西亚、澳大利亚等国最为富集。镍矿储量 9063 万吨，资源量 2.6 亿吨，印度尼西亚位居全球储量第一，澳大利亚、俄罗斯等国也

---

① 数据来源：工信部举行的 2021 年汽车工业发展情况新闻发布会。

资源丰富[1]。截至 2020 年我国矿产资源储量：镍矿 399.64 万吨、钴矿 13.74 万吨[2]。可以看到，镍和钴是我国较为稀缺的资源。我国虽然不缺锂矿，但大多数锂矿分布在青海与西藏盐湖，还有部分在阿勒泰地区和四川西部山区〔中国锂矿分布图（2021 版）[3]〕。这些地区自然环境恶劣、基础设施落后，开采成本较高，因此，我国锂资源主要依赖进口。

除了可以再利用的有色金属、稀有金属，动力电池的其他组分还有一定污染性，这也是施行动力电池回收体系的必然原因。动力电池中包含重金属，尤其是电解液中包含甲醇、甲酸等有毒有害物质，传统方式拆解电解液会引起电解液的挥发，六氟磷酸铁锂水解后形成的氢氟酸具有化学侵蚀性和毒性，会对环境造成极大破坏，其他电池材料处理不当也会造成白色污染、粉尘污染。因此，随着电动力汽车爆发式发展期的到来，动力电池的系统性回收和利用成了一个较为迫切的需求。

对于主流的两种类型电池，市场认为可以采用不同的回收利用策略：三元电池含有锂之外，还含有镍、钴等高价值金属，且当其进入 80% 容量以下的衰减期后，电池衰减速度会加快，因此主要回收方式是拆解再生回收。磷酸铁锂电池因为不含镍和钴元素，锂含量也比三元电池低，拆解回收利润薄，再加上其具有高循环次数和低衰减的

---

[1] 中国地质调查局全球矿产资源战略研究中心. 全球锂、钴、镍、锡、钾盐矿产资源储量评估报告（2021）〔R/OL〕.（2021-10-22）〔2023-03-25〕. www.cgs.gov.cn.

[2] 中华人民共和国自然资源部. 2020 年全国矿产资源储量统计表〔R/OL〕. 2021-07〔2023-03-25〕. http://www.mnr.gov.cn/sj/sjfw/kc_19263/.

[3] 数据来源：自然资源部全国矿产地数据库 2021 版。

特点，所以更适合先梯次利用、后拆解回收。

　　由于我国正面临电动汽车市场的爆发式增长，各类电池的技术路线、规格还有很多差异，是前一个阶段（电动车、动力电池均进行技术选型和市场尝试）多种方式尝试的结果，不同类型的电池将先后到达报废更换期。回收行业面临很多挑战，一方面，合格的企业还很少（按照工业和信息化部所发布的《新能源汽车废旧动力蓄电池综合利用行业规范条件》，2018 年至 2023 年 12 月，公示了 5 批共 156 家符合电池回收行业标准的企业），但存在数百家甚至更多（一些研究显示动力电池回收相关企业达 11 万家以上）并未纳入规范条件的小型企业，如果拆解、回收的技术能力不足，可能造成大量的污染和浪费。另一方面，由于矿产资源价格在供不应求下持续波动，电池收购价格也开始提高，但回收金属的技术还有很多有待改进，一时难以达到足够低的成本，形成微利甚至亏损的局面。此外，市场上的厂商和机构对固态电池等其他技术路线的研究日趋深入，如果能升级替代现有产品形态，减少液体电解液的电池不但在能量密度、安全性等性能方面有所改善，也更易于回收，这也是一种未来提升回收效率的重要途径。随着政策和市场的快速调整，预计到 2030 年，我国将形成一个更有序的动力电池回收、再生及电池再制造的体系，从而提升资源的利用效率。

9.5　城市生活垃圾

　　如果说，工业浪费的本质是对生产计划和执行过程的合理性的最优要求，那么，城市生活垃圾的出现就是消费习惯的结果，垃圾多、处理难的困扰源于消费习惯中普遍使用了产生大量难处理垃圾的生活方式。

● **生活垃圾，从灰土、果皮到多种多样**

据说吴语方言中的"垃圾"一词有两个读音，lese 和 laxi。前者和"粒屑"谐音同意，本意指零零碎碎不可再用的东西，是中性词。早期吴地农村将"灰堆"称为垃圾堆，是指堆放草木灰和零碎东西的地方。后者 laxi 有两层含义，一是等同于名词的 lese，二是形容词脏的意思。脏的概念在形容人体、衣服之时是不卫生、不干净的意思，是贬义词。而对植物或农业而言，"脏"等同于肥料的"肥"。吴地农村把猪圈肥、羊圈肥称为猪壅脏、羊壅脏。可见乡土社会里垃圾的本意有不断转换的含义，而在城市生活的消费主义世界中，垃圾只是不想要的、扔掉的东西。[①]

清代农学家杨屾[②]《知本提纲》里提出"酿造粪壤"十法，是将各类生活中涉及的废弃物都加以循环利用的规划，包括：人粪、牲畜粪、草粪（天然绿肥）、火粪（草木灰、熏土、炕土、墙土等）、泥粪（河塘淤泥）、骨蛤灰粪、苗粪（人工绿肥）、渣粪（饼肥）、黑豆粪、皮毛粪[③]。在古人看来似乎剩下的东西大部分仍然可以施肥复用，

---

① 陈阿江，等. 城市生活垃圾处置的困境与出路 [M]. 北京：中国社会科学出版社，2016：111.

② 杨屾（1687—1785），字双山，陕西省兴平人，师从关中大儒李颙提倡"明体适用"之学，经世致用，谓之"实学"。他除了开馆教学经典学问之外，主要着力于研究推广农、桑、树、畜，即"四端"。他力图从山东引入桑蚕，改变关中平原除了粮食作物之外，缺少蚕桑的问题。

③ 杨屾. 知本提纲·修业章 [M]// 范楚玉. 中国科学技术典籍通汇·农学卷. 第 4 册. 郑州：河南教育出版社，1994：322.

需要彻底丢弃的很少。

1949 年中华人民共和国成立之初，政府就花了很大力气建设北京、改善普通居民的生活环境，在垃圾处理方面，采用了上门收集"摇铃倒土"、汽车集中运输、统一集中处理沉积上百年的垃圾堆、集中清运城市生活垃圾等措施。从 20 世纪 50 年代开始采用木制垃圾箱分户集中，同时再设置集中垃圾站的方式。到 20 世纪 80 年代开始使用封闭有盖的垃圾桶与自动装卸垃圾车相结合的方式。到 20 世纪 90 年代推行家庭袋装垃圾的方式。

在城市化进程中不断提高生活垃圾的处理能力和垃圾的分类能力是密不可分的，但这也是一个长期的体系建设，观念共识、全流程工作、分类的结果要有效利用，保持卫生、提升回收率或降低处理难度是其本质核心。

20 世纪上半叶，北京市的家庭生活垃圾分类大致有三个类型。一是，家庭自身的分拣利用，尤其是家庭主妇，将食物残余、布头缝补、木块、玻璃瓶等利用起来，减少需要丢弃的垃圾量。但是居民的受教育程度不同，回收节约意识和环境卫生意识也不同，家庭自发的分拣利用的实际效率在明清时期以来并不高，也不能将其想象为一幅完全自给自足的田园美景。城市内的居民生活空间比乡村小得多，又通常没有家养的牲畜和农田可以直接近距离完成一些食物和粪便的循环，所以，垃圾的处理利用还是有限的，以至于中华人民共和国成立后北京市政府还清除了很多积累了上百年的垃圾堆、淤泥和臭水，开发了大量环境整治工程，如著名的南城龙须沟及附近贫民区，整治后成为金鱼池小区和龙潭湖公园。二是，专门的废品回收小贩，走街串巷，收集废品。市郊有专门的废品交易市场，废品交易市场的开放时间多为每天天亮之前，因此，老北京人也将其称为"晓市"或"鬼市"[①]。但这些"废品"并不是废铁、木头一类的垃圾，更多的是损坏的废旧物品，甚至是有文玩属性的旧货。这个类型更接近二手回收的概念，但也的确是减少了被丢弃的垃圾。三是，粪便、灰土最终都被运往城郊农村，成为农业用肥。1949 年以前，北京、上海等城市的粪便都有专门的私人粪商回收，他们将城市粪便运往周边农村，出售给农民。收粪的生意，在当时是一个两头收费的行业（即向排污的住户和收肥的农户"供需双方"收费），除了脏和臭，利润还是不错的。传统相声《学四省》里面就有一段台词是："我在北京城里有四个大粪场子，就凭这个（赚的钱）我们家就吃不了。"指的就是经营收粪生意利润高，而相声的笑点就是曲解其本意。粪便转运也有行会，甚至出现"粪霸"也是利益使然。

这个垃圾分类的格局，在 1949 年之后发生了很多改变。一是城市粪便的集中管理公有化，纳入城市市政卫生部门直接负责，加强了协调规划统筹。二是垃圾分类知识进入新的公共宣传体系，如 1955 年北京市政府在中山公园举办的环境卫生展览会，1993 年通过报纸等媒体宣传用塑料袋包装垃圾再丢弃，避免垃圾通道堵塞、气味散发和招引蚊蝇。三是不同时期推进垃圾分类收集和回收处理体系。1956 年 3 月，北京市宣武区白纸坊街道办事处的 5 个居委会，约 2810 户居民率先试点实施垃圾分类。5 月 21 日，宣武区全区实行垃圾分类，辖区各街道办事处发动群众使用"公用大垃圾箱"，并"按站定户"，试行"翻牌隔日分类收集"的制度，即今日收脏土，明日

[①] 老北京的"鬼市"不只有废旧品，更多的是"见不得光"的盗抢、盗墓等非法渠道得来的赃物，以及造假的古董文玩。

收炉灰。这一时期的垃圾结构中，粪便和厨余垃圾等可用作农肥的有机垃圾，是主要分拣循环的类型，其他垃圾就是灰土，还有另外一个重要类型是取暖产生的炉灰，也是可以分类利用的。其他类型如金属、木材、纸张、玻璃的利用比例低，而且存在大量家庭自行回收利用的情况。1996 年，为响应"九五"计划的号召，北京市一些居住区进行了垃圾分类活动，并取得了短期成绩，如所谓的"垃圾分类第一院"，还有在市内的公园安置分类果皮箱等。但由于分类的垃圾没有回收利用系统，大部分又混合清运处理了，所以居民的分类积极性并没能促进形成全局性的一个垃圾分类系统。

　　改革开放之后，尤其是进入 21 世纪以来，人民生活水平大幅提高，消费多元、活跃、频繁，产生的包装、餐厨、废旧物品都大量增加，垃圾的成分复杂了起来。以北京为代表的超大城市，经济高速发展，垃圾处理体系的能力、人民的垃圾观念，并不可能立即跟上，于是造成巨量的垃圾或者说废弃物的出现，从而带来了垃圾填埋、焚烧的压力和回收困难。

　　21 世纪以来，北京市政府颁布了多项政策法规，加强落实垃圾分类。一是，强化后端的分类处理。二是，落实垃圾量大且便于管理的餐饮行业、办公楼等公共场所的垃圾分类。三是，继续推进居民生活垃圾分类。2002 年北京市政府办公厅下发《关于认真做好全市生活垃圾分类收集和处理工作的通知》、2011 年北京市人大通过的《北京市生活垃圾管理条例》及 2019 年北京市人大通过了该条例的修正版，通过这些逐步对生活垃圾减量化、资源化、无害化进行了规范。

● **城市生活垃圾的处理**

城市生活水平的不断提高，当代的城市生活垃圾类型也日益复杂，难以大量快速消解，原因主要包括：第一，塑料制品。随着玻璃瓶、塑料袋等各种包装垃圾在居民生活中广泛的、深度的普及开来，而相应的塑料等化工制品的丢弃和处理也都并不容易，如果是独立的瓶子、饭盒还较容易挑拣，但更多的是包装内的塑料薄膜等无法分拣的类型。第二，厨余垃圾。出于健康和卫生的考虑，社会不再提倡食用剩饭剩菜，更多的剩余食物也成了生活垃圾。其中除了烹饪过的动植物食材，还加入了大量的油脂、盐分，已经不是简单的择菜过程中扔掉的变质菜叶。无论是通过垃圾桶收集，还是下水道排水排污系统集纳，这些盐分高、油脂高、水分高的食物残余，形成了一个巨大的不易处理的新型厨余垃圾类别，既不容易直接作为肥料，也难以焚烧、填埋。第三，粪便。前文说的城市垃圾结构中，粪便灰土为主的结构持续到 20 世纪末。随着抽水马桶在城市的普及，城市粪便不再被当作肥料直接运往农村，而是流入下水道，然后分区化粪池存储，再通过排污车转运后处理。据统计，1980 年中国城市年产人粪便 3300 万吨，其中约 90% 被运往农村，流入下水道的不足 10%。[①]进入 21 世纪，随着中国城市化的加速提升，高层楼房小区快速成为主要的居民居住形式，城市环卫体系解决集中化粪池清理的问题压力也大幅提升。

这些新的垃圾类型是城市生活的结果，近些年我国每年的生活垃

[①] 陈阿江，等. 城市生活垃圾处置的困境与出路［M］. 北京：中国社会科学出版社，2016：10-11.

圾清运量就超过2亿吨，如表9-5所示。同时数量大幅增长也使得
工业化处理方式改变了垃圾处理的去向，更多地采用无害化之后的集
中填埋和焚烧。数量过于巨大的垃圾，目前还没有很好的循环利用能
力。无论是居民负责，还是环境卫生部门承担，全量垃圾的系统分类
在全国大范围实施并形成新体系都是较为漫长的过程，以及有着巨大
的成本投入。究其原因主要有：一是垃圾成分日益复杂多样，经由土
地系统降解吸纳日益困难；二是劳动力成本日益提高，加之化肥的增
多，花时间拣、分垃圾再将食物残渣类沤肥不如买化肥。于是城市形
成了一种专门的垃圾混合回收制度，通过在居民家中放置小垃圾桶、
楼道设置大垃圾桶、街区建设垃圾中转站等办法，将城市生活垃圾集
中运到城郊或农村露天堆放或简易填埋。

表9-5　我国人口城镇化率与生活垃圾清运量

年份	人口城镇化率 /%	垃圾清运量 / 万吨
1985	23.7	4477
1990	26.4	7636
1995	29.0	10671
2000	36.2	118189
2005	43.0	15577
2010	46.6	15805
2015	56.1	19142
2019	60.6	24206
2020	63.9	23512
2022	65.2	25599

数据来源：国家统计局。

　　国内绝大多数城市的餐厨垃圾管理存在两大问题：一是单位餐厨垃圾（如食堂、餐馆、集贸市场等）被私人作坊回收，基本未经过处理即被喂猪、喂鱼，造成"垃圾猪""垃圾鱼"问题。利用泔水提炼油脂，出现所谓的"潲水油"或"地沟油"，严重威胁食品安全。二是居民餐厨垃圾与其他生活垃圾混合处理，因餐厨垃圾容易变质、腐烂、滋生病菌，在垃圾收集、运输和末端处理过程中成为污染源，填埋则会滋生蚊蝇，产生臭气和渗滤液，焚烧则会影响热值，产生二噁英等，这都会影响居民身体健康及环境质量。还有诸如邻避问题、产能过剩等问题要平衡解决[①]。

　　目前，城市居民生活垃圾中餐厨垃圾、不可回收垃圾、可回收垃圾各占三分之一左右。[②]垃圾大量混合处理，城市生活垃圾的问题集中在填埋的场地越用越不够、焚烧厂热值不足缺乏效益，而不扩大处理又要陷入"垃圾围城"的城市发展困局。这种局面，在城市化、工业化、市场化的现代社会似乎非常普遍，面临越来越严重的垃圾处理矛盾。这也是 2019 年开始，我国各个主要城市先后进一步加大垃圾分类回收的制度建设力度的原因。垃圾分类回收的理念在我国已经推行 20 多年，但最近提升到了一个更为严格的处理级别。2019 年 1 月 31 日，上海市人大通过《上海市生活垃圾管理条例》；2019 年 11 月 27 日，北京市人大通过关于修改《北京市生活垃圾管

① 数据来源：国家统计局、生态环境部和生活垃圾焚烧发电厂自动监测数据公开平台。李嘉诚. 生活垃圾焚烧"爆发式"增长的背后，安全性何解？[A/OL]. 知识分子，（2022-12-23）[2023-03-25]. https://mp.weixin.qq.com/s/0gcjxio_XFj-1JtT_USiYw.

② 陈阿江，等. 城市生活垃圾处置的困境与出路 [M]. 北京：中国社会科学出版社，2016：37.

理条例》的决定；不但地方性法规修订升级，对垃圾分类的宣传、执行、检查、要求也都进行了大量投入和工作。

　　面对当前垃圾处理压力，我国各地政府都做出积极应对——改进垃圾分类的处理方式。长期而言，其逻辑上的出路大致只有一个，就是改变社会经济运作模式，少产生"垃圾"。生活垃圾减量化、资源化、无害化是各地法规文件中体现的总原则，垃圾分类是实现这一原则的基础手段。这就意味着在商品、产品、生活用品的制造中就应坚持可持续使用的设计，至少要预设反复利用的功能，以及通过价格等因素引导使用者减少丢弃行为。不必要的消费，本身就是引发丢弃的原因，而"弃之不用"是"垃圾"这个概念的本质来源。从现有社会大量垃圾产生的现状来看，已经多到处理压力很大的程度了，我们由此推定生产和消费中有很多是不必要的，这需要被减少。所以，从设计和使用的前端逻辑上控制垃圾的产生，同时意味着将大量减少购买行为。那么，减少购买和消费，是否会降低经济发展的动力？经济系统是复杂的，环境约束因子只是其中一个条件，消费、投资、贸易都是经济增长的基本动力，对消费的削减当然会相应减少生产、流通、商贸等总需求，进而降低劳动力、土地等基本生产要素利用，总体上会影响经济发展的动力，在转变期尤为明显。但垃圾处理、环境成本、土地被垃圾所占用、对大气和水体的次生污染等也是长期经济的负面冲击要素，经济发展的转型如果能够探索成功，无疑是有益的、可持续发展的。所以，垃圾本身的产生是经济增长模式决定的，发起卫生运动是解决垃圾问题的一个环节，但也要意识到只从结果方面倡导居民自觉坚持垃圾分类，并不能就此解决垃圾处理压力问题，能够理解社会模式转变、垃圾减量和资源化的总方向才是关键，垃圾分类只是一个环节、一个手段。这不是"对与错"的区别，是"长期与短期"的区别。短期内，社会意识的唤醒和推行垃圾分类（或者其他策略）都是积极应对社会模式的尝试，改变生产、设计水平的过程更为缓慢，虽然更有必要，但涉及人才培养、模式探索、标准建立、监督监管等一系列社会经济条件，是需要逐步实现的。

9.6　暗数据

暗数据（dark data）的概念来自英国统计学家汉德（David J.Hand，帝国理工学院数学教授，英国皇家统计学会前会长），指那些在数据分析中以各种原因被忽略的影响因素，包括各式各样的情况。[①] 如"或可存在的数据"，典型的例子是，某种药物对于被试患者的疗效、无法取得真正的对照样本，因为同一个病人只能选择用药或不用药，而不可能存在另一个对照状态。这样来说，要是一定要得出对比的话，没有这些"暗数据"是无法得出药物有效性结论的。再如，"关键因素缺失"型的暗数据，是缺乏充分机理支持的相关数据，如人口渴和草干枯，两者之间有共同的关键因素，即天气干燥这就是共因性。如此等等，汉德归纳了15种常见的暗数据类型。作为一本科普读物，这15种暗数据没有使用统计学或计量学的术语概念体系来介绍，而是换成了日常用语，虽然看起来比较容易理解，但总体看的时候很多类型互相间很像，15种类型之间缺乏逻辑性和独立性。

于是，我试着给出了7个维度的指标来区分这15个暗数据类型，

---

① 汉德. 暗数据［M］. 陈璞，译. 北京：中信出版社，2022.

序号是汉德在书中给各个暗数据类型命名的编号，名称都引自该书的中文译本。"是否采集调查造成的"等 7 个识别指标是我提出的，其中"+1"表示"是"，"-1"表示"否"，"0"表示"不确定"。这样，可以得到一个表格，如表 9-6 所示。例如，4 号暗数据类型，汉德称为"自我选择"，就是一种样本偏差，是指那些因为被访者会自己决定愿意或不愿意提供调查者想要的信息，而使得数据收集中无法包含进来的信息，如接受总统竞选问卷调查的人都是关心该竞选的人，而不是真正全体选民群体的意见，有些不关心问卷调查的人的态度被忽视了，未被包含的部分就形成了暗数据。那么，按照我的识别维度来看，这个类型暗数据的特征可以描述为：是由采集调查造成的，不是调查者造成的，是被调查者造成的，且是故意造成的结果。这个结果导致数据的缺失，是一种已知的缺失。同时，这种暗数据并非某种数据处理方式带来的，（相比而言，测量误差、求平均数等数据汇总都是数据处理带来的暗数据）。其他类型的暗数据也大都如此区分和理解。

表 9-6　暗数据类型的抽象特征

序号	类型名称	是否采集调查造成的	是否调查者造成的	是否被调查者造成的	是否故意	是否造成缺失	是否已知的缺失	是否数据处理带来的
1	已知的缺失	+1	-1	+1	0	+1	+1	-1
2	未知的缺失	+1	-1	+1	0	+1	-1	-1
3	局部选择	+1	+1	-1	+1	+1	+1	-1
4	自我选择	+1	-1	+1	+1	+1	+1	-1
5	关键因素缺失	-1	+1	-1	-1	+1	-1	+1
6	或可存在的数据	-1	-1	+1	-1	+1	+1	-1

序号	类型名称	是否采集调查造成的	是否调查者造成的	是否被调查者造成的	是否故意	是否造成缺失	是否已知的缺失	是否数据处理带来的
7	因时而变	+1	+1	-1	0	+1	-1	-1
8	数据定义	-1	+1	+1	0	0	0	-1
9	数据汇总	-1	-1	-1	+1	-1	0	+1
10	测量误差与不确定性	+1	+1	-1	-1	0	-1	+1
11	反馈与博弈	+1	+1	+1	+1	-1	0	-1
12	信息不对称	-1	-1	+1	+1	+1	+1	-1
13	故意屏蔽的数据	-1	-1	+1	+1	+1	+1	+1
14	编造与合成的数据	-1	+1	-1	+1	0	+1	+1
15	推理僭越数据	-1	+1	-1	+1	+1	+1	+1

基于这样的暗数据分类，我们可以把统计调查中常见的各种数据偏误都纳入进来，为了便于操作的识别，我还试着画了一张"流程图"（图9-6）来识别各种暗数据，图中菱形图标表示判定条件，然后参照判定结果的是否来走进后续判定，直到获得判定结果。例如，先看"是否采集调查造成"，如果"是"，那么向下而不是向右，再来看"是否造成数据损失"，如果"是"，继续向下，再看"缺失的数据是否已知"，如果"未知"，向右，判断"是否调查者造成的"，如果"是"，那么得到的类型就是"7.因时而变"。

暗数据，并不是一种无法挖掘的玄妙神秘的存在，而是统计学家在提示我们，可以被直接获得的数据之外，还需要注意理解和使用这

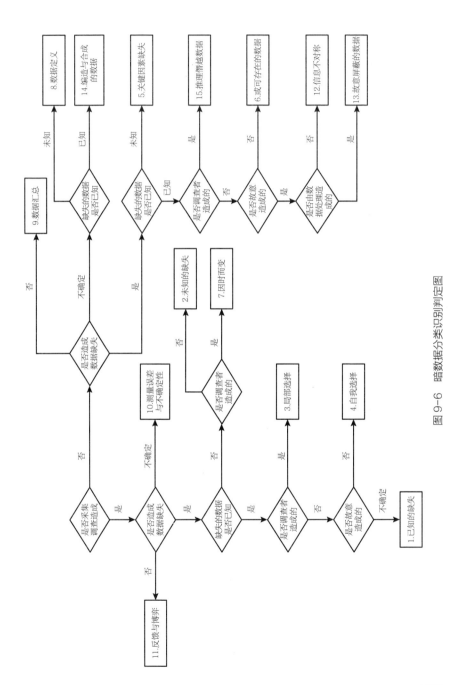

图 9-6 暗数据分类识别判定图

些暗数据是不可或缺的。在考虑了暗数据之后，我们需要用适当的补充资料来佐证判断，或者采用适当的数据分析处理模型或手段来评估分析，才能得出合适的结论。这也说明，数据也不是都那么简单易得的，数据的利用并不是那么容易的，不是谁得到一组数据都能发现其中的价值，数据的生产价值发挥是需要特定条件和投入的。这一点和我们前面所说的，专利技术需要适当的工业实现能力才能发挥价值是一样的。所以，数据作为生产要素的价值估计应该基于此才合理。同样，数据的交易与购买和交付一本书、一个暖壶也是不同的。

9.7 数字孪生

数字孪生（Digital twin），是指以数字化的方式建立物理实体的多维、多时空尺度、多学科及多物理量的动态虚拟模型来仿真和刻画物理实体在真实环境中的属性、行为和规则等[1]。

数字孪生的概念，最早是由格里夫（Michael Grieves）在 2003 年美国密歇根大学产品生命周期管理中心成立时，他为了向工业界发表演讲而制作的幻灯片中提出的。他首次提出了产品生命周期管理（Product Lifecycle Management，PLM）概念模型，模型中出现了现实空间、虚拟空间、从现实空间到虚拟空间的数据流和从虚拟空间到现实空间的信息流，以及虚拟子空间的表述[2]。

---

[1] 陶飞，刘蔚然，张萌，等. 数字孪生五维模型及十大领域应用 [J]. 计算机集成制造系统，2019, 25（1）：1-18.

[2] GRIEVES M, VICKERS J. Digital twin: mitigating unpredictable, undesirable emergent behavior in complex system [M]. Trans-disciplinary Perspectives on Complex Systems. Berlin, Germany: Springer-Verlag, 2017.

后来，美国国家航空航天局（NASA）在 2010 年对飞行器的真实运行活动进行了镜像仿真，试图在虚拟世界中，尽可能地模仿物理世界真实发生的一切。2010 年 NASA 提出的数字孪生概念有明确的工程背景，即服务于自身未来宇航任务。NASA 认为基于阿波罗时代积累起来的航天器设计、制造、飞行管理与支持等方式方法（相似性、统计模式失效的分析、原型验证等），无论在技术方面还是在成本等方面，均不能满足未来深空探索（更大的空间尺度、更极端的环境、更多未知因素）的需要，需要找到一种全新的工作模式，即数字孪生。在接下来的 10 年中，数字孪生也开始在电力、汽车、医疗、船舶等多个民用领域应用，其需求范围不断扩展，该概念模式与更多新型信息技术相结合，使信息与物理的结合程度在提高，数据应用分析的挖掘程度也在提升，进一步形成了更多面向不同用户的智能服务应用，为普适工业互联网需求提供更多应用场景。

美国著名的信息研究与咨询公司高德纳（Gartner）在 2017 年、2018 年连续将数字孪生列为十大技术趋势之一，对数字孪生的应用起到了推波助澜的作用。以下将数字孪生定义为对象的数字化表示，进而将数字孪生分为以下三类：

（1）离散数字孪生（Discrete digital twins），单个产品或设备，人或任务的虚拟复制品，用于监视和优化单个资产、人和其他物理资源。

（2）复合数字孪生（Composite digital twins），用于监视和优化关联在一起的离散数字孪生的组合，如轿车和工业机器这样的多部件系统。

（3）组织数据孪生（Digital twins of organizations-DTOs），

DTOs 是复杂与大型实体的虚拟模型，由它们组成部分的数字孪生构成，用于监视与优化高级业务的性能。

数字孪生是典型的生产侧数字化，它不像消费侧没有那么多文化因素和个人差异，我们可以清楚地看到其工业的逻辑——降低成本。降低试验重复探索中大量的时间成本和有危险性实验的安全成本，以及最直接的实验物料、人工和废弃物处理的直接成本。这样大幅地降低成本，对于适用的场景而言（数字孪生的建模也需要投入，所以不是零成本的，更不是万能的）大大提高了研发效率和创新的范围。

数字模拟的应用现在越来越广泛，除了试验成本过高，节约时间也是采用数字模拟的一个很重要的目的。很多生物工程、化学工程的研究，已经应用了计算机模拟的自动反应设计，即把各种可能的反应物、反应条件进行排列组合后，由计算机来模拟可能的反应过程，采用几乎穷举的方式把实际上不可行的反应路线淘汰掉，只留下很少量的具有基本可行性的工艺路线，再交由科学家、工程师们进一步分析或优化。这样的研究方式，大大提高了研究的试验效率。例如，2021 年，我国科学家在实验室中成功实现了以二氧化碳为原料，通过连续反应合成淀粉，这一成果正是采用了生物计算技术达成的。中国科学院天津工业生物技术研究所创新科研组织模式与合作研究团队进行联合攻关，按照工程化原理，利用生物计算技术，设计构建出非自然的二氧化碳固定还原与淀粉合成新路径，国际上首次实现在实验室从二氧化碳到淀粉的全合成，使淀粉生产的传统农业种植模式，向工业车间生产模式转变成为可能。

数字孪生和一些更强的人工智能体系，都是在生产侧大范围精细利用数字化技术辅助的重要类型。数字化顺着自动化、机械化的路线走下去，到了生产一侧就是人工智能的问题了，这也引发了众多社会关注问题，说了几百年的机器会替代人的危机似乎越来越近了。由于本书的主线要顺着数据的问题去讲，人工智能的这条线就放到最后的附录中供读者参考吧。对此我的观点是：工具是人的延伸。

　　我找到一张林雪萍制作的图，其对数字孪生的表述比较简明。它运用"用户分界线"和"虚实分界线"两个维度，清晰呈现了产品在生命周期中，从设计阶段，到制造环节，再到使用与运营阶段的全过程。在不同象限类型的对比下给出了数字孪生的相对概念（见图9-7）；其中三条信息新通道，正是数字孪生不断丰富、丰满的发展过程。我认为，还可以将林雪萍给出的二维象限结构，发展为三维螺旋式上升结构，这样就能更加完美地表达数字孪生在产品升级换代和

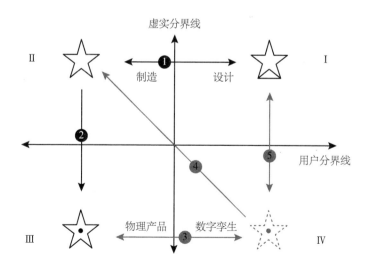

图 9-7　数字孪生概念的四象限图

数据来源：林雪萍 2020 年在"知识自动化"微信公号上发表的《数字孪生：第四象限的崛起》。

性能不断提升方面的作用。

北京航空航天大学陶飞等人在数字孪生方面的几篇论文（《数字孪生五维模型及十大领域应用》《数字孪生十问：分析与思考》）归纳了近期数字孪生概念的进展与应用，给出了数字孪生的五维模型：MDT=（PE，VE，Ss，DD，CN）。MDT 是一个通用的参考架构，孪生数据（DD）集成融合了信息数据与物理数据，服务（Ss）对数字孪生应用过程中面向不同领域、不同层次的用户及不同业务所需的各类数据、模型、算法、仿真、结果等进行服务化封装，连接（CN）实现物理实体（PE）、虚拟实体（VE）、服务（Ss）及数据（DD）之间的普适工业互联，虚拟实体（VE）从多维度、多空间尺度及多时间尺度对物理实体进行刻画和描述。五维模型对数字孪生的落地具有重要的指导意义。在工程应用中，可以直接将该模型映射或转换为面向服务的软件结构体系，如图 9-8 所示。[①]

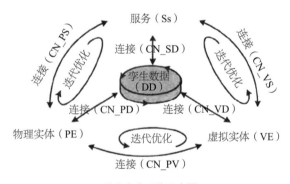

图 9-8　数字孪生系统示意图

---

① 陶飞，刘蔚然，张萌，等. 数字孪生五维模型及十大领域应用［J］. 计算机集成制造系统，2019，25（1）：1-18.

　　截至 2019 年，世界各国的军事研究机构、高等院校、工业巨头对数字孪生的概念和应用均有不同程度的关注，通过对发表论文的统计和研究，目前各界人士对数字孪生的定义还在探讨，仍然未形成完全一致的意见。而对数字孪生最关注的国家从最开始的美国，到提出工业 4.0 的德国，再到 2019 年以来中国发表有关数字孪生的论文数量进入前三名。学术期刊上发表数字孪生论文数排名最靠前的机构包括：德国亚琛工业大学、北京航空航天大学、西门子公司、瑞典查尔姆斯理大学、俄罗斯圣彼得堡彼得大帝理工大学、赖特·帕特森空军基地、德国斯图加特大学、意大利米兰理工大学、新西兰奥克兰大学、广东工业大学、挪威科技大学、匈牙利布达佩斯技术与经济大学、俄罗斯南乌拉尔国立大学、俄罗斯圣彼得堡国立信息技术机械与光学大学、英国谢菲尔德大学、美国佐治亚理工学院、英国伯明翰大学、英国剑桥大学、美国国家航空航天局兰利研究中心、德国埃尔朗根 – 纽伦堡大学。研究者对数字孪生的适用领域和准则进行了归纳，如表 9-7 所示。① 从工程实践的角度，数字孪生是一种全息模拟，对于实体物理的实验或现场实验成本代价较大的情况，都可以尝试采用数字孪生方式模拟。数字孪生的场景相比于之前的数字化模拟建模的实验而言，需要更多的数据输入和更高频度和深度的运算，是互联网基础设施提升后模型模拟的升级，可以处理更多的场景和更复杂的实况问题。

---

① 陶飞，张贺，戚庆林，等. 数字孪生十问：分析与思考 [J]. 计算机集成制造系统，2020，26（1）：1-17.

表 9-7　数字孪生的适用准则

序号	适用准则	数字孪生作用	举例	维度
1	资产密集型/产品单价值高的行业产品	基于真实刻画物理产品的多维多时空模型生命周期全业/全/全流程孪生数据，开展产品设计优化、智能生产、可靠运维等	高端能源装备（风力发电、汽轮机、核电装备）、高端制造装备（高档数控机床）、高端医疗装备、运输装备（直升机、汽车、船舶）	产品
2	复杂产品/过程/需求	支持复杂产品/过程/需求在时间与空间维度的解耦与重构，对关键节点/环节进行仿真、分析、验证、性能预测等	复杂产品（3D打印机、航空发动机）	复杂程度
			复杂过程（离散动态制造过程，复杂制造工艺过程）	
			复杂需求（复杂生产线快速个性化设计需求），复杂系统（生态系统、卫星通信网络）	
3	极端运行环境	支持运行环境自主感知、状态实时可视化、多粒度多尺度仿真，以及虚实实时交互等	极高或极深环境，如高空飞行环境	运行环境
			极热或极寒环境，如高温裂解炉环境	
			极大或极小尺度，如超大型钢锭极端制造环境、微米/纳米级精密加工环境	
			极危环境，如核辐射环境	
4	高精度/高稳定性/高可靠性仪器仪表/装备/系统	为其安装、调试及运行提供实时性能评估、故障预测、控制与优化决策等	高精度，如精密光学仪器精准装配过程，高稳定性，如电网系统、暖通空调系统、油气管道，高可靠性，如铁路运营、工业机器人	性能
5	需降低投入产出比的行业	支持行业内的信息共享与企业协同，从而实现对行业资源的优化配置与精益管理，实现提质增效	制造行业，如汽车制造，物流运输业，如仓库储存、物流系统，冶金行业，如钢铁冶炼，农牧业，如农作物健康状态监测	经济效益

序号	适用准则	数字孪生作用	举例	维度
6	社会效益大的工程／场景需求	支持工程／场景的实时可视化、多维度／多粒度仿真、虚拟验证与实验及沉浸式人机交互，为保障安全提供辅助等	数字孪生城市，如城市规划、城市灾害模拟、智慧交通	社会效益
			数字孪生医疗，如远程手术、患者护理、健康监测，文物古迹修复，如巴黎圣母院修复，数字孪生奥运，如场景模拟	

数字孪生是现实世界中物理实体的配对虚拟体（映射）。这个物理实体或资产可以是一个设备、产品、生产线、流程或物理系统，也可以是一个组织。数字孪生概念的落地是用三维图形软件构建的"软体"去映射现实中的物体来实现的。这种映射通常是一个多维动态的数字映射，它依赖安装在物体上的传感器或模拟数据来洞察和呈现物体的实时状态，同时也将承载指令的数据回馈到物体，导致状态变化。

数字孪生是现实世界和数字虚拟世界沟通的桥梁。例如，以应用数字孪生理论最多的航天领域为例。数字孪生卫星／空间通信网络方面，随着卫星技术的快速发展，卫星通信技术及其应用取得了较大的进步。空间信息网络作为卫星网络的进一步延伸，将卫星网络、各种空间航天器和地面宽带网络联系起来，形成智能化体系，具有巨大的研究意义和应用前景。空间信息网络由于节点及链路动态时变、网络时空行为复杂、业务类型差异巨大的特点，导致在网络模型构建、网络节点管控、动态组网机理、时变网络传输等方面对网络建设提出了重大挑战。将数字孪生技术引入空间通信网络构建中，参照数字孪生五维模型，构建数字孪生卫星（单元级）、数字孪生卫星网络（系统级）及数字孪生空间信息网络（复杂系统级），进而搭建数字孪生空间信息网络管理平台，可实现卫星的全生命周期管控、时变卫星网络优化组网及空间信息网络的构建与优化。[①]

9.8　数字经济学

关于数字化的经济绩效的研究，有学者提出了数字经济学的概念和范畴，这里我也做个介绍。数字经济学探索了数字技术对成本下降影响的经济模型，主要的研究结论和问题背景的逻辑包括：

第一，在数字化环境中，搜寻成本更低，从而扩大了搜寻的潜在范围和质量。

第二，数字产品可以零成本复制，因此它们通常是非竞争性的。

第三，随着数字产品和信息的运输成本接近于零，地理距离的作用发生了变化。

第四，数字技术使追踪任何一个人的行为变得容易。

第五，数字验证可以更容易地验证处于数字经济中的任何个人、公司或组织的声誉和可信度。[②]

这里我所说的数字、数字化有关的经济问题已经是所谓的"消费侧"的了，都是用户使用中的场景和问题，包括：个人的交

---

① 陶飞，刘蔚然，张萌，等. 数字孪生五维模型及十大领域应用［J］. 计算机集成制造系统，2019，25（1）：1-18.

② 戈德法布，塔克. 数字经济学［M］// 比较：第112辑. 吴敬琏. 北京：中信出版社，2021：46-105.

流、服务的采购、消费场景中的用户环节等，并没有前面提到的生产内容。同时，数字化从生产进入消费，也是受到社会公众，尤其是非专业人群普遍关心的重要原因，这也是社会上我们感受到数字化越来越"重要"的原因。但因为消费侧的行为决策，往往没有生产侧那么"理性"，简单预判的"方便"是人们行为更重要的原因。因此，数字化的消费场景在降低成本上未必那么有效。一方面，这可能说明数字化对消费测的经济贡献主要不在于成本降低，而在于直接的需求满足，这正是我所谓的工业的逻辑的本质所驱动的。另一方面，也可能消费侧需要高速数字化来改善生活的时代还未全面到来，很多复杂的经济反馈还没有完全建立，仍是探索阶段。

对数字经济的研究有很多案例，这里我来谈两个，以供参考。

一是有关远程办公。互联网的基础设施降低了通信成本，从而使得很多工作可以不必集中到特定办公室，这似乎是一个随着技术进步而"必然"出现的趋势。在 1998 年和 2001 年有美国学者研究推测，互联网可能会减少对任务专属的工作空间需求，从而提高"远程办公"的流行程度，并降低人们对工作地点应尽量离家庭住址更近的需求。[1][2] 我分别在 2020 年 3 月、2021 年 4 月、2022 年 2 月主持了三次互联网小型问卷调查。调查的范围不大，开始只有 300 多份有效问卷，后面一次有 500 多份，调查对象主要面对中国

[1] Autor, David H. 2001. Wiring the Labor Market [J]. Journal of Economic Perspectives, 15 (1): 25-40.

[2] Gaspar, Jess, Edward L. Glaeser. 1998. Information Technology and the Future of Cities [J]. Journal of Urban Economics, 1988, 43 (1): 136-156.

城市就业人群。[1][2][3] 三次调查连续对比了，2020 年"新冠肺炎"疫情的"冲击效应"。因为疫情防控要求，在 2020 年 2—4 月几乎全中国的城市企业处于非常低的活跃状态，很多企业因为交通受阻暂时停业，更多企业将大量工作转为分散的员工居家办公，以及在线会议等组合方式。之后，随着疫情得到有效控制，社会秩序恢复，企业全面复工复产。因为疫情更多的企业开始使用远程办公工具，相当比例的企业改变了办公习惯。对企业在线办公工具使用频率的调查数据显示：疫情之前，几乎不使用的占 10%，频繁使用的占 62%，偶尔使用的占 28%。2020 年 1—3 月疫情期间，几乎不使用的占比缩减到 2%；2021 年年初，几乎不使用的占比回升到 12%，频繁使用的占比甚至下降到 53%；2022 年年初，几乎不使用的占比继续下降到 7%，频繁使用的占比提升到了 71%。而就不同类型的在线办公工具的使用率而言，疫情期间带来使用率提升最大的是电话／视频会议类（使用率分别为：疫情前 24%、疫情期间 54%、2021 年后 50%）和协同文档类（前述三个使用率分别为：11%、24%、26%），这两个远程办公场景强烈地改变了人们的工作习惯，而诸如财务软件类的在线办公软件的使用率几乎没有变化。远程办公，看起来可以节省办公空间和通勤时间，提高工作效率，并且大量软件供应商可以免费提

---

① 叶桐，焦旸. 疫情期间远程办公调查：痛点是沟通［R/OL］.（2020-03-18）［2023-2-25］. https://database.caixin.com/2020-03-18/101530308.html.

② 叶桐，焦旸，张舸. 疫情之后，驱动在线办公的是效率优先还是习惯转变?［R/OL］.（2021-04-29）［2023-2-25］. https://database.caixin.com/2021-04-29/101703983.html.

③ 叶桐，焦旸，张舸. "在线协同"渐成趋势：基于办公信息化的第三期调研［R/OL］.（2022-04-08）［2023-2-25］. https://database.caixin.com/2022-04-08/101867514.html.

供相当多的资源，这样有百利而无一害的方式，企业为什么不选择呢？针对个人行为则不同，在疫情的特殊情况下，人们被迫尝试各种在线办公工具后，其使用率才稍有改观，而大部分人则是在疫情过后把习惯又改了回去。因这一尝试有所触动、发生改变的是基于理性分析的企业行为，而在疫情之中对远程办公抱有"幻想"（或者说期待）的个人行为却恢复如常，并没有自发地做出改变。这个调查说明：是人的需求在引导技术的发展，而不是技术的发明在促进人的应用。之前开发推广了数年，甚至一度面临关闭的软件，因疫情迎来了转机。在 2022 年，有些软件的部分功能甚至开始收费，可见相关业务需求已经基本确立。但个人对于"上班"的效率并没有主动要求改善的强烈诉求，基层岗位的"打工人"在家可以舒服一点的话，为什么要追求高效工作呢？这就是工业的逻辑，依据需求来提供技术才可行、才有意义，但要分清是谁的需求，是机构还是个人？

二是关于互联网版权的保护与质量。美国明尼苏达大学卡尔森管理学院的乔尔·瓦尔德福格尔（Joel Waldfogel）找到了两个指标来衡量音乐质量，即历史上的"最佳专辑"列表和随时间的使用信息。研究证明了音乐质量在 20 世纪 90 年代初开始下降，直到 1999 年免费在线复制出现后才停止这一趋势。因为免费复制，音乐作者的版权收入下降了，但同样因为在线复制和编辑，音乐制作和发行成本也下降了。就是说数字化技术的应用和普及对音乐版权的供需双方都产生了影响，但多种影响的最终结果是音乐质量的提高。[①] 瓦尔德福格

[①] Waldfogel, Joel. Copyright Research in the Digital Age：Moving from Piracy to the Supply to New Products [J]. American Economic Review, 2012, 102（3）：337-342.

尔之后又研究了电影、图书的版权，也得到了类似的结果，即互联网提供免费复制之后，作品质量不会因为失去版权保护而下降，反而开始提升 ①。资源的开放，既降低了版权收入，也降低了创作成本。反过来看，这是有关知识产权保护方面的一个很重要的特征。美国过去100 年来因为太强调版权的付费和保护，越来越长的保护期和越来越宽的保护范围，使得很多创作的创新性受到限制。现在创作一部电影，需要一个专门的清单和律师的服务来避免侵权。例如某些家具等道具都不能随意使用，否则可能面临侵权赔偿，更不用说音乐、服装的使用，一切都要授权并购买后才能使用。如果这类情况没有得到及时地调整，那么数字化带来的成本下降，可能会再度被制度导致的反侵权成本提升侵蚀。这就如同也许美国在某些领域的创新会在一定程度上遭受过度版权保护的损害。

① Waldfogel, Joel. Cinematic Explosion: New Products, Unpredictability and Realized Quality in the Digital Era [J]. Journal of Industrial Economics, 2016, 64 (4): 755-772.

代跋　工程实践教学新范式探讨

　　《工业的逻辑》是作者酝酿多年、厚积薄发的成果，虽然只是一个体系的部分，但道出了一个有识之士分别亲身从事过工程、管理、投资、数据、研究、教学后难得的综合思考。我本人学工程、做工程、教工程几十年，不断试图跟上中国经济社会的变迁，不断去思考如何理解产业与工程，不断去尝试怎样通过教学传递有意义的思维方式给学生。站在2023年的秋冬之际，我希望借《工业的逻辑》出版之机会也小结自己近年工程实践教学方面的最新工作和思考。

一、工程教学面向产业实践

　　20年来，我们通过工程实践教学以及其他友邻课程，一直在探索工程教育（包括面向非工程学科的工程教育）的底层逻辑，得到如下认识。

　　（1）人的认识由理论学习和实践学习达成，二者同等重要。实践教学是学生心理链和认知链上的必备环节，启发知识的迁移，对于将学生转变成能担当工程责任的人才至关重要。随着经验的积累，在实践中获得的知识会渐渐构成一个由事实与技能交织成的信息网络。克劳利和雅各布斯（Crowley & Jacobs, 2002）将其称为"专业知识岛"。扎实精确的知识可以为进一步学习赋能，而新获取的信息与技能又将被积累于这些"知识岛"上。因此，我们要善用实践教学这个环节，使其作用发挥到极致，让学生切实获得体验，消化前期理论学习成果并为后续理论学习打下基础，扎扎实实地发展成为全人。

（2）实践教学应有一个与理论教学有机融合的体系。随着学校教育教学改革的深入，新的任务摆在面前。例如，书院制的建立，对于人才培养的要求增加了更丰富的维度，更要将各个阶段的实践教学与相应的理论教学紧密结合，循序渐进、不留痕迹地把学生导入融合创新的自主学习。实践教学不仅是为培养工程实践人才而准备，对于理论创新同样具有重要意义。因此，我们需要在广泛与各学科专家深入沟通的基础上，改革既有课程，设计出新的课程和教学体系，建立新的实践教学生态。

（3）适应新时代要求的实践教学，需要一个新的范式。构成优质项目式学习的四个条件包括合适的学习目标、充足的学习资源、多次反馈与修改的机会，以及鼓励原创与支持交流的社交环境（巴伦Barron, 1998）。随着技术的进步，人机界面与云技术的日趋成熟，教育教学中传统的难点被逐一击破。学生学习的过程性数据得以广泛采集并集中分析。因此我们需要重新站在学生知识构建和能力塑造的视角，规划并设计新的学习范式。

（4）支撑这种实践教学新范式，需要一个产学研结合的新生态。基于以上几点，构建新的范式需要从基础设施、师资团队、培养过程设计、质量保障体系等多个方面进行规划，并与产业结合，实现人才成长目标的实时更新，与社会发展需求紧密互动。教育者层面也应重新构建相应的教学团队，从教学指导人员的参与模式上保障新生态的良好运转。

（5）新生态下的产、学、研各方都可以有更高的能动性。如何解决中国产业发展的难题？需要产、学、研各方都发挥出更高的能动性。

中国经济亟须转型升级，但大家也深感产学研结合技术创新的路径并不畅通。学校寻求学生去企业实践的途径；企业向大学征询技术进步的"项目"。但是，多因简单化而彼此失望，科学研究是探索未来，而企业更关注实际应用和效益，二者认识和诉求不尽相同。但是这并不能构成障碍的全部。细查，学校的长期努力和人力物力投入，积累了极多技术，可成为技术供给源。但它与企业需求一样，都是分布式的。幻想用一个集中式的机构去沟通，恐怕在方法论上有问题。只有把事情做细，才能把资源盘活。

解决中国产业发展的难题需要新思路。"工程化"在国外通过工业研究院沟通孵化，我国在这方面还任重道远。我们能否更积极地行动——以工程教育与管理教育改革为纽带寻得转机呢？所以，我们在课程中希望同学们不仅用一门课来看待我们所做的事，更希望课程成为一个研究团队，把在清华学习当成一个研究的过程——在技术生产的源头与技术的生产者共同探寻。学校在完成国家和不同企业项目时，派生出来的众多技术（而非项目）与企业升级遇到的技术瓶颈之间，急需一个沟通的机制，平衡各方利益，形成一种结合模式（例如，校、企共同推动，引导学生创新学习团队作为介观层次，与企业研发团队一起，形成企业所求技术预研、整合和孵化的微单元——

建设政产学研用结合新生态、新范式

在共同付出、准备、推进的基础上合作，把每一个创新团队建设成微型工业研究院和孵化器，把清华经营成打造智慧团队（现时管理创新的最强音）的试验田，培养创新的领导者，整合学生和企业员工的创新性，培养创新的领导者，整合学生和企业员工的创新性，把清华这个文化品牌在管理上落地生根，开花结果智慧。使清华这个文化品牌在管理上落地生根，开花结果人力资源的管理上可作为这个

专业教师和实验室——供给方
（作为技术来源）

通过跨学科系统集成的分布式工作流平台，按"人—机—人"机制自主组织虚实结合的可重组创新团队，因材施教、多师多生、交叉融合，将传统课堂、全球网络课堂、实体校园和企业实践有效转变成实践性学习过程的资源库和节点，在推进项目工程化过程中学会共处、沟通和学习，学会由个体有意识地交叉直到群体无意识的统驭

学生创新团队——中介方
（以学生的学习行为作为纽带）

企业——需求方
（工程博士、高级管理人员工商管理硕士、工商管理硕士、工程管理硕士可作为联系人）

引导：提出企业关心的具体问题
转译：由校内咨询团队（创新与设计中心、老科协学生辅导团、科研院所技术开发部等）将产业需求细化分解链接为方便学生研究的课题
推动：适当时候企业向技术团队进人，引导研究向企业需求发展，同时完成企业技术人员技术更新和接产培训

虚拟的微型工业研究院模式，并带"土"移植）。以期形成沟通分布式需求与分布式供给，以及共学共进、共建共享新生态下的协同创新平台，使学校真正成为知识兴企的智库和技术后援，打通产学研"小周天"。

（6）选好切入点（例如，人称"死亡之谷"的创新产品概念论证），用新思维、新生产力减少失败，推动发展。

二、新范式工程教学的设计理念

当前，学校创新实践教学的思维结构优化极具迫切性，已成为世界一流大学共同关注的改革方向。麻省理工学院通过新机器倡议及"新工程教育转型"（New Engineering Education Transformation，NEET）项目开展工程教育培养体系的升级，将产业驱动下的学生自主创新提升到教育教学的核心地位。斯坦福大学通过开环项目（Open Loop），提出本科生以产业实践为核心驱动力，自主规划大学学习，设计个性化的成长路径的方案，并通过教育学院、工学院、设计学院等多学科共同协作，用教育理论、实践场景、方法工具等维度为学生实现自己的学习目标赋能。俄亥俄州立大学通过建设覆盖全链条的工程产业实践课程，让本科生从入学开始，沉浸在项目式学习的螺旋上升循环之中，在拓展学科知识的同时，不断反复强化学生实践能力、社会性能力，以及其他元认知层面的能力。清华大学素有重视实践教学的传统，改革开放后更是从 20 世纪 80 年代复建经管专业始，专门设课推进面向文科的工程教育，这符合国情和振兴中华的大目标，我们理应在此做出贡献。

基于这样的逻辑背景，本科学生与工商管理硕士（MBA）学生在本实践课程中结合，综合运用自己原有专业知识、工作经验和理论教学课程所得，在科学方法论指引下，通过对课程任务"在清华建设产学研结合桥头堡"的设计实践，学会采用在网络平台支撑下群体合作学习的方式，找到解决非确定性问题的方法和方案，使自己的认知，知识的综合水平和沟通组织能力进阶。并且为自己、学校和产业建设持续学习的物质技术基础。

在多年的课程实践中，我们的混合式教学用线上的组织迭代和成果迭代去推动线下实践高效进阶。在相同的学时内，达到单纯线上或线下课都不可能做到的高度和广度，逐渐建立起工程实践教学的新范式。我们还与校友企业合作，完善了适合工程实践教育数字化转型的跨结构群体合作学习平台。这样，就为更大学程范畴下，实践教学与理论教学相互激荡，迭代提升创造了条件。

正因为工程实践教学不是一个单纯技术引导型的学习环节，所以必须有哲学方法论的指引，建立教育学术的高度。高度要落地，课程的重点确定为产业需求导向的群体合作实践，教学方式也发生了重大变化。逐渐把课堂学习转变成过程性学习，把离散知识及知识点集合转变成集成性知识及系统能力，把个体学习转变成群体合作学习，把传统的作业模拟转变成创新产出，并在深度学习的基础上探讨实现宽度学习的途径。实现这些转变的一个必要条件，就是充分利用新生产力提供的机会，建立起适应学生和企业发展的跨结构网络平台。把群体学习成果、实验室实践、企业实践，甚至整个人类的智慧基因，都用这个共用的硬件资源池积累、整合起来。通过不断试错迭代，形成各种协议、制度和规矩，并以此把一个尚未进入数字时代的学生或企业人，带领进入基于数字化资源整合和数字资产交易场景的全栈学习体系，引领双创教育和企业行业发展，为社会做出贡献，为企业做出贡献，为个人的发展做出贡献。

新范式下的课程设计具有如下新颖独特之处。

（1）将专业培养要求、个人成长需求与产业转型升级的社会需求，真刀真枪地有机结合于课程任务。通过行动研究激发探究智趣、积淀公共平台、优化教育生态，实现人的全面发展与社会的全面进步相统一，人的全面素质（德智体美劳）和人的全面角色（功利性加超越性）相统一，努力构建更具全面性的教育体系。

（2）将先进生产力物化入网络工具，助力群体智慧高效发挥，课程得以拉进到个体学习不能企及的高度和广度。

（3）将知识点嵌入流程，同时实现工程教育与管理教育的融合，因需而学，互教互学，填平补齐。流程展开知识应用，应用诱发综合，综合就是创造，不仅创造事物，而且创造自己的知识结构。

（4）扎实推进贯通式创新教育的工程实践教学新范式探索。使新范式的高度"超越学科界限的认知基础"和主体"产业需求引导的群体合作实践"落到实处。响应教育部倡导的"虚拟教研室"概念，把本科的实验室科研探究课、劳动创新课、设计思维与综合构成、未来生活设计与科技创新、创新软件、人工智能能力提升证书项目（获评第十七届清华大学实验技术成果奖一等奖）等课程，与研究生的创新战略学、MBA的清华新型技术探究等有机地组成虚拟的课程联盟。共用教学资源、师资力量，推动学生结合产业技术升级中的实际问题，组成跨课程的实践团队。利用与企业联合开发的协同创新教育平台，方便地将教学过程数字化，并实现学科交叉、校企联合。在企业的推动和学校教师的拉动下，充分发挥学生在学科上分布式的优势，将产业的分布式技术需求与科研实验室分布式的技术供给沟通起来。线上线下结合，边干边学，互教互学，成功建起了校企间产学研结合的桥头堡。积累动态信息，盘活存量资源，综合出新的增量资源。协同创新教育平台还将知识管理、流程管理、团队组织等管理学知识物化在平台上，使学生实践有章可循，得到规范的训练，上手就是高手，并在全栈式数字化浸润的实践过程中，使自己紧跟数字时代的步伐，逐渐走上工程教育与管理教育结合成长为工业通才的道路。

三、一次混合式教学设计方案举例——MBA《清华新兴技术探究》

"课程"这一教育形式，起源于文科的文本教学；发展到科学教育需由实验去发现时已不适应；及至工程教育必须整合各种要素因时因地进行创造，课程这一形式则已完全容纳不下了。这里我以2022年清华大学为 MBA 开设的《清华新兴技术探究》课程为例做介绍。

（一）课程设计理念

工程实践教学顺利展开直至目标达成的关键，首先是要面对"真工程"，学会工程的行为方式；接下来，便是参与者角色的设计与认同。本课充分利用学生面对实践的不适应，着力推动学生反思，认同学校对其向"全人（微观—介观—宏观贯通）—群体人（领军人才之必须）—自觉人"转变的要求。课程目标和任务的设计给出足够的空间，将理论教学所学在应用中融合发酵，快速试错迭代，推动认识和能力进阶。

本课程从清华文化认识工程文化，以清华平台作为媒介，沟通微观的个体小我与中国现代化的宏观大我，顺理成章地给具体的课程任务以格局和高度。例如，近两年为 MBA 确定的课程任务是设计"沟通产业转型升级需求与学校教学科研的产学研结合桥头堡"，这种带有使命感同时又与自身发展需求相结合的开放性任务，往往可以调动起学生最大的积极性。同时，这一过程把整个大学的历史和资源展现在同学面前，使其不仅是学一个专业，而且是在念一个大学。

（二）流程牵引的应用

流程牵引是产业界由工业时代走向信息时代的桥梁，也是管理理念和管理思路向数字化转型的关键。工程实践教学的组织，也要逐渐向以流程为核心转变。实践教学设定的任务和所涉及的业务内容，都是载体和货物。将其嵌入流程中，得以活学活用、群策群力。通过管理、运营、行为、哲学及未来等维度，找到探究式学习的入口，得到对应的任务、进程、方式、耦合机制，以及不确定性处理预案，并在解决实际问题中取得完整的体验。这样，训练的整体性、系统性（系统涌现、逻辑性）、拓展性、时代性就都体现出来并涵盖了。

工程实践教学的一般流程可以归纳为：价值定位、理论引领—目标导向、问题启程—流程牵引、行动研究—试错迭代、实践验证—数字化出版流程—绩效考核、激励反馈，整体由先进的跨结构群体合作学习网络平台做工具支撑。实施时，根据任务具体情况由师生共同定制、调整和迭代。

例如，上述课程是这样设计的：

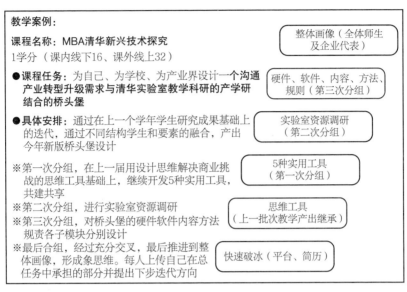

MBA清华新兴技术探究课程设计示意图

背景：从清华文化认识工程文化

目标：了解清华资源和研究传统，探索新的学习方式，同时产出推动产学研结合的可用成果。

解读：课程用"请进来，走出去"的方法，争取未来的卓越工程师和企业家与科学家、艺术家、教育家、人文社科学家会师，把学习过程转变为研究过程，共同探讨产、学、研结合的新思路。清华不仅讲知，更强调能知和欲知，也就是不仅给学生干粮，还要给学生猎枪，还要不断改进打猎的系统，使之跟上时代的步伐。面对求知，要主动把课堂上、书本上和网络上的陈述性知识，组织成过程性的知识，学会去做事。在做的过程中还要关注整体性、战略性知识，不断地将知识结构拉高，找到价值观和方法论这两把钥匙。

任务：设计"沟通产业转型升级需求与学校教学科研的产学研结

合桥头堡"。

资源和工具：给同学们开通清华网络学堂"实验室科研探究"的通道，并与针对工程实践教学群体合作学习开发了跨结构智慧教育平台。

（三）课程设计

第一次线下课（教学环节 4 学时）

课程内容：课程内容介绍及协作平台介绍、清华文化和传承（含校园及 iCenter 参访）、赴清华科技园校友企业参访并学习平台使用。

课后任务：用 2 周时间，统一在【在线平台】完成。

1. 协作平台上自我介绍，快速破冰。

2. 承续上届学生课程成果，用设计思维解决商业挑战操作手册的编写。阅读前期成果，第一轮组队尝试应用逻辑模型并以其为范本，分组开发新的工具，如简历、组队，议事规则、用于整体画像的画布、复盘和数字化出版流程等。

3. 思考：对产学研结合的理解和预期。

4. 调研：自己产业领域的产学研结合现状或者需求收集。

5. 感兴趣的实验室方向选择，确定产学研结合想研究的方向，并尝试为第二轮组队考察科研实验室做准备。

第二次线下课（教学环节 4 学时）

课程内容：

1. 复盘第一次课。

2. 交流产学研推进的现状：国家在产学研的推进和激励措施，科学方法论，清华产学研结合的资源和有影响力的案例调研。

3. 第三轮分组（硬件、软件、内容、思路、规则），设计产学研桥头堡的讨论。

课后任务：5 周时间

1. 参访感兴趣的实验室，了解清华实验室资源。

2. 在【在线平台】上传参访反馈记录。

3. 在【在线平台】合成五个操作工具并上线。

第三次线下课

因遭遇疫情，P 班（非全日制）同学不能进校，遂改为由住在校内的 G 班（全日制）同学利用合作学习平台带动 P 班同学继续推进课程。

1. 第一次分组后分头准备的五个操作工具上传，以备同学们共享使用。

2. G 班同学依第二次分组进行现场调研，请及时上传成果供本组 P 班同学了解。

3. 第三次分组，从硬件、软件、内容、方法、规则五个方面设计我们的产学研结合桥头堡。

4. 邀请 P 班同学参加基础工业训练中心（iCenter）线上直播的"清华大学工程实践教学百年庆典大会"。会后，P 班同学以会议发言为内容和线索，包含自己通过各种网站检索的资料，梳理国际国内工程教育、实践教学和创客教育的现状、做法和经验，与 G 班同学现场调研成果合成，共同完成分给各组的任务。整理大家上传的 iCenter 和科研实验室信息文档。

6. 待各种资料上传齐全共享后，我们进行第四次线下课，与教师和企业代表一起对桥头堡进行整体画像，完善设计方案作为最终的成果。所得成果可服务于我们自己终身学习、立业，通过共建共享建立起实实在在的物质技术基础。

（四）课程学习评价与反馈方式

在多年理念探索的基础上，清华 iCenter 与企业共同开发了适

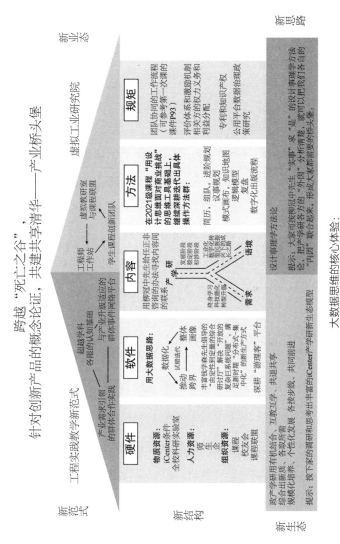

应工程实践教学的跨结构群体合作实践网络平台，并实现了底层国产化，增加了安全性和迭代改进的自主性，推动产学研用的创新发展。

由于坚持了大数据思维，学习过程嵌入了跨结构群体合作学习平台，用新生产力为课程的组织赋能，推动了使能的转变。学生学习的过程及其产出的量、质、贡献度、协作性，都以时间戳记录在平台上。不仅方便学生试错迭代，推动课程的产出向高阶发展，也使课程的评价和反馈方式发生了根本性的变化，使学生在流程的牵引下，共同前进。平台化的特征主要包括：①实践过程数据化，促进透明评价。②过程管理可视化，促进有效评价。③流程牵引统一化，实现规模化培养。④任务作业自主化，实现个性化发展。

（五）课程教学效果与特色

1.近期的成果

本届学生在往届学生工作的基础上，进一步迭代出了新版桥头堡的设计，为产学研结合做出了有益的贡献。这里展现的设计是：第一层整体画像、第二层数据库、第三层工具箱、第四层参考书目和阅读文献。本教学改革还具有理论意义和实践意义。

20世纪80年代，钱学森先生在整合系统科学时，提出了用从定性到定量的综合研讨厅去解决开放的复杂系统问题。但要实现这个目标，需要中国古老智慧与现代科技发展相结合。经过40年的准备，当数字化成为可能时，跨界合作才得以进一步推动，进入寻常百姓家并实现理论闭环。本课坚持将研究对象和过程数据化，推动跨界，进行整体画像，让中国传统文化的"象"思维得以触探，为圣人续绝学，也为教育的数字化转型找到了可行之路，值得继续深耕。

2.今后的拓展

初步完成了桥头堡的设计后，下一步的课程任务将是应用和持续改进，它进一步将点连接成线、线织成面、面构成体，并以云服务贯穿整个培养体系过程，满足时代发展新要求，变革人才培养模式，构建学生发展成长生态，为学校新百年人才培养体系构建做出贡献。项目设计将面向未来产业分布式与集中化耦合的发展模式，围绕产业技术进步、学生创新、学习团队形成、科技成果转化的逻辑链条，构建"点线面体云"五体投"地"（五个层面共同投射产业实践真实需求）的学生创新实践能力成长生态体系。

四、试验田效应：工程与管理的联动对话

以"政产学研用"新生态，加持"设研产销"综合设计生态体系成长，促进高校与企业互相嵌入式合作。通过企业推动、老师拉动、学生能动，形成虚拟微型工业研究院，并探索孵化提升综合设计总集成、总承包服务能力的途径和方法。争取在一段时间内，将每个高校的工程实践教学中心都建成产业创新的助推器和组织者，使每个学生都成为产业创新的参与者和生力军。例如，可以发挥高校研发设计优势，差异化地探索和建设设计创新研究院等新型研发机构，可将其分为两个战线，相互呼应。

起步阶段，可锁定传统创新链（原理—技术—新产品概念论证—生产—市场）中的关键环节，即，以新产品概念论证（号称"死亡之谷"）为突破口。这个工作需要尽可能多的专业面和长期追踪研究前沿积累的技术感觉作支撑，这在产业中，即便是大企业中也是困难的，在高校却是其长项。这样也便于现阶段与企业对接，

与设计企业及企业设计团队形成互补，以此沟通高校与产业、基础研究与产品研发，从而盘活存量、综合出增量、培养出人才。以工程实践教学和创新创业教育为介观，将高校各专业基础研究中派生出来的以"技术形态"（尚未经工程化的项目形态）分布式存在的资源与分布式的企业需求，尤其是与新产品的概念论证相沟通，构成虚拟的微型工业研究院结合体，为中小企业和供应链转型升级服务，补充政产学研用新生态。

与此同时，沿"设计事理学"方法论深入更新基础理论，打开新局面。

创新是手段，不是目的。所以激发创新的动力不是原理，而是需求。这个需求也不是在原有的、现象层面上的，而是本质上的需求，这样的创新链在当前形势下才有意义。这就是颠覆性创新，而不是改良型创新。举例来说，不仅是在汽车技术层面的创新，而是提出解决公众出行方式的创新。再如，从汽车餐厅到快餐厅再到大生产农业、食品加工业、全球标准管理、配送系统等整合的食物产业链，也就是全新的物种和全新的产业的创新，而不是食品的改良。这个过程激发了无数的技术创新并提升了全民的设计素养。

所以，中国的出路不能只靠以原理和技术出发的技术驱动，还要从中国"14亿人特色"的潜在需求出发来设计驱动，从而定义新物种，目标定位后再选择、组织或迭代材料、技术、制造工程的整合创新，形成新的"制"之后的"造"（设计加生产制造运营）体系，再去开拓市场，这个市场将是满足14亿人的巨大市场。以此实现"开展面向未来的学科交叉型前瞻设计创新和教育创新"的要求和目标。把产业实践和需求变成学习内容，把学习者转变为生产者。

五、工业的逻辑是工程思维的"哲学课"

《工业的逻辑》一书，提出了在分析和认知产业问题、工程问题时，重视基本供需关系和演化规律的重要理论概念，将政治经济学、人类学、生物学、历史学的理论思想综合运用，来解释工业发展规律、产业运行特征、工程项目价值认知，实现了宏观、介观、微观的解释能力的统一，这是非常重要的。

工程活动本身来自实践，虽然高度实践、高度理性，但也非常具象和现实。因此，工程思维的本质是重视综合和归纳，应用工程科学之外，一直缺乏抽象的思维理论。作者能广泛利用产业认知的"感觉"来运用文史政法理工的理论知识，进行综合尝试，这是非常有意义的探索。

在此展望，我也期待《工业的逻辑》这本书能够在工程、管理、产业、经济各界，以及高校师生中引起阅读和讨论，共同推进有当代中国特色的工程思维的推广和提升。

卢达溶　清华大学教授

2023 年 10 月 1 日

于清华大学荷清苑

后　记

全文讲完之后，我介绍一些本书的创作背景。

我创作本书的灵感最早来自 20 世纪 80 年代清华大学邢家鲤先生开设的《工业生产过程概论》课程，后来卢达溶教授延续的讲学，以及拓展为如今的多门工业、工程、产业等诸多结合实践的课程群组。我师从卢教授，从学生到课程助教，再到参与部分课程的合作讲授。在几个不同产业的实际工作中，我看到了大量"活生生"的经济案例，十分兴奋，不断努力思考。我从 2006 年着手整理写作第一本书《实体经济导论》并出版。10 年后我又积累了一些内容，于是写了第二本书《工业讲义：工业文明与工程文化》，本书到今天可以算作这个系列的第三本书。

随着参与工程项目，我不断理解和认识微观的工程和宏观的工业，在《实体经济导论》中，我试着从工业的基本印象、工程和工程师、工程系统和工业布局等方面来抽象地归纳对工业、实体经济的观察和认知，经过五六年的积累和修订才完成出版。之后的五六年，随着有机会参与或接触到更多行业和企业，可见可想的增加，以及一些教学活动中的反馈，深感可能需要一些"脱离"生产现象本身，但又要以贴近产业实践的内容才适合来讲述重视工程思维和实践的习惯，以及落实对概念的认知、强化，概念说起来最抽象，但对于实践者，概念是一点点积累起来的认识的集合、是最具体鲜活的。在《工业讲义》中，我花了相当多的篇幅将历史学家、社会学家、经济学家们如何看待"工业文明"，如何理解"工业"做了一些介绍和讨论，甚至还在开头用了生物学、博物学的进化论／演化论来铺垫解释"工业产业"或者说工业作为一种产业的概念。本书，我试图用更多的资料和更具体的例子来继续讨论这些问题，也涉及一些更为切近的现实现象。例如，本书本来顺着《工业讲义》中的工程师教育话题开始讨论与工业相关的职业教育这个"冷门"话题，而在初稿大致完成时，国家新的职业教育法颁布了，这个话题正好是"热门"。又如，本书有关数据生产要素的问题是近几年新提出的，我将一些思考整理出来，但国家的政策也在不断更新之中，不知道是否如我所理解的样子。

《工业讲义》里，框架性的讨论多一些，并且开启了几个看起来不直接相关的话题——工业文明的发展历史、产业的分类、工程教育，这有点像一部长篇小说的前期，"花开两朵，各表一枝"，多线索分头叙述。本书我向产业问题这个主题做了一定的聚焦，而工业文明的经济、社会演化的框架成为重要背景，从创新这个备受关注的概念切入，通过工程问题层面的实践和社会互动形成讨论。创新需要关注和分析社会需求，需要深入解决成本问题，需要人才和组织建设的环境，这样展开就有了本书中间几章的内容。

这样讨论的逻辑需要社会历史观的框架、对需求与正义的理解、对技术改进和应用方式的认知、组织与人的发展机制（教育、培训、劳动关系等）这几条线不断"缠绕"着推进。这是我在思考和教学中试图将"工程思维"提炼出来，并且文科化为一类常识观念的探索。在写作《实体经济导论》的过程中曾经接触了美国《2020工程师》报告的内容，当时没有找到中文资料，就把 a 'liberal' engineering education 翻译成了"面向文科的工程教育"[①]，这个概念也就一直用了下来。

但我所做的这些思考和归纳，还远未达到一门"工业学""工业系统学"或"工程思维学"的理论抽象度。我始终有一种困惑：工程思维高度重视实践且来源于实践，似乎是一种统计逻辑主导的理性，如果能完全演绎逻辑化而得出一个完备的框架，固然会"高级"得多，但总觉得有点矛盾，感觉走到了错误的路上。也许这是本人的学养不足所致，还需要继续思考和总结。一时间，我仍然未能理解哲学的逻辑框架是否能够自然而然地覆盖工程思维。因此，本书也不会轻易将工业、工程的"必然"给出来，免得贻笑大方。

从《实体经济导论》的出版到现在已经整整10年，从跟随卢达溶老师学习这门课程开始已有20年了，其间也获得了众多师友的指导和支持，但小小的几本书，背后甘苦自知。值得一提的是，清华大学基础工业训练中心的诸位，近年来在多个课程或项目中，与卢达溶、汤彬二位老师共同协作。在这个过程中，我所获得的包容与认同最为持久。早年授业的前辈师长们也都是我学习中的指路人，有些时

---

① 叶桐，卢达溶. 实体经济导论 [M]. 北京：清华大学出版社，2012：140-141.

候真的是一字为师、终身受益，尤其在《工业讲义》付梓时欣然作序的金涌[1]老师和柳冠中老师，还有同为清华大学首批文科资深教授的李学勤[2]先生、李强[3]先生，几位前辈对我求学时的点滴教诲确实受益持久，也的确是跨学科的、多元综合的基础。我也更希望能尽量将跨学科的理解方式传递给读者。本书的写作出版还要感谢清华大学刘颖老师的多方关心、支持和帮助，感谢中国科学技术出版社李惠兴老师的修订意见。

这一本书，我把思考中的一些逻辑整理出来，把讨论到的一些内容做了连缀，详细补充了资料。为了避免沉浸于写作的时间过久，而导致有些事情已经不够"新鲜"了，于是更重视"当下"问题的解读，所以，仍然有问题未能言尽，这个讨论的逻辑仍然还可以继续延伸更新。但愿思考不止、实践前行、一切顺利。

叶 桐

2022 年 12 月 31 日，于北京东交民巷

2024 年 8 月 8 日，校订于北京东交民巷

---

① 金涌（1935—），清华大学化学工程系教授、中国工程院院士，流态化工程和生态工业专家。

② 李学勤（1933—2019），清华大学首批文科资深教授，古文字学家、历史学家，夏商周断代工程专家组组长、首席科学家。

③ 李强（1950—2023），清华大学首批文科资深教授，社会学家，第九届中国社会学会会长。